U0226154

农户行为与农业面源污染控制研究

毕 茜/著

科学出版社

北京

内 容 简 介

本书从农业面源污染控制的农户主体意识和参与行为这一角度切入，透彻分析经济发展与农业面源污染作用的机理以及农业面源污染减排作用的微观机理，深入研究农户意识和农户技术选择行为的面源污染效应以及农户生产资料采纳行为与农户生产的废弃物处置行为。实证研究表明：农业生产资料的投入与经济增长具有显著的倒 U 型关系；农户行为、农户意识对农业面源污染有显著影响；农户亲环境农业技术选择行为、农户的不同生产行为及不同地区的农户行为的影响因素不同。研究结果为农业面源污染的控制政策实施提供了经验证据。

本书可以作为高等院校环境经济学等专业研究生的专业读物，以及农业、环境管理、环境政策等方面研究者的参考用书，还可供相关专业及社会读者使用。

图书在版编目（CIP）数据

农户行为与农业面源污染控制研究 / 毕茜著. —北京：科学出版社，2018.3
ISBN 978-7-03-056835-9

Ⅰ. ①农… Ⅱ. ①毕 Ⅲ. ①农业污染源-面源污染-污染控制-研究-中国 Ⅳ. ①X501

中国版本图书馆 CIP 数据核字（2018）第 048853 号

责任编辑：兰 鹏 / 责任校对：贾伟娟
责任印制：吴兆东 / 封面设计：无极书装

科学出版社 出版
北京东黄城根北街 16 号
邮政编码：100717
http://www.sciencep.com

北京京华虎彩印刷有限公司 印刷
科学出版社发行 各地新华书店经销

*

2018 年 3 月第 一 版　　开本：720 × 1000　1/16
2018 年 3 月第一次印刷　　印张：14
字数：274 000

定价：**98.00 元**
（如有印装质量问题，我社负责调换）

前　　言

中共十八大以来，我国树立了创新、协调、绿色、开放、共享的发展理念，并将生态文明建设融入经济建设、政治建设、文化建设和社会建设各方面，作为引领"十三五"乃至更长时期经济社会发展的方向和重点。农业生态文明建设是我国生态文明建设的重要部分，近年来，随着工业化和城镇化的快速发展，农业发展取得了巨大的成就，但同时也付出了巨大的代价。农业面源污染加剧，农业生态系统退化，生态环境承载能力越来越接近极限，已经亮起了"红灯"。如果不解决农业面源污染问题，保障粮食安全、促进农业稳定增收将难以持续，生态文明建设也难以实现。我国传统农业是小农户的分散经营，不便于污染源的识别。因此本书希望理清农户行为与农业面源污染之间的关系，通过一定的政策来约束和优化农户行为，从根本上降低经济发展中农业面源污染程度。

本书首先分析经济发展与农业面源污染作用机理，详细分析经济发展与农业面源污染的理论关系，包括经济发展阶段和农业面源污染特征、经济发展对农业面源污染的影响效应，在理论分析基础上构建数理模型对两者关系的环境库兹涅茨曲线（environmental Kuznets curve，EKC）假说进行检验。其次分析农户行为对农业面源污染减排的微观机理，分析农业面源污染产生的经济学根源，在此基础上得出市场失灵和政府失灵造成农户环境资源使用的非理性的结论。最后选择条件价值评估法（contingent value method，CVM）作为研究方法对农户意识的农业面源污染效应进行分析。本书通过对重庆市和浙江温州地区的调查研究，得出以下主要结论：①农业生产资料的投入与经济增长具有显著的倒 U 型关系；②农户行为对面源污染有显著影响（包括农户生产目标、农户土地经营行为、农户劳动力投入行为和农户农业投资行为）；③农户意识对农业面源污染有显著影响（包括年龄、文化程度、收入来源和耕地面积）；④农户亲环境农业技术选择行为受五个方面的影响（包括性别、年龄、家庭人均年收入、是否参加或听说过技术培训和对技术培训的评价）；⑤农户的不同生产行为的影响不同（包括农户生产资料采纳行为和农户生产的废弃物处置行为）；⑥不同地区的农户行为的影响因素不同。基于以上结论，提出以下政策建议：①加强环境保护宣传教育；②增强农户环境保护意识；③增强农户亲环境农业技术选择行为的诱导措施；④加强农户生产采纳行为的面源污染控制措施；⑤增强农户废弃物处置行为优化措施；⑥加大资金投入，建立区域差别的多元补偿激励机制。本书为农业面源污染控制的政策实施提供了经验证据。

　　本书是若干科研项目研究成果的结晶，感谢重庆市教育委员会（简称重庆市教委）人文社会科学"农户行为与农业面源污染控制研究"（编号：11SKB31）、重庆市哲学社会科学规划办"重庆市农业环境管理体系和新型农业经营主体协同构建的机制与模式研究"（编号：2003-JLL-03）等项目的资助。

　　在调查研究和资料收集过程中，得到了重庆市农业委员会、温州市农业局、重庆市统计局、重庆市教委和西南大学农村与经济管理中心的大力支持。本书的顺利完稿，离不开西南大学经济管理学院领导的大力支持，在这里要特别感谢彭珏、张应良对我的帮助和支持。感谢西南大学经济管理学院的研究生陈赞迪、谭江伟、王怀业和于连超在问卷调查、文献查阅中付出的艰辛劳动。在本书即将出版之际，谨向曾经关心、帮助和支持项目研究的师长、同事与朋友献上诚挚的谢意。借此机会，还要感谢科学出版社的编辑在本书出版期间对我的帮助。

　　由于作者水平有限，书中不足之处在所难免，敬请读者不吝批评指正。

作　者

2017 年 9 月于北碚

目　　录

第1章 导　　论

1.1　研究的问题

加强农业面源污染治理，是转变农业发展方式、推进现代农业建设、实现农业可持续发展的重要任务。习近平总书记指出，农业发展不仅要杜绝生态环境欠新账，而且要逐步还旧账，要打好农业面源污染治理攻坚战。李克强总理提出，要坚决把资源环境恶化势头压下来，让透支的资源环境得以休养生息。农业资源环境是农业生产的物质基础，也是农产品质量安全的源头保障。随着人口增长、膳食结构升级和城镇化不断推进，我国农产品需求持续刚性增长，这对保护农业资源环境提出了更高的要求。目前，我国农业资源环境遭受着外源性污染和内源性污染的双重压力，已成为农业健康发展的瓶颈约束。一方面，工业和城市污染向农业农村转移排放，农产品产地环境质量令人担忧；另一方面，化肥、农药等农业投入品的过量使用，畜禽粪便、农作物秸秆和农田残膜等农业废弃物的不合理处置，导致农业面源污染日益严重，加剧了土壤和水体污染风险。打好农业面源污染防治攻坚战，确保农产品产地环境安全，是实现我国粮食安全和农产品质量安全的现实需要，是促进农业资源永续利用、改善农业生态环境、实现农业可持续发展的内在要求。

农业面源污染是指农业生产自身产生的污染，如农药、化肥污染，集约化畜牧业生产中产生的粪便污染。要减轻经济发展伴随的农业面源污染，就必须通过政策和制度调整农业生产主体的行为。然而与其他国家不同，我国小农户作为农业生产主体，其行为是复杂多样的，构成了我国特有的农业生产形态。总之，我国农户作为基本的经济主体，其行为涉及农业生产、生活的方方面面，是农业面源污染的微观主体，国家制度与政策均必须通过农户行为作用到环境，农户应该是分析和解决农村面源污染问题的基本单位。农民是农业面源污染控制的主体，农业面源污染控制的关键在于农民是否具有主体意识并积极参与。面源问题不解决，环境污染就无法最终得到根治，而面源污染中主要是农业面源污染。农户作为农业生产的主体，目前他们的主体意识与参与行为，是值得深入调查和研究的课题。本书在理清农户行为与农业面源污染之间关系的基础上，对农业面源污染控制的农户主体意识和参与行为进行研究，致力于通过一定的政策来约束和优化农户行为，从微观上、根本上降低经济发展的面源污染程度。

1.2 研究的目标与思路

1.2.1 研究的目标

本书在宏观把握我国农村面源污染时空特征与经济发展的作用机理及耦合关系之后，将农户作为基本分析对象，通过对农户生产以及技术应用等主要行为的面源污染效应分析，揭示农户行为与农业面源污染的本质关系，进而分析如何优化农户行为从而促进农业面源污染治理，从宏观和微观层面上来探求我国面源污染治理问题的突破点；在此基础上，分析调整政策的可行性，构建农业面源污染管控体系以期优化农户行为，从而为农村可持续发展战略的开展和新农村建设的实施提供理论与实践支持，最终达到人与自然和谐发展的双赢目的。

1.2.2 研究的思路

本书的思路是：从经济发展与农业面源污染作用的机理分析出发，阐述农业面源污染减排的微观机理，进而分析农户主体意识的农业面源污染效应、农户生产行为的农业面源污染效应、农户技术采纳行为的农业面源污染效应，最后提出基于农业面源污染控制的农户主体意识和参与行为优化的政策建议，具体如图 1-1 所示。

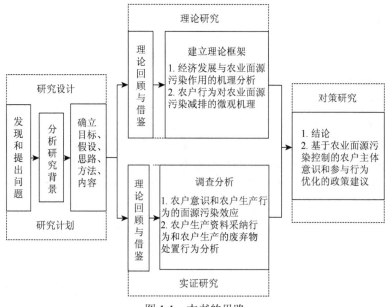

图 1-1　本书的思路

1.3　研究的内容与结构

本书研究的主要内容及结构如下。

第 1 章是导论，提出本书探讨的问题和研究的意义，并对具体的研究目标进行界定，介绍本书研究的内容与结构、研究方法和研究资料。

第 2 章是经济发展与农业面源污染作用的机理分析，首先阐述经济发展与农业面源污染关系的理论基础，然后详细分析经济发展与农业面源污染的理论关系，包括经济发展阶段与农业面源污染特征、经济发展对农业面源污染的影响效应；其次分析我国经济发展中经济增长水平、工业化进程和城市化进程与农业面源污染效应的理论关系；最后在理论分析基础上构建数理模型，对两者关系的环境库兹涅茨曲线（environmental Kuznets curve，EKC）假说进行检验。

第 3 章是农户行为对农业面源污染减排作用的微观机理，首先分析农业面源污染产生的经济学根源，在此基础上得出市场失灵和政府失灵造成农户环境资源使用的非理性的结论，最终要实现农业面源污染减排，必须使农户农业环境资源使用意识与行为变得理性。

第 4 章是农户意识的农业面源污染效应分析，首先界定农业面源污染减排的非市场价值评估方法，这里选择条件价值评估法（contingent value method，CVM）作为研究方法，然后通过对重庆市农户的问卷调查，探讨农户对减轻农业面源污染的支付意愿。

第 5 章是农户技术选择行为的农业面源污染效应，提出农户技术选择行为的基本假设，并进行理论分析，梳理亲环境技术发展政策、经验和应用困境，以重庆市为例，探讨农户技术选择规律。

第 6 章是农户生产资料采纳行为分析，从农户的化学肥料的采纳行为、农户的农药采纳行为和农户的农膜采纳行为三个方面来分析农户生产资料的用量、趋势与现状，通过对重庆市和浙江省农户的问卷调查，探讨农户生产资料采纳规律。

第 7 章是农户生产的废弃物处置行为分析，从农户的秸秆处置行为、农户畜禽粪便的处置行为、农膜的处置行为三个方面来分析农户生产的废弃物处置情况，通过对重庆市和浙江省农户的问卷调查，探讨农户对其生产的废弃物的处置行为的特征。

第 8 章是结论与政策建议，通过对农户生产行为对农业面源污染的影响的机理分析，达到控制农业面源污染的目的，最后提出政策建议即通过改变农户行为实现面源污染减排。

1.4　研究的方法

本书以多学科理论为根基，以数理经济学、现代高级计量经济学为方法学科基础，坚持理论与实践相结合、定性与定量相结合、宏观与微观相结合、抽象与具体相统一、一般与特殊相统一的辩证分析方法，综合运用环境经济理论、生态经济理论、发展经济学、区域经济学、农业经济学等理论进行研究，其中涉及的主要定量研究方法如下。

（1）调查研究方法：通过抽样的基本步骤，以个体为分析单位，通过问卷、访谈等方法了解调查对象的有关情况，加以分析来开展研究。

（2）统计学的方法：在调查研究的基础上，运用均值、方差、比例等统计学方法得到样本的基本规律。

（3）数理研究方法：结合微积分等数理知识，构建推导模型，加强本书的规范化、理论性。

（4）计量模型分析方法：运用计量模型分析数据之间的关系，进而得出结论。

本书自始至终都坚持实证分析与规范分析相结合的研究方法，在对实际资料进行分析和求证的同时，十分注重运用规范分析方法对实际资料进行理性的评价和系统的归纳，使之与实证研究相互补充，相得益彰。

第2章 经济发展与农业面源污染作用的机理分析

2.1 经济发展与农业面源污染关系的理论基础

2.1.1 农业面源污染的相关理论

1) 农业面源污染的概念

面源污染,又称为非点源污染(non-point source pollution,NPSP),是相对于点源污染(point source pollution,PSP)而言的。面源污染的来源比较广泛,其中农业面源污染是最为重要且分布最为广泛的面源污染。关于农业面源污染的概念,很多学者从不同的角度作出了不同的界定。本书选取其中较为科学的三个角度进行具体阐述。

(1)法律角度。农业面源污染是必须进行合理规范的,是国家法律所允许的。这一表述说明法律许可农业面源污染的存在,且农业面源污染是客观存在的,其伴随着农业生产和农村生产而产生,无法禁止或根除。但是,由于农业面源污染是对生态环境和人类生存发展有害的,必须进行规范和控制,把环境风险降到最低。从法律角度出发,农业面源污染的存在具有客观必然性,农业面源污染的法律法规和相关政策与点源污染显著不同,应主要以鼓励或奖励等手段对污染行为进行有效引导,而不能采取强制性的法律措施。

(2)分类角度。从分类角度来看,凡是通过特定的、连续的管网进行集中收集、统一排放的污染,称为点源污染;反之,称为面源污染。也就是说,在农业生产和农村生活过程中,污染物以广域的、分散的、微量的形式进入地表水及地下水形成的污染称为农业面源污染。这一定义明确指出了点源污染和面源污染是以污染源、转移途径与环境受体为分类依据的。点源污染具有特定的排污管道、排污地点和环境受体,采用末端控制措施就可以有效解决点源污染问题。但是,农业面源污染的污染源多样、转移途径非特定、排放地点不确定,因而无法对农业面源污染源进行集中收集和统一排放,末端控制措施在其治理过程中也无法适用,源头控制和途径控制相对更为有效,是农业面源污染的重要控制方法。

(3)环境角度。美国《清洁水法(修正案)》将面源污染物定义为:污染物以广域的、分散的、微量的形式进入地表及地下水体,这种污染物就是面源污染。一般认为,面源污染是指污染物从非特定地点,经过降雨或融雪的冲刷作用,最终汇入河流、湖泊、水库、海湾等受纳水体，并引起水质污染。面源污染的发生机理主要包括降雨径流、土壤侵蚀、污染物迁移转化三个过程，这三个过程相互联系，相互作用。

从环境角度来看，农业面源污染主要是指在农业生产和农村生活过程中产生的面源污染，其概念有广义与狭义之分。狭义的定义是在农业生产生活过程中，由于化肥、农药、农膜等化学制品的使用不当，或对农作物秸秆、畜禽粪便、农村生活垃圾等废弃物的处理不当或不及时，通过地表径流、地下渗透等作用，所形成的水体污染。与狭义定义相比，广义的农业面源污染涵盖了更多对象，针对的是包括水体、土壤和环境在内的整个农村生态系统。

现有的农业面源污染的相关研究，大多数是在环境视角下进行的。本书的农业面源污染，主要采用的是从环境角度界定的农业面源污染的广义概念。

2）农业面源污染的特点

与点源污染相比，农业面源污染的污染源分散，发生时间不确定，发生位置难以识别，多种污染复合排放。农业面源污染主要有以下特点。

（1）分散性和隐蔽性。随着经济的发展，人类向环境排放污染物的种类和途径逐渐增多，这些污染物可能会以污水的形式通过排污口进入水体，或是排入大气，或是累积在地表。发生降雨时，累积在地表的污染物将随着径流进入水体，而径流的时空变化大，导致农业面源污染具有较大的时空差异性和广泛性。因此，与点源污染的集中性相反，农业面源污染具有分散性。农业面源污染受流域内的土地利用状况、水文特征、地形地貌、气候等因素的影响较大，因而具有空间异质性和时间上的不均匀性。污染排放的分散性导致其污染地理边界不易识别和空间位置不易确定，更具有隐蔽性。

（2）随机性和不确定性。从面源污染的起源和形成过程来看，农业面源污染主要受水文循环过程的影响与支配，与降雨时间和降雨强度关系密切。此外，土壤结构、温度、湿度、地质地貌、农作物类型等因素的变化都会直接影响污染物的吸收水平，进而影响其对水体的污染程度。由于降水的随机性和各影响因子的不确定性，农业面源污染具有较大的随机性和不确定性，在发生与排放的时间上具有随机性和间歇性，且变化幅度较大，排放量也在空间分布上具有不确定性。

（3）难检测性和难量化性。农业面源污染涉及多个污染者，在给定的区域内，不同污染者的排放是相互交叉的，加之不同的地形地貌、气象条件、水文条件等对污染物的迁移转化影响较大，很难对单个污染者的污染排放情况进行具体的监测，也就难以对其进行量化。严格地说，农业面源污染并非不能具体识别和监测，只是与点源污染的监测相比，面源污染的监测信息和管理成本过于高昂。近些年来，通过运用遥感（remote sensing，RS）、地理信息系统（geographic information system，GIS），可以对面源污染进行模拟化描述，为其监控、预测和检验提供有力的数据支持。

（4）滞后性和风险性。农业污染物质对环境产生影响的过程是一个量的积累过程，农业面源污染的产生是一个从量变到质变的过程。例如，一次施放在农田里的化肥和农药可能长时间累积在地表，在降雨条件下，随着径流进入水体从而产生污染。从时间上看，从污染源的投放到面源污染的产生可能会经历较长的一段时间，农业面源污染因而具有滞后性的特点。农业面源污染物质是对生态环境有强破坏作用的，面源污染的滞后性使得污染将在较长时期内存在，对农业的可持续发展构成严重威胁，风险性很大。

3）农业面源污染的污染源

目前，国内外的农业面源污染问题日益突出，其中，化学肥料、化学农药等的不合理使用，畜禽粪便和生产生活污水的无害化处理滞后是引起农业面源污染的主要原因。具体来说，农业面源污染主要来源于以下几个方面。

（1）农用化学品的污染。我国化肥施用量大，化肥施用水平较高，化肥有效利用率低，过量施用的化肥导致氮、磷等营养物质大量进入环境，形成大面积的面源污染。2011 年，全国农药施用量 178.7 万吨，平均值 13.4kg/hm²，比发达国家高出一倍，利用率仅为 30%左右；农用化肥施用量 5704.2 万吨，平均值为 434.3kg/hm²，远远超过发达国家为防止化肥对水体污染而设置的 225kg/hm²安全上限，化肥平均利用率仅为 40%左右。大量的化肥、农药流失加剧了湖泊和海洋等水体的富营养化，且造成地下水硝态氮含量超标，影响水体自净能力。

（2）规模化畜禽养殖场的污染。我国畜禽养殖业飞速发展，但是规模化畜禽养殖程度不高，规模化猪场生猪出栏不到生猪出栏总量的一半。养殖场粪便无害化处理率低，大都未经处理堆放在地面或直接还田，直接导致农村地区的畜禽养殖污染问题。

（3）农村固体废物（生活垃圾）污染。我国 2011 年农村人口约 65 656 万。若按每人每天产生 0.5kg 固体废物计算，全国农村每年（以 365 天计算）共产生固体废物 1198.22 万吨。大量的固体废物未经处理或者处理不当直接扔弃，易造成水体污染。

（4）农村生活污水的污染。雨污分流技术水平低，废水污染严重。流域农村污水处理率相对低下，在农村生产和生活过程中产生的大量污水直接外排，因此雨季大量污染物随水流散，进而分布于湖泊或者海洋等水体中，致使水质整体恶化。

（5）生态环境恶化。乱砍滥伐、土地抛荒、种植结构不合理等导致四荒（荒山、荒沟、荒丘、荒滩）现象在农村广泛存在。农村环保意识较低导致水土大量流失，污染物随之流入河流、湖泊等水域并造成污染。

2.1.2　经济发展的相关理论

1）经济发展的含义

经济发展问题是古典经济学家最先注意到的。第二次世界大战以后，第三世界国家的普遍贫穷和落后，促使很多经济学家从发展的角度来研究不发达国家的经济发展问题，发展经济学开始兴起，经济发展问题开始受到世界各国的关注和重视。不同的经济学家从不同的角度、基于不同的背景对经济发展的概念作出界定，且随着政治、经济、社会和制度条件的变化，经济发展的内涵也不断发展。

经济发展的含义通常需要从与经济增长相对应的角度来理解。早期学者一般认为经济发展与经济增长可以相互替代。发展经济学家艾尔玛·阿德尔曼（Irma Adelman）在 1961 年提出，"经济增长和经济发展的主要内容是等同的，经济增长和体制变化是紧密联系的，某些最低限度的政治-经济组织结构也许是增长加速的'先决条件'。由于这些理由，经济增长和经济发展可以是互相替代使用的两个名词"。

当前，大多数学者认为经济发展应当与经济增长有所区别，应比经济增长有更为丰富的内涵。查尔斯·P. 金德尔伯格（Charles P. Kindleberger）和布鲁斯·赫里克（Bruce Herrick）认为："经济增长指更多的产出，而经济发展则既包括更多的产出，同时也包括产品生产和分配所依赖的技术与体制安排的变革。经济增长不仅包括由于扩大投资而获得的增产，同时包括由于更高的生产效率，即单位投入所生产的产量的增加。经济发展含义则不只是这些，它还意味着产出结构的改变，以及各部门投入分布的改变。"发展经济学家珀金斯（Perkins）认为，经济增长可以用国家收入、国民生产总值或人均量来衡量，经济发展除了人均收入的上升，还意味着经济结构的根本变化：一是国民生产中农业份额的缩小和工业份额的增大，即工业化发展；二是农村人口百分比的减少和城市人口百分比的增加，即城市化发展。经济发展的关键问题是大多数人民能参与经济利益的生产和分配。如果经济增长只有利于少数富裕阶层，那就没有经济发展。美国著名经济学家托达罗（Todaro）在 1999 年提出："发展必须既包括经济的加速增长，缩小不平等状况和消灭绝对贫困，也包括社会结构、民众态度和国家制度这些主要变化的多方面过程。"

从主要观点来看，经济发展不仅是一个数量的概念，也是一个结构的概念。经济发展要求经济、社会和政治的结构应当随着经济增长而有所优化。因此，经济发展的含义至少包括以下三个方面：一是经济产出总量的增加，即经济增长，经济增长是经济发展所必需的支撑条件，经济发展必然伴随着经济总量的增长，但是经济增长并不必然会带来经济发展；二是经济结构和社会结构的优化，这包括制度结构、生产结构、要素配置结构、产出结构、贸易结构、分配结构、消费结构等的优化配置，经济结构的优化使得生产要素使用率提高，经济发展结构不断合理化，从而为经济增长提供质的变化；三是人民生活质量的改善，发展的最终目的是增加人民的经济福利，提高人民各方面的生活质量，联合国开发计划署提出的人类发展指数，涵盖了基本必需品的消费量、收入和分配的均等程度、识字率、健康水平和就业状况等方面的内容。

经济发展涵盖的内容非常广泛，为了方便分析研究，必须要截取一些重要的特征变量。经济增长是经济发展的必要条件，而我国经济发展的重要特征是工业化和城市化进程的加快，因此，本书选取了经济增长水平、工业化阶段、城市化阶段等重要特征变量，作为理论研究的起点。

2）工业化的概念

西方古典经济学家亚当·斯密（Adam Smith）和大卫·李嘉图（David Ricardo）最先提出了工业化的概念，他们指出，资本积累和建立在劳动分工上的技术进步是影响国民经济增长的两大要素，经济增长的可能性在于现代都市社会的形成和随之而来的工业化。发展经济学先驱保罗·罗森斯坦·罗丹（Paul Rosenstein-Rodan）在 1943 年提出，经济落后国家要从根本上解决贫困问题，关键在于实现工业化。因此，工业化已成为经济落后国家实现经济增长并摆脱贫困的同义词。

关于工业化的概念，国内外学者提出了很多不同的理解和认识，比较有代表性的有以下的理论观点。

印度著名经济学家撒克（Thaker）认为，工业化是脱离农业的结构转变，即农业在国民收入和就业中的份额下降，制造业和服务业的份额上升。《新帕尔格雷夫经济学大辞典》中对工业化的定义与撒克相似，认为工业化"首先是国民收入（或地区收入）中制造业活动和第二产业所占比例提高了，因可能的经济周期造成的中断除外。其次，在制造业和第二产业就业的劳动人口的比例上也有增加的趋势"。

美国经济学家库兹涅茨（Kuznets）从资源配置结构的角度阐述了工业化的内涵，指出"产品的来源和货源的去处从农业活动转向非农业生产活动，即工业化过程"，产业结构变动是"从农业转向非农产业，常被称为工业化"。

中国留美学者张培刚认为，工业化可以定义为一系列基要生产函数连续发生变化的过程。他认为，工业化是国民经济中一系列的基要生产函数（或生产要素组合方式）连续发生由低级到高级的突破性变化（或变革）的过程。工业化的含义，不仅包括工业的机械化和现代化，而且包括农业的机械化和现代化。

国内学者赵晓雷从生产工具、劳动过程和经济结构三个视角理解工业化的定义，指出："所谓工业化是一个以生产方式的变革为实质的经济进步过程。这种变革的特征在劳动资料（生产的技术基础）上表现为机器和机器体系代替手工工具，在劳动过程的分工和劳动者的结合方式上表现为社会化或共同的劳动代替单个的或简单协作劳动，在经济结构上表现为现代工业代替传统农业成为主导的和主要的社会生产部门。"

尽管不同学者对工业化概念的理解角度不同，具体表述各异，但还是可以找出共识，他们都认为工业化是一种经济结构演变的过程。本书认为，工业化不仅是一个非农产业份额增加、非农产业劳动人口比例上升的过程，也包括农业的机械化和现代化过程。

3）城市化的概念

对城市化的概念，各个学科从自身学科特点出发，给出了不同的定义。

人口学认为，城市化是农村人口逐渐转变为城市人口，即人口由农村向城市集中的过程。人口由农村向城市的集中，一般有两种方式：一是人口集中场所数量的增加，即城市数量的增加；二是城市人口数量的增加。

地理学认为，城市化是由于社会生产力的发展，居民和产业在具备特定地理条件的地域空间里集聚，并在此基础上形成消费区域，呈现出日益集中化，使地域中城市性因素逐渐扩大，从而实现聚落和经济布局的空间区位再分布的过程。也就是说，城市化是一个空间变化过程，是农村区域向城市地域的变化。地域转化作为城市化过程的结果，其速度和规模体现了城市化的发展水平。

社会学将城市化定义为新的社会生产方式产生、集聚和扩散的过程。从社会发展的角度看，城市是先进的生活方式的发源地，随着社会的发展，人们逐渐产生了向城市集聚的观念和行为，并不断融入城市的生活组织中，形成了与农村相对应的城市社会，且随着城市的发展而出现的城市生活方式也在不断强化。同时，城市生活方式传播到农村，农村生活方式逐渐改变，整个社会生活向城市性状态转化。

经济学意义上的城市化，通常从经济与城市的关系出发，强调城市化是农业经济向非农业经济转化的过程和结果。城市是人类从事非农业生产活动的中心，是第二、第三产业构成的特有经济空间。城市化是非农产业发展、经济要素向城市集聚的过程，同时表现为城市向农村扩散。农村人口在职业身份上的转换和空间区位上的迁移是非农产业发展与经济要素集聚的表现和结果。在城市内部，经济区位的空间配置向着更高效率的形态发展；在城市的外围——郊区，农业区位或者被取代，或者向更集约化的方向发展。从经济学角度来看，产业转型带来了人口的集聚，加强了生产的社会化和专业化，能反映出城市化水平。

根据《城市规划基本术语标准》的定义，城市化是"人类生产与生活方式由乡村型向城市型转化的历史过程，表现为乡村人口转化为城市人口及城市不断发展完善的过程"。这种转化，并不是简单的城市与农村之间人口的转化，更重要的是一种产业结构和空间分布结构的转化，是传统劳动方式和生活方式向现代劳动方式和生活方式的转变。

本书采纳《城市规划基本术语标准》对于城市化的定义，认为城市化的基础是经济的增长，内涵是工业发展、要素集聚和产业结构的演进，核心是农村人口的非农职业转变，形式是农村人口的集聚和城市的形成与扩张，主旨是传统生产生活方式向现代生产生活方式的转变，外延是城市数量的增加和质量的提升。

4）经济发展阶段划分理论

经济发展过程中量的变化和质的飞跃，使区域经济发展呈现出不同的阶段性。衡量一个国家或地区的经济发展阶段，不同的学者从不同的角度和标准入手，得到不同的经济发展阶段划分理论。德国历史学派代表毕雪从商品交易的角度出发，将经济发展划分为封闭性的家庭经济、城市经济和国民经济三个阶段。德国经济学家李斯特以生产部门的发展状况为标准，提出将经济发展划分为五个阶段：原始未开化时期、畜牧时期、农业时期、农工业时期和农工商业时期。美国经济学家弗里德曼 1966 年在专著《区域发展政策》中提出了中心-包围理论，以空间结构、产业特征和制度背景为标准，将经济发展分为前工业阶段、过渡阶段、工业阶段和后工业阶段四个阶段。美国社会学家贝尔从人与自然界关系的视角，将人类社会的演进过程划分为前工业化社会、工业化社会和后工业化社会三个阶段，其中工业化社会又分为工业化早期、工业化成熟期和工业化后期三个阶段。其他具有代表性的划分方法有以下几种。

（1）配第-克拉克、库兹涅茨的三次产业划分法。17 世纪，英国经济学家威廉·配第（William Petty）提出，制造业比农业收益更多，商业又比制造业收益更多，不同部门在收益上的这种差异，会促使劳动力向收益更多的部门移动。到 20 世纪中期，英国经济学家和统计学家科林·克拉克（Colin Clark）发展了配第的经济发展阶段学说。在此之后，美国经济学家库兹涅茨进行了进一步研究，发现在三次产业之间此消彼长的就业比重变动的同时，产值比重也会发生相应的变动。在三次产业的产出构成中，工业化的演进促使第一产业的产值比重下降，第二产业的比重迅速上升，同时拉动第三产业比重的提升。库兹涅茨的研究将经济发展划分为三个阶段：第一阶段是以农业为主的初级阶段，在这一阶段，第一产业的就业比重和产值比重都占据着绝对优势；之后，第二产业的比重逐步提高，并超过了第一产业，经济发展进入了第二阶段，即工业化阶段；在工业化阶段初期，第二产业的就业比重和产值比重都迅速上升，进入工业化阶段后期，第二产业比重上升趋势放缓，甚至会徘徊不前或略有下降，这时候第三产业比重迅速提高并超过第二产业，经济发展进入了第三阶段，即后工业化阶段。

（2）钱纳里经济发展阶段划分法。美国经济学家钱纳里（Chenery）等通过对 34 个准工业国家经济发展的实证研究，认为可以根据人均国内生产总值（gross domestic product，GDP）水平，将不发达经济到成熟工业经济的整个变化过程分为三个阶段六个时期，一个阶段向更高阶段的升级都伴随着产业结构的转化，或者说这种转化升级是产业结构推动的结果。第一阶段是初级产品生产阶段，即农业经济阶段；第二阶段是工业化阶段，可以进一步分为工业化阶段的初期、中期和后期；第三阶段是发达经济阶段，可以分为初级和高级两个阶段。钱纳里研究发现，按1970年美元计算，经济发展阶段和人均GDP的对应关系如表2-1所示。

表2-1　钱纳里经济发展阶段划分法

经济发展阶段		人均GDP（按1970年美元计算）
初级产品生产阶段		140～280
工业化阶段	初期阶段	280～560
	中期阶段	560～1120
	后期阶段	1120～2100
发达经济阶段	初级阶段	2100～3360
	高级阶段	3360～5040

（3）罗斯托的经济发展阶段论。美国经济学家沃尔特·罗斯托（Walt Rostow）通过长时间的研究，1971年在《政治与增长阶段》一书中提出将经济发展划分为六个阶段：传统社会阶段、起飞前的准备阶段、起飞阶段、趋向成熟阶段、高额消费阶段和追求生活质量阶段。六个阶段中，起飞阶段是具有决定性意义的一个阶段，一般要经历20～30年的时间，相当于工业化初期，是工业化和经济发展的开始。要想在起飞阶段实现经济快速发展，就要在起飞前的准备阶段做好必要准备：①建立自身发展速度快且能带动其他部门发展的主导部门；②具备较高的资本积累能力；③建立相适宜的制度。罗斯托认为，随着经济的发展和科技的进步，旧的主导产业带动经济发展到一定程度，就会发生主导产业的更替。也就是说，旧的主导产业的衰退和新的主导产业的形成，是经济成长的不同阶段的标志。不同经济发展阶段及其经济特征见表2-2。

表2-2　罗斯托的经济发展阶段划分及其经济特征

经济发展阶段	经济特征
传统社会阶段	主要依靠手工劳动，农业占绝对优势，不存在科学技术
起飞前的准备阶段	过渡阶段，科学技术开始在工农业生产中发挥作用
起飞阶段	工业化开始阶段，科技在工农业中得到推广和应用，投资率显著提高，工业主导部门迅速成长，农业生产力大幅提高
趋向成熟阶段	经济持续增长，投资进一步增加，新兴工业部门迅速发展，国际贸易迅速扩大
高额消费阶段	人均收入大幅提高，社会产品进入大量生产消费阶段，工业主导部门转向耐用消费品生产行业
追求生活质量阶段	对生活质量的要求大大提升，主导部门是服务业和环境改造业

（4）霍夫曼系数划分法。工业是一个国家经济发展的主导部门，近代经济发展的过程与工业的发展紧密联系，因而人们常常用工业化程度来衡量经济发展程度。德国经济学家霍夫曼（Hoffman）通过对近 20 个国家的时间序列数据的分析，于 1931 年在《工业化的阶段和类型》中指出，一国工业化无论开始于何时，一般有着相同的发展趋势，即随着工业化的发展，消费资料工业净产值与资本资料工业净产值之比呈现出不断下降的趋势，这一比值称为霍夫曼系数。霍夫曼根据该系数的大小，将工业化进程分为四个阶段，如表 2-3 所示。从表 2-3 中可以看出，随着工业化阶段的递进，霍夫曼系数不断下降，资本品在工业中所占比例不断上升，消费品所占比例不断下降。

表 2-3　霍夫曼工业化阶段划分及其经济特征

工业化阶段	霍夫曼系数	经济特征
第一阶段	5（±1）	消费品工业占绝对优势
第二阶段	2.5（±1）	资本品工业迅速发展，消费品工业优势地位趋弱
第三阶段	1（±0.5）	资本品工业持续快速增长，发展规模与消费品工业相当
第四阶段	<1	资本品工业占主要地位

注：表中括号内的数字，表示以前面数字为基准允许浮动的幅度范围。

（5）中华人民共和国国家统计局划分法。1999 年，中华人民共和国国家统计局从工业化对经济和社会影响最大的两个方面出发，利用产值（或增加值）标准和劳动力标准来衡量一个国家或地区是否进入工业化社会。产值标准采用的是 GDP 中第二产业增加值比重超过第一产业增加值比重，劳动力标准采用的是从事第二产业生产活动的劳动力超过从事第一产业生产活动的劳动力。如果一个国家或地区同时满足这两个标准，则表明其已经进入工业化社会；如果只满足其中一个标准，则进入了半工业化社会；如果两个标准均不满足，则还处于农业化社会。

为了方便对进入工业化的程度进行判定，可以将工业化程度量化，用公式"工业化程度 = 增加值贡献率 + 劳动力贡献率"来衡量。其中，当第二产业增加值比重/第一、第二产业增加值比重（第二产业从业人数/第一、第二产业从业人数）大于或等于 0.5 时，对增加值（劳动力）贡献率赋值为 0.5；当比值小于 0.5 时，对增加值（劳动力）贡献率赋值为比值/2。具体划分情况见表 2-4。

表 2-4　中华人民共和国国家统计局划分法

经济发展阶段	工业化程度	判定条件
农业化社会	<0.5	第二产业增加值比重/第一、第二产业增加值比重<0.5 第二产业从业人数/第一、第二产业从业人数<0.5

续表

经济发展阶段	工业化程度	判定条件
半工业化社会	≥0.5	第二产业增加值比重/第一、第二产业增加值比重≥0.5 第二产业从业人数/第一、第二产业从业人数<0.5
		第二产业增加值比重/第一、第二产业增加值比重<0.5 第二产业从业人数/第一、第二产业从业人数≥0.5
工业化社会	1	第二产业增加值比重/第一、第二产业增加值比重≥0.5 第二产业从业人数/第一、第二产业从业人数≥0.5

通过对以上国内外较为典型的经济发展阶段划分理论的整理，本书认为，工业化是国民经济发展的核心内容，经济发展过程与工业发展过程紧密相连，工业化过程实质上是经济发展过程。本书借鉴前人对于经济发展阶段的划分情况，参考了相关文献资料，将经济发展划分为五个阶段，分别是前工业化时期、工业化前期、工业化中期、工业化后期和后工业化时期。每个阶段的特点和主导产业如表 2-5 所示。

表 2-5 经济发展阶段的特点和主导产业

经济发展阶段	资源结构特点	产业结构特点	主导产业
前工业化时期	劳动密集型	Ⅰ＞Ⅱ	农业、畜牧业
工业化前期	劳动密集型	20%＜Ⅰ＜Ⅱ	初级纺织业、早期制造业、采矿业、运输业、农业、畜牧业
工业化中期	劳动密集型、资本密集型	Ⅰ＜20%，且Ⅱ＞Ⅲ	重工业比重大，电力工业、化学工业、加工业、钢铁工业、造船工业
工业化后期	资本密集型、技术密集型	Ⅰ＜10%，且Ⅱ＞Ⅲ	耐用消费品工业、原子能业、计算机业、合成材料业、电力电器业、机械制造业、汽车业等
后工业化时期	技术密集型	Ⅰ＜10%，且Ⅱ＜Ⅲ	新材料、新能源、信息业、生物工程、宇航业等

注：Ⅰ表示第一产业比重，Ⅱ表示第二产业比重，Ⅲ表示第三产业比重。

2.1.3 经济发展与环境质量变化关系的 EKC 理论

1）EKC 理论的提出

经济发展对生态环境的影响是环境经济学的热点问题。Meadows、Cleveland、Arrow 等学者保守地认为，经济发展会导致资源损耗和环境污染，一旦超过生态环境的承载能力，整个生态系统将会崩溃，收入水平的提高也将变得没有意义，因此，必须执行严格的环保政策，甚至不惜限制经济增长，以保障生态环境与经济协调发展。Beckerman 等学者对此持乐观态度，认为随着收入水平的提高，人们会更倾向于服务性产品，对依赖于资源环境以及会产生污染的产品的需求会减少，环境质量因而会得到改善。EKC 理论所包含的内涵是区别于这两种观点的。

1991 年，Grossman 和 Krueger 通过对 42 个国家面板数据的分析，发现环境污染与经济增长呈倒 U 型的关系。1993 年，Panayotou 借用反映经济增长与收入分配之间的倒 U 型曲线关系的库兹涅茨曲线来描述环境质量与经济发展之间的这种曲线关系，并称为 EKC。EKC 的含义是：一个国家或地区的环境污染程度与其经济发展水平呈倒 U 型曲线关系，即在经济发展水平较低时，环境污染程度较低，但随着经济的增长，环境加剧恶化，当经济发展到一定水平后，环境污染程度将降低，环境质量会逐渐改善。将 EKC 理论与前面的经济发展阶段划分相结合，得到图 2-1。

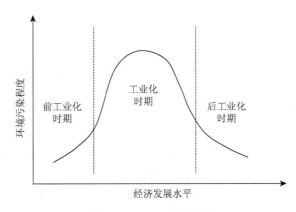

图 2-1　EKC 理论曲线图

图 2-1 反映的是经济发展水平与环境质量的变化关系。当一个国家或地区处于前工业化时期时，经济发展水平较低，环境退化也处于较低水平。当经济发展加快，进入工业化时期后，伴随着资源开发力度的加大和大机器工业的崛起，工农业生产所排放的废弃物严重污染了环境，环境质量不断恶化，逼近甚至超过生态阈值。在经济发展到一定水平，尤其是进入后工业化时期后，经济结构向清洁产业转移，人们的环保意识增强，政府的环境法律法规的执行工作更为严格，且此时已积累了足够的资金进行亲环境技术的改造和环境保护的投资，所以，环境质量得以逐渐改善。

2）EKC 的理论解释

从 20 世纪 90 年代中期开始，学者纷纷投入对 EKC 现象的理论解释的研究中。目前，在学术界影响力较大的 EKC 的理论解释主要是从经济结构、科技进步、环境需求、市场机制、国际贸易、国家政策等方面展开的。

（1）经济结构。Grossman 和 Krueger 等学者从经济结构角度解释 EKC 现象，他们认为 EKC 现象是经济规模效应和经济结构自然演进双重作用的结果。在经济发展过程中，经济规模逐步扩大，资源投入也相应增多，产出的提高意味着经济活动的副产品——污染物的增多，从而导致了环境状况的恶化，这就是经济规模效应。不难发现规模效应是收入的单调函数。同时，经济发展的过程也伴随着经济结构的调整。当一个国家或地区从以农耕为主转变为以工业为主时，资源投入将会大幅增加，资源消耗速率超过了资源再生速率，造成了严重的生态环境问题；当经济发展到更高水平时，产业结构升级，主要经济活动从高能耗高污染的重工业转向低污染高产出的服务业和技术密集型产业，生产对资源环境的压力就降低了，这就是结构效应。产业机构升级往往需要技术支持，如用较为清洁的生产技术代替原有技术，也就是说，结构效应中包含了技术效应。EKC 的倒 U 型正是规模效应、结构效应和技术效应多重作用的结果。

（2）科技进步。Selden 和 Song 等学者认为科技进步提高了资源和能源的利用率，相同产出所消耗的资源和造成的污染都将减少。科技进步主要产生两方面的影响：一是提高了生产效益和资源利用率，降低了生产对生态环境的负影响；二是清洁技术不断被开发并得到推广应用，取代了传统的生产技术，这将有效地循环利用资源，降低单位产出的污染排放量，从而改善环境的质量。

（3）环境需求。Panayotou 等学者将环境质量看作一种商品，从人们对环境的消费需求变化的角度出发，研究其收入弹性。对于处于经济起飞阶段的国家和地区而言，人均收入水平较低，其关注的焦点是如何摆脱贫困和实现快速的经济增长，且由于在经济发展初期环境污染程度较低，人们很少会有对环境服务的需求，从而忽略了对环境的保护，导致了生态环境的恶化。此时，环境服务是奢侈品。随着收入水平的提高，人们的消费结构逐渐改变，自发产生了环境需求，环境服务变为正常品。并且，收入水平越高，环境需求就越迫切，即高收入时的环境需求收入弹性大于低收入时的环境需求收入弹性。因此，随着人们收入的不断提高，他们会主动采取环境友好措施，并从个人消费角度自发作出有益环境的选择，从而逐步减少环境污染。

（4）市场机制。随着经济的发展，市场机制不断完善，资源和污染也逐渐被纳入市场体系，原本被外部化的成本也逐步转化为内部成本。Thampapillai 等学者从市场机制的角度出发，认为随着经济的增长，许多自然资源开始变得稀缺，导致资源价格上涨。同时，环境监管变得更为严格，市场参与者对环境质量日益重视，如银行拒绝给环保不力的企业贷款、人们更愿意购买绿色产品等，这将进一步推动资源成本的持续上扬，迫使企业开发并采用少原料消耗的清洁生产技术来降低资源成本，从而降低生产的成本，改善环境质量。

（5）国际贸易。Lopez 等学者是从国际贸易的角度对 EKC 进行解释的。他们认为，不同国家的收入水平不同，导致其对环境需求不同，这就为国际贸易创造了条件。国际贸易和国际直接投资造成了在低收入国家生产高污染产品，在高收入国家消费这些产品的局面，环境污染由此从高收入国家转移到低收入国家，使高收入国家环境质量好转，进入倒 U 型曲线的下降段，同时造成低收入国家的环境质量进一步恶化，处于倒 U 型曲线的上升段。

（6）国家政策。一般而言，经济发展到一定程度后，政府将加大环境保护和治理投入，强化环境监管措施，这将产生环境质量改善的政策效应。Torras 等学者从政府对环境污染的政策和规制角度出发，认为国家环境政策虽然不能改变 EKC 的倒 U 型发展规律，但是可以改变 EKC 的细节，也就是说，可以通过国家政策手段使 EKC 变得扁平或更早出现顶点。他们还发现，发展中国家的政策对环境不够友好，一个仅代表制造业阶层利益的专政政权的政策往往不会考虑广大民众的利益，更有可能采取环境不友好的国家政策，而高效民主的国家更有利于环境友好型政策的采纳与实施。

2.2　经济发展与农业面源污染的理论分析

2.2.1　经济发展阶段与农业面源污染特征

经济发展与农业生态环境之间的矛盾主要在于农业资源的有限性和经济发展对农业资源需求的无限性。经济发展与农业生态环境关系之间的矛盾就是农业面源污染的实质，农业生态环境问题的解决离不开经济发展，经济发展的持续稳定也需要依赖于良好的资源环境条件。随着经济社会的发展，农业生态环境在生产能力与人类日益增长的物质需求能力之间的差距逐渐拉大。一方面，农业生态资源过度消耗，造成生态系统结构简化，功能下降；另一方面，农业生产生活过程中所带来的面源污染加剧，超过了农业生态系统的承载能力，使得现有的生态环境质量下降，无法保障经济持续发展的要求。

经济发展与农业面源污染之间的关系是不断变化的。在不同的经济发展阶段，农业面源污染的特征也有所不同，具体分析如表 2-6 所示。

表 2-6　经济发展阶段与农业面源污染特征

经济发展阶段	消费需求	农业面源污染	经济发展与农业生态环境的关系
前工业化时期	重视食品数量需求	污染程度低	无意识的协调发展
工业化前、中期	转向耐用消费品，大幅增加商品和劳务服务	污染程度加剧	此消彼长的不协调发展
工业化后期、后工业化时期	转向文化、更高教育和环境需求，注重生活质量	污染逐渐改善	有意识的协调发展

在前工业化时期，农业是国民经济的重要部门，支撑着国民经济的发展，农业不仅要养活城镇人口，还要为工业发展积累资金。此时，农业生产采用传统的方式，主要依靠增大土地和劳动力的投入来增加农产品的产出量，化肥和农药等投入很少，农业生产活动产生的环境污染较少，对环境的压力不大，对资源的要求不高。因此，在前工业化时期，农业生产力水平较低，人类对农业生态环境的影响较小，农业生产生活所排放的污染能被生态环境所承载和吸收，农业面源污染非常少，此时经济发展与农业生态环境处于无意识的协调阶段。

当一个国家或地区进入工业化时期后，农业总产值在 GDP 中的比重降低，工业化对农业部门的资金与产品的依赖也在边际上逐渐减弱。在这一阶段，大量农业资源向非农产业转化，如耕地向建设用地转变，同时，大量的农业劳动力向第二、第三产业转移。工业化发展对农业的这种"掠夺"，迫使农业发展过程中对有限资源的利用率提高，农药、化肥、农膜等农用化学品被广泛使用。由于科学技术发展滞后，这些化学品投入普遍存在超量现象，施用率低，流失量大，不可避免地造成了农业面源污染的加剧。同时，由于工业化发展尚处于中期阶段，工业自身的生产能力尚不足以反哺农业，政府也就无力通过提供高额环境补贴、改进农业生产技术、推广亲环境技术、进行环境治理投资等措施来对农业面源污染进行控制。在这一阶段，资源逐渐成为农业生产的限制要素，农业环境问题严重化，农业面源污染与经济发展水平处于同步上升的阶段。由于环境污染治理资金和手段的缺失，农业面源污染在该阶段处于高水平状态。

当经济发展进入工业化后期，尤其是进入后工业化时期后，工业部门已经发展壮大，在自我积累的同时还具备了反哺农业的能力，能为农业环境治理提供足够的资金支持，有效解决农业面源污染问题。同时，人们的物质生活已经达到了相当高的水平，对生活质量提出了更高的要求，对农产品的消费已经由单纯的数量满足转向了更高质量要求的阶段，这就要求农户转变生产方式，政府也对经济发展的可持续性给予了更多的重视，亲环境技术由此得到迅速发展和普及，农业面源污染得到了进一步的遏制。在这一阶段，经济发展与农业生态环境处于有意识的协调阶段，工业化过程中积累的农业面源污染得到了极大的改善。

2.2.2 经济发展与农业面源污染关系的 EKC 理论检验

农业面源污染是经济发展的产物，在不同的经济发展阶段，农业面源污染程度也将发生与 EKC 一致的变化。本书将构建一个经济发展与农业面源污染关系的理论模型，从而对经济发展与农业面源污染的 EKC 关系假说进行检验。本理论模型借鉴了 Munasinghe 在 1999 年提出的模型，对其进行简化和变形，基于以下三个假设构建了该模型。

假设 1：经济体系是完全竞争的，农业生产者具有完全理性，因此农业生产者和全社会的成本与利益相同。

假设 2：农业环境品质既是一种消费品，也是一种生产要素。

假设 3：农业环境品质作为一种消费品，随着收入水平的提高，人们对其需求增加。

根据以上假设，农业生产者的最优化行为可以用下面的模型表示：

$$\max \quad \text{NB} = B(\bar{E} - E, Y) - C(E, Y)$$

其中，NB 是单个农业生产者的利润；B 是收益；C 是成本；$\bar{E}$ 是农业资源环境禀赋；E 是农业面源污染排放量；Y 是人均收入。

在某一收入水平下（$Y = Y^*$），农户能够达到利润最大化，此时，该农户的边际收益等于边际成本，即有

$$\text{MB} - \text{MC} = 0 \tag{2-1}$$

其中，$\text{MB} = \dfrac{-\partial B}{\partial E}$；$\text{MC} = \dfrac{\partial C}{\partial E}$，且 $\dfrac{\partial B}{\partial E} < 0$，$\dfrac{\partial C}{\partial E} > 0$。

收入水平改变时，稍微移动均衡点（E^*，Y^*），则式（2-1）可变形为

$$(\text{MB}_Y - \text{MC}_Y)\mathrm{d}Y + (\text{MB}_E - \text{MC}_E)\mathrm{d}E = 0 \tag{2-2}$$

其中，$\text{MB}_Y = \dfrac{\partial \text{MB}}{\partial Y}$；$\text{MC}_Y = \dfrac{\partial \text{MC}}{\partial Y}$；$\text{MB}_E = \dfrac{\partial \text{MB}}{\partial E}$；$\text{MC}_E = \dfrac{\partial \text{MC}}{\partial E}$。

对式（2-2）进行变形，得到人均收入变动对农业面源污染的边际效应 $\dfrac{\mathrm{d}E}{\mathrm{d}Y}$：

$$\frac{\mathrm{d}E}{\mathrm{d}Y} = \frac{\text{MB}_Y - \text{MC}_Y}{\text{MC}_E - \text{MB}_E} \tag{2-3}$$

在式（2-3）中，若 $\dfrac{\mathrm{d}E}{\mathrm{d}Y} > 0$，则农业面源污染量会随着收入的提高而增加。由于 $\text{MB}_E > 0$ 且 $\text{MC}_E < 0$，所以，$\text{MC}_E - \text{MB}_E$ 为负，$\dfrac{\mathrm{d}E}{\mathrm{d}Y}$ 的正负由 $\text{MB}_Y - \text{MC}_Y$ 决定。

首先对 MB_Y 的符号和变动进行判断。根据假设 3，在给定的农业环境状况下，农户对消费农业环境品质的愿付价格会随着其收入水平的提高而增加，即 $\text{MB}_Y > 0$。此外，随着农户收入的增加，MB 曲线向上的移动会加速，也就是说，农户更喜欢良好的农业环境，且更有意愿和资金支付环境品质消费支出，此时，$\text{MB}_Y > 0$。

其次对 MC_Y 的符号和变动进行判断。在前工业化时期，因为农业生产活动

规模较小，所以 MC 较小。进入工业化时期后，农户行为重视农业生产的短期效益，在短时间内会大量使用自然资源并产生农业污染，同时缺乏有效的技术和足够的资金去保护环境，因此，农业环境保护的边际成本将随着收入的增加而增加，即 $MC_Y > 0$。在工业化后期，尤其是进入后工业化时期后，农户有能力学习和应用亲环境技术，同时，农业科技的发展促使农业生产对资源环境的依赖度下降。此时，农业环境保护的边际成本不会随着农户收入的增加而增加，甚至会下降，有 $MC_Y < 0$。

结合上述的判断结果，可以得到：在经济发展初期，$MB_Y - MC_Y$ 为负，$\dfrac{dE}{dY} > 0$，农业面源污染排放量随着收入水平的提高而增加；随着收入水平的提高，$MB_Y - MC_Y$ 由负转为正，在 $MB_Y - MC_Y = 0$ 时，农业面源污染排放量达到最高值；当 $MB_Y - MC_Y$ 为正时，$\dfrac{dE}{dY} < 0$，农业面源污染排放量将随着收入的增加而减少，农业生产环境得到改善。这一结论证明了经济增长与农业面源污染之间存在着 EKC 的倒 U 型变化关系，即随着农户收入水平的提高，农业生产环境质量先变差，之后会好转。

2.3　我国经济发展重要特征与农业面源污染效应

2.3.1　经济增长水平与农业面源污染效应

目前，我国尚处于经济发展中期阶段，经过多年的经济快速增长，经济规模持续扩张，经济发展与农业生态环境之间的关系已经由无意识的协调发展关系转变为此消彼长的不协调发展关系。20 世纪六七十年代，我国经济发展水平很低，经济生产规模小，生产活动对生态环境系统产生的影响有限，农业面源污染的程度较轻。但是随着经济增长的加快，尤其是在二十多年来的经济快速发展中，由于对农业面源污染的理论认识不够和实际资金投入的严重不足，我国在经济发展与生态环境的决策中明显倾向于经济规模的扩张，导致包括农业面源污染在内的环境污染逐渐加剧，走上了一条"先污染，后治理""先生态破坏，后生态建设"的经济发展道路，也就是说，我国经济发展与农业面源污染之间存在着显著的倒 U 型曲线特征。

图 2-2 中以农用化肥投入密度为例，反映了我国经济增长水平与农业面源污染的关系。从拟合曲线可以看出，随着经济增长水平的提高，我国目前的农业面源污染处于倒 U 型曲线的左侧，即仍在不断恶化，还没有到达转折点；个别地区的环境质量也许得到了一定改善，但从整体上来说，污染程度仍在不断加剧。这

一现象仍将持续，主要原因在于我国作为发展中国家，农业对第二、第三产业仍有着很强的辅助作用，国家仍会优先发展工业，推进工业化进程，财政资金对农业的投入相对较少。

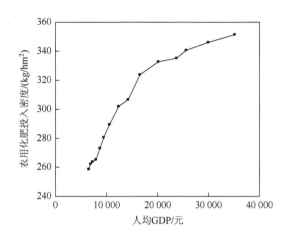

图 2-2　我国人均 GDP 与农用化肥投入密度的拟合曲线

2.3.2　工业化进程与农业面源污染效应

农业面源污染可以认为是工业化的产物。我国当前处于工业化中期阶段，经过工业化前期阶段的积累，我国的农业面源污染程度已经达到一定水平，且仍将加剧。在工业化的发展进程中，石油农业作为一种以高度集中、高度专业化、高度劳动生产率为主要特征的现代农业，实现了快速发展。随之而来的是农药、化肥、农膜等农用化学品的不断研发创新，产品成本不断降低，农户对其越来越依赖，农用化学品的使用量逐年上升。这种高投入、高污染的农业生产形式完全替代了传统农业方式，一方面大幅提高了农产品的产量，另一方面也带来了土地肥力下降、水土流失加剧、土壤沙化和盐碱化等生态问题，造成了农业环境的污染。但是，随着工业化的不断发展，农业生产工艺将得到很大的改进，农业技术水平将大幅提高，农业生产方式也将逐渐转变，新技术的开发和推广将显著提高资源利用率，减少环境污染排放量，大大减弱农业生产活动对农业环境所产生的负面影响，农业生态系统将得到治理和改善，经济发展与资源环境最终实现协调发展。因此，工业化进程与农业面源污染也应有着倒U 型曲线的特征。

在工业化初期阶段，由于第二、第三产业对农业资源、农村劳动力资源的掠夺和对农用工业产品的利用，农业生产者不得不想方设法提高土地的利用率，能够部分替代土壤肥力、提高农产品产量的农用化学品因而得到广泛的应用。此时的工业配套技术发展滞后，这些农用化学品的投入普遍存在超量现象，且施用率低，流失量大，不可避免地造成了农业面源污染的加剧，加上这时候工业发展所积累的资金资源尚不足以反哺农业，所以，工业化发展与农业面源污染会呈现同步上升的状态。随着工业化进程的推进，第二、第三产业的发展为农业环境维护和治理积累了足够的资源，先进的农业生产技术得到了大量的开发和利用，亲环境技术趋于成熟且得到广泛推广，这时，政府和农业生产者都将对农业面源污染投入大量治理资金与资源，工业化发展将有利于农业生态环境的改善。

图 2-3 以农用化肥投入密度为例，反映了我国工业化进程与农业面源污染的关系。从图 2-3 中可以发现，从整体趋势看，我国目前仍处于工业化发展与农业面源污染同步上升的阶段。

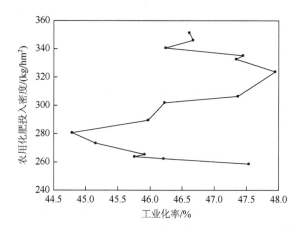

图 2-3　我国工业化率与农用化肥投入密度的拟合曲线

2.3.3　城市化进程与农业面源污染效应

我国现今已进入城市化加速发展阶段，其主要特征是城市数目增多，各个城市的人口规模扩大，城市人口在总人口中的比重不断上升。城市化进程的加快，一方面提高了区域经济的增长速度，提升了科学技术和教育文化的发展水平，促进了居民生活质量的改善，推动了社会进步，但是另一方面也对城市周边的农村地区的生态环境带来了巨大的压力。

随着城市化进程的推进，我国以城市为中心的环境污染问题不断恶化，并且逐渐向农村地区蔓延，经济高速增长、城市化持续推进与农业环境污染加剧并存。

在现阶段，农业属于弱势产业，农民属于弱势群体，农村环境问题也同样处于弱势，政府把主要资源投入城市的基础设施建设和环境保护上，对农业环境问题投入较少，导致农村环境质量下降。城市化的推进对农村环境的退化作用主要表现在以下五个方面：①城市化带来人类居住区的扩大，造成自然环境永久转换为人类居住区，自然资源遭受掠夺，就土地资源而言，城市化进程的加快推动了农业用地向非生产性用地的大规模转移，导致土地的地表大范围永久密闭，彻底失去了原有的生态功能，同时加重了其他农村地区的耕作强度；②城市化将彻底改变地表径流特征和地表水的质量，从而影响农村地区的水环境和流域水生态系统；③城市化将加速废水、废气和固体废弃物在水圈、大气圈和岩石圈表层的产生与积累，对农村地区的资源环境产生巨大的负面影响；④城市化将造成对农产品和生物产品的集中消费，产生以城市为中心的营养富集现象；⑤伴随着城市消费群体的日益扩大和消费水平的不断提高，农业结构将不可避免地发生大幅度调整，从而对土地利用结构的变化和土地质量演变的方向产生影响。

城市化对农村环境产生消极影响的同时，也促进了农村人口向城市的流动，农村人口减少，对农业生态环境也存在着积极影响的一面，主要表现在：①城市化发展能够促进城乡居民收入水平的提高，减轻农村贫困状况，提升农村人口素质和农业技术水平，提高农业资源的利用率，在农村生态环境保护中发挥重要作用；②城市化发展能够推动农村人口向城镇集中，可以在一定程度上缓解原来生态脆弱地区严重的人地矛盾问题。

图 2-4 以农用化肥投入密度为例，反映了城市化进程与农业面源污染之间的关系。从图 2-4 所反映的情况来看，我国目前的城市化进程与农业面源污染状况处于同步上升阶段，城市化对农业面源污染的负面效应仍大于正面效应。

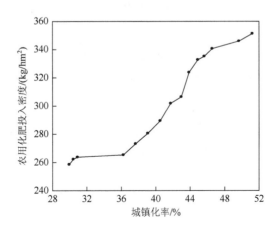

图 2-4　我国城镇化率与农用化肥投入密度的拟合曲线

2.4　我国经济增长与农业面源污染关系的实证分析

2.4.1　模型建立与变量选取

1）模型建立

实证研究经济增长与环境质量之间的演进规律是当前环境经济研究的一个重要问题，国内外学者通过大量的实证分析，取得了不少研究成果。EKC 模型检验的实质是检验收入增长（y）对环境质量（或资源消耗）（E）的影响，即求出环境质量（或资源消耗）关于收入增长的函数表达式。不同的研究者采用不同的环境质量（或资源消耗）主导因子，以不同的假设条件为基础，构建出多种类的计量模型。EKC 类似于库兹涅茨在 1955 年提出的用来描述收入不平等与经济发展关系的库兹涅茨曲线，其最常见也是最基本的方程形式是收入与资源环境关系的二次方程，有时为了突出曲线特征形状而使用收入取对数后的二次方程，从而得到明显的倒 U 型曲线。EKC 假说的基本计量模型是

$$E_t = \alpha + \beta_1 Y_t + \beta_2 Y_t^2$$

其中，E_t 是一个国家或地区在 t 时刻所承受的资源环境压力，通常用环境质量指标、污染排放强度等表示；Y_t 是该国家或地区在 t 时刻的经济产出，常用 GDP 或人均 GDP 表示；α 和 β 是相关的参数。倒 U 型曲线的转折点，也就是环境质量开始转好的点所对应的经济发展水平，可以通过一阶求导求解得

$$Y_t = -\frac{\beta_1}{2\beta_2}$$

其中，Y_t 是环境质量达到转折点时所对应的经济发展水平。

目前，关于经济发展与农业面源污染关系的研究成果还很少。本书借鉴 EKC 基本计量模型，构建如式（2-4）所示的模型来评价经济增长与以农业生产资料的投入为代表的农业面源污染的关系：

$$E_t = \beta_0 + \beta_1 Y_t + \beta_2 Y_t^2 + \varepsilon_t \qquad (2\text{-}4)$$

其中，E_t 是农业面源污染投入要素在 t 时刻的投入强度；Y_t 是在 t 时刻的人均 GDP；β_0、β_1 和 β_2 是参数；ε_t 是环境干扰项。

对于与农业生产活动相关的污染物产出要素，随着农业经济的增长，农业生产效率提高，农作物的单位面积产量逐渐增加，畜禽养殖规模扩大，由此所产生

的农作物秸秆、畜禽排放物等污染物将进一步增多，对农业面源污染状况构成威胁。根据经济增长与这部分农业面源污染产出要素之间预期存在的同步变化关系，构建如式（2-5）所示的模型来考察经济增长与以畜禽排放物、农作物秸秆的产出为代表的农业面源污染的关系：

$$P_t = \alpha_0 + \alpha_1 Y_t + \nu_t \qquad (2-5)$$

其中，P_t 是农业面源污染产出要素在 t 时刻的排放强度；Y_t 是在 t 时刻的人均 GDP；α_0 和 α_1 是参数；ν_t 是环境干扰项。

2）变量选取及数据来源

根据农业生产活动的特征可知，农业面源污染主要来源于农业生产中的农业生产资料的投入、畜禽养殖产生的固体废弃物和废水、农业生产固体废弃物等。农用化肥、农药和农用塑料薄膜等农业生产资料投入量很大，且流失率高；畜禽养殖所产生的固体废弃物和废水随着养殖规模的整体扩大而显著增加；农作物生产总量的提升也增加了农业生产固体废弃物的排放总量，但是污染物的处理措施却没有跟进，农业面源污染因而日趋严重，给农业生产和生活带来了严重的环境隐患。因此，综合考虑计量模型的特点、农业面源污染的形成依据以及数据的重要性和可获得性，本书选取农用化肥投入密度、农药投入密度、农用塑料薄膜投入密度作为农业面源污染的投入要素变量，畜禽污染物排放密度和单位面积秸秆产生量作为农业面源污染的产出要素变量，人均 GDP 作为经济增长要素变量，通过研究变量之间的函数关系来检验经济增长与农业面源污染的关系。其中，农用化肥投入密度、农药投入密度和农用塑料薄膜投入密度分别表示农作物单位面积的农用化肥施用量、农药投入量和农用塑料薄膜使用量；畜禽污染物排放密度表示单位土地面积的猪、牛、羊等主要畜禽的年粪便排放总量，畜禽的年粪便排放总量是依据不同畜禽的生长周期确定采用年末存栏量或年内出栏量，结合不同畜禽的粪尿平均排放水平计算得到的；单位面积秸秆产生量表示水稻、小麦、玉米等谷类作物单位面积的秸秆产生量，经济系数取 0.4，秸秆产生量与谷物总量之比为 1.5∶1。

本书选取的相关变量 1990～2011 年的全国总体数据来源于历年的《中国农业年鉴》和《中国农村统计年鉴》，见表 2-7。

表 2-7　农业面源污染要素变量与经济增长变量数值

年份	农用化肥投入密度 /(kg/hm²)	农药投入密度 /(kg/hm²)	农用塑料薄膜投入密度/(kg/hm²)	GDP/亿元	人均 GDP/元
1990	174.593 22	4.940 618 2	3.248 810 342	18 667.8	1 644
1991	187.524 23	5.116 167 3	4.292 814 836	21 781.5	1 893

续表

年份	农用化肥投入密度/(kg/hm²)	农药投入密度/(kg/hm²)	农用塑料薄膜投入密度/(kg/hm²)	GDP/亿元	人均GDP/元
1992	196.648 48	5.363 331 9	5.238 753 884	26 923.5	2 311
1993	213.339 56	5.718 114 8	4.787 574 201	35 333.9	2 998
1994	223.817 97	6.601 082	5.983 931 571	48 197.9	4 044
1995	239.773 42	7.252 517	6.104 924 639	60 793.7	5 046
1996	251.205 86	7.486 576 4	6.930 988 772	71 176.6	5 846
1997	258.539 06	7.764 329 2	7.543 934 169	78 973	6 420
1998	262.269 92	7.910 420 9	7.750 934 453	84 402.3	6 796
1999	263.747 58	8.451 714 8	8.049 177 288	89 677.1	7 159
2000	265.284 71	8.189 379 4	8.541 266 795	99 214.6	7 858
2001	273.190 84	8.187 247 9	9.307 717 009	109 655.2	8 622
2002	280.620 3	8.479 649	9.899 092 061	120 332.7	9 398
2003	289.446 58	8.694 852 9	10.443 001 02	135 822.8	10 542
2004	301.954 37	9.026 381 8	10.940 750 1	159 878.3	12 336
2005	306.531 69	9.389 792 1	11.334 154 4	184 937.4	14 185
2006	323.873 31	10.102 617	12.129 438 91	216 314.4	16 500
2007	332.833 76	10.575 77	12.624 902 26	265 810.3	20 169
2008	335.261 67	10.701 362	12.843 484 83	314 045.4	23 708
2009	340.726 54	10.774 585	13.113 596 53	340 902.8	25 608
2010	346.145 95	10.942 704	13.524 194 8	401 512.8	30 015
2011	351.497 08	11.011 628	14.141 961 88	472 881.6	35 181

2.4.2 模型回归结果

1）经济增长与农用化肥投入密度

根据表 2-8 的回归结果，农用化肥投入密度与经济增长的二次方程模型的可决系数 R^2 达到了 0.9720，表明模型对我国经济增长与农业面源污染的关系具有充分的解释意义。我国经济增长与农用化肥投入密度的回归结果为

$$E_t = 174.928\,1 + 0.012\,971Y_t - 2.38 \times 10^{-7}Y_t^2 + \varepsilon_t$$

表 2-8　全国农用化肥投入密度与人均 GDP 的回归结果

模型系数			可决系数 R^2	F 统计量	曲线转折点的 Y_t 值
β_0	β_1	β_2			
174.928 1 (34.678)	0.012 971 (16.014)	-2.38×10^{-7} (−10.173)	0.972 0	330.14	54 500

　　农用化肥投入密度与经济增长的回归结果显示，伴随着我国经济快速增长，农用化肥施用量增大，农业面源污染不断恶化。截至 2011 年，全国人均 GDP 达到了 35 181 元，农用化肥施用量仍在增大，农业面源污染状况仍处于上升阶段，通过图 2-5 也同样能得到这一结论。仅从农用化肥投入密度这一要素来看，预计在全国人均 GDP 达到 54 500 元时，农业面源污染程度将下降，我国的农业环境将开始整体转好。

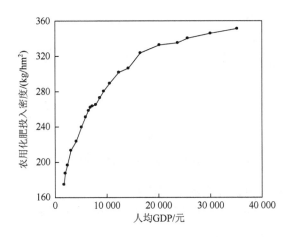

图 2-5　全国农用化肥投入密度与人均 GDP 的拟合曲线

2）经济增长与农药投入密度

　　全国农药投入密度与经济增长的回归结果见表 2-9，可决系数 R^2 达到了 0.9668，表明模型对经济增长与农业面源污染的关系具有充分的解释意义。我国经济增长与农药投入密度的回归结果为

$$E_t = 4.711\,710 + 0.000\,474Y_t - 8.74 \times 10^{-9}Y_t^2 + \varepsilon_t$$

表 2-9　全国农药投入密度与人均 GDP 的回归结果

模型系数			可决系数 R^2	F 统计量	曲线转折点的 Y_t 值
β_0	β_2	β_2			
4.711 710 （23.588）	0.000 474 （14.772）	-8.74×10^{-9} （-9.440）	0.966 8	276.99	54 233

　　我国农药投入密度与人均 GDP 的回归结果显示，我国经济快速增长的过程伴随着农药使用量的增大和农业面源污染的加剧。截至 2011 年，农药使用量仍在增大，农业面源污染状况与经济增长仍处于同步上升阶段，图 2-6 同样反映了这一情况。2011 年的全国人均 GDP 为 35 181 元，仅从农药投入密度这一要素来看，预计在全国人均 GDP 达到 54 233 元时，农药投入密度将降低，我国农业面源污染程度将开始下降。

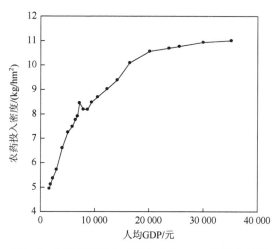

图 2-6　全国农药投入密度与人均 GDP 的拟合曲线

3）经济增长与农用塑料薄膜投入密度

　　根据表 2-10 的回归结果，全国农用塑料薄膜投入密度与经济增长的回归方程的可决系数 R^2 达到了 0.9735，表明模型能够解释经济增长与农业面源污染的关系。我国经济增长与农用塑料薄膜投入密度的回归结果为

$$E_t = 3.011\,969 + 0.000\,782Y_t - 1.40 \times 10^{-8}Y_t^2 + \varepsilon_t$$

表 2-10　全国农用塑料薄膜投入密度与人均 GDP 的回归结果

模型系数			可决系数 R^2	F 统计量	曲线转折点的 Y_t 值
β_0	β_1	β_2			
3.011 969 （9.903）	0.000 782 （16.007）	-1.40×10^{-8} （-9.926）	0.973 5	348.87	55 857

全国农用塑料薄膜投入密度与人均 GDP 的回归结果显示,随着我国人均 GDP 的提高,农用塑料薄膜的使用量增大,农业面源污染程度加剧。截至 2011 年,我国单位面积的农用塑料薄膜投入量仍在增大,农业面源污染与经济增长同步上升,通过图 2-7 也同样能得到这一结论。2011 年的全国人均 GDP 为 35 181 元,仅从农用塑料薄膜投入密度这一要素来看,还要经历较长的一段时间后才能出现农业面源污染改善的现象,预计在全国人均 GDP 达到 55 857 元时,我国的农业生态环境才能开始整体转好。

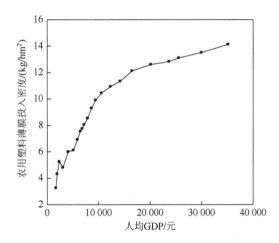

图 2-7　全国农用塑料薄膜投入密度与人均 GDP 的拟合曲线

4)经济增长与畜禽污染物排放密度

畜禽污染物排放密度与经济增长的回归结果见表 2-11,可决系数 R^2 为 0.5874,表明模型对经济增长与农业面源污染的关系较有解释意义。我国经济增长与畜禽污染物排放密度的回归结果为

$$P_t = 39.906\,61 + 0.000\,718Y_t + v_t$$

表 2-11　全国畜禽污染物排放密度与人均 GDP 的回归结果

模型系数		可决系数 R^2	F 统计量	相关系数
α_0	α_1			
39.906 61 (19.761)	0.000 718 (5.336)	0.587 4	28.47	0.766 4

全国畜禽污染物排放密度与人均 GDP 的回归结果显示,我国畜禽污染物排放密度和经济增长有明显的相关性,畜禽污染物排放量在经济增长过程中逐步增加,

加剧了农业面源污染，通过图 2-8 同样能得到这一结论。对此，有必要及时采取有效的污染物控制措施，改进畜禽排放物的处理办法，以防止农业面源污染的进一步加剧。

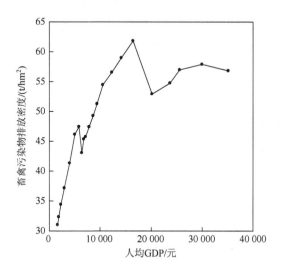

图 2-8　全国畜禽污染物排放密度与人均 GDP 的拟合曲线

5）经济增长与单位面积秸秆产生量

我国单位面积秸秆产生量与经济增长的回归结果见表 2-12，可决系数 R^2 为 0.6343，模型对经济增长与农业面源污染的关系较有解释意义。我国经济增长与单位面积秸秆产生量的回归结果为

$$P_t = 3.767\,038 + 2.85 \times 10^{-5} Y_t + \nu_t$$

表 2-12　全国单位面积秸秆产生量与人均 GDP 的回归结果

模型系数		可决系数 R^2	F 统计量	相关系数
α_0	α_1			
3.767 038 （51.861）	2.85×10^{-5} （5.890）	0.634 3	34.69	0.796 4

全国单位面积秸秆产生量与人均 GDP 的回归结果表明，我国单位面积秸秆产生量和经济增长有显著的相关关系，随着经济的增长，我国单位面积秸秆产生量总体呈上升趋势，通过图 2-9 同样能得到这一结论。目前缺乏对秸秆有效的、全面的集中处理措施，这将会对农业生产和生活环境造成负面影响，加剧农业面源污染的程度。

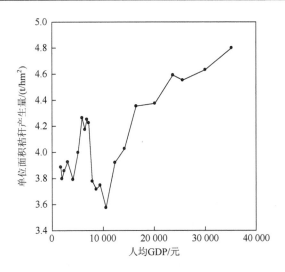

图 2-9　全国单位面积秸秆产生量与人均 GDP 的拟合曲线

2.4.3　对计量检验结果的评价

实证研究结果表明,我国经济发展-农业面源污染的 EKC 模拟良好,农业生产活动中的农业生产资料的投入和畜禽排放物的排放与经济增长具有显著的倒 U 型关系。目前,我国农资污染状况仍在恶化中,农资投入密度仍处在倒 U 型曲线的左侧。农用化肥、农药和农用塑料薄膜等农资投入密度与经济增长的实证结果也表明,目前的经济增长离倒 U 型曲线的转折点还有较大的距离,且经济快速增长的过程中还将伴随着更多的农用化肥、农药、农用塑料薄膜等农资的投入。如果不加强对农户的农资使用行为的管理和控制,随着我国农业现代化进程的加快,农业面源污染状况将会在较长的时间内继续加剧。然而,仅从畜禽污染物排放密度与经济增长的回归结果来看,单位面积的畜禽排放量已经达到拐点,但是下降趋势并不明显,且排放密度仍有向上波动的趋势,如果畜禽排放物的相关处理措施不能及时改进,农业面源污染仍将继续加剧。

因此,应当加大对农业面源污染的管理和控制,强化政府环境政策的干预力度,这不仅需要经济结构的调整和科学技术的进步,还需要政府环境意识和管理能力的提高。在国家环境政策和政府环境工作的指导下,应提高农户的环境保护意识,引导农户在农业生产中兼顾农业环境的保护,大力推行资源节约型技术和绿色环保技术,通过政策和补贴方式逐渐改变农户的传统生产方式,提高农业资源的利用率,控制畜禽排放物的污染,防止农业面源污染程度超过农业环境的不可逆阈值,争取提前达到污染状况的转折点,实现经济快速发展与农业环境改善的双重目标。

2.5　基于 DEA 方法的我国不同省份农业环境效率的比较

2.5.1　农业环境效率的概念

环境效率是由世界可持续发展工商理事会（World Business Council for Sustainable Development，WBCSD）于 1992 年首先提出的，WBCSD 把环境效率定义为"通过提供具有价格竞争力的产品或服务，在满足人类高品质生活需求的同时，将整个生命周期中对环境的影响降到地球的估计承载力最大值以下的水平"，其效率值可以通过产品或服务的经济价值除以环境负荷来计算得到，表示的是单位环境负荷所实现的经济价值。

国内外很多学者对环境效率的概念作出了不同的界定。Reinhard 等（2000）提出，环境效率是多个有害投入的最小可能值与实际使用量之间的比值。Kortelainen（2008）认为，环境效率是价值增加值与由此带来的环境破坏损失的比值。我国学者文同爱和李寅铨（2003）指出，环境效率是由社会生产效率和代际公平率构成的，环境效率值可以通过"环境效率 =（当今人类所创造的物质和精神文明成果÷按当今人类社会制度开发利用环境资源的数量）×（环境资源最大承载力÷按当今人类社会制度开发利用环境资源的数量）"计算得到。吕力（2004）认为，环境效率可以看作环境净收益，也就是说，如果将环境作为一种资源投入，则应当力求环境资源使用的最小和产出的最大；如果将环境的改善作为一种产出，则应当尽可能在一定投入条件下获得最大的环境改善成果。

尽管不同的学者对环境效率的定义各不相同，但绝大多数都是从经济和环境两方面入手，效率值也主要以经济价值的增加值和环境影响的比值来表示，可以综合测量资源的利用效率以及经济生产活动对环境的影响程度。

在界定农业环境效率的概念时，可以参考环境效率的定义。本书在借鉴现有相关文献资料的基础上，认为农业环境效率是把农业生态环境作为一种资本投入，在现有的技术水平下，力求以最小的农业环境污染代价获得最大的农业产出。农业环境效率的评价，不仅要关注评价对象的农业生产过程对环境造成的影响，也要评价农业生产活动所产生的经济价值，即经济效益与环境效益兼顾。所以，农业环境效率能够有效反映农业资源消耗和环境污染与农业经济发展之间的关系。

2.5.2　DEA 方法及模型

1）DEA 方法的概述

数据包络分析（data envelopment analysis，DEA）方法是由美国的运筹学家

Charnes、Cooper 和 Rhodes 在 1978 年最早提出的。DEA 方法是一种相对效率分析方法，其应用原理是利用数学规划模型，对若干输入单元和输出单元之间的相对有效性进行评价。DEA 方法常用于评价若干相同类型的投入与产出的决策单元（decision making units，DMU）的相对效率，在处理多输出的复杂系统的效率评价问题上有着绝对的优势。DEA 方法的显著特点是可以直接通过产出与投入之间的加权和之比测算出 DMU 的效率，不需要考虑投入变量和产出变量之间的函数关系，并且不需要预先估计参数或权重假设，从而使测算结果更具有客观性。正是由于 DEA 方法的这种独特优势，在过去的二十多年里，DEA 方法无论在理论研究还是在实践应用中都取得了巨大的成果。如今，DEA 方法已经成为管理科学与系统工程领域中一种重要而有效的数学分析工具，且已广泛应用于生产、经济、军事、管理等多个方面。

2）DEA 效率评价思路

效率评价的概念是由 Farrell 在 1957 年最先提出的，Farrell 在 Debreu 的基础上，界定了一个有多项投入变量的企业效率评价的概念。此后，Fare、Grosskopf 和 Lovell 等对企业效率评价进行了进一步的研究。

Farrell 的效率评价理论构成了 DEA 理论的基本思想。Farrell 所提出的效率，包括技术效率和配置效率两方面的内容。技术效率所反映的是给定投入获得最大产出的潜能，具体地说，是在既定的一组投入要素不变的情况下，一个企业的实际产出与理想状态下的产出（即同样投入情况下的最大产出）的比值。如果企业的实际产出与理想产出之间存在差距，则该企业非技术有效（或技术无效）。配置效率是指在产出一定和技术效率为 1 的情况下，企业应付出的最小成本与实际投入成本的比值。配置效率反映的是在给定价格和生产技术条件下，公司配置资源最优的能力。技术效率与配置效率共同构成了企业的总经济效益，技术效率又可简称为效率。

为了方便问题描述，首先定义 DMU 的投入指标和产出指标。假定一个生产系统中有 n 个互相独立的 DMU_j（$j = 1, 2, \cdots, n$），每个 DMU 投入 m 种资源，投入向量 $X_j = (x_{1j}, x_{2j}, \cdots, x_{mj})^T$，生产出 s 种产品，产出向量 $Y_j = (y_{1j}, y_{2j}, \cdots, y_{sj})^T$。可以用 (x, y) 来表示 DMU 的整个生产活动。Farrell 在测量企业产出效率时，引入了生产前沿面的概念。设 $(x, y) \in T$，如果不存在 $(x, y^*) \in T$，且 $y^* \geq y$，则表示 (x, y) 处于生产前沿面上，(x, y) 是有效的生产点。生产前沿面是指生产可能集中的所有有效生产点 (x, y) 所构成的超曲面，它表示每一个投入组合能获得的最大产出，能反映一个行业当前的技术水平状况。要想评价 DMU 的效率，只需要考察各个生产点对应的坐标与生产前沿面的距离。两者的距离越大，表示所考察的生产点离有效状态越远，DMU 的效率就越低；两者的距离越小，表示所考察的生产点离有效状态越近，DMU 的效率就越高。特殊地，当所考察的生产点与生产前沿面的距离为零，即生产点位于生产前沿面上时，该生产点是有效的，DMU 的效率值为 1。

　　假设某个生产系统中有 5 个 DMU，分别为 *A*、*B*、*C*、*D* 和 *E*，每个 DMU 投入 x_1 和 x_2 两种资源组织生产，相应的产出为 *y*。图 2-10 中的生产前沿面是由一系列分段式等产量线组成的，*A*、*B*、*C* 和 *D* 都位于生产前沿面上，是有效的生产点，*E* 是技术无效的生产点。

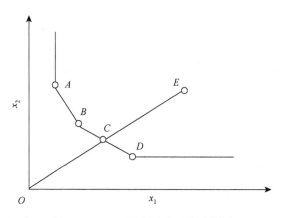

图 2-10　DEA 效率评价思路示意图

　　对于无效的 DMU-*E* 来说，它在生产前沿面上对应于 DMU-*C*，DMU-*E* 的生产点可以用 DMU-*B* 和 DMU-*D* 的线性组合表示出来。用 DMU-*C* 点的投入也可以获得不少于 DMU-*E* 的产出，这说明 DMU-*E* 存在资源投入过量的问题。DMU-*E* 的效率为 OC/OE，当 OC/OE = 1 时，DMU-*E* 达到有效状态，效率值为 1，否则 DMU-*E* 技术无效。DEA 方法正是基于这一思路，通过观测各组数据，构造出线性规划模型，从而求出各个 DMU 的相对效率值。

　　3）DEA 模型

　　DEA 模型有多种形式，最经典的 DEA 模型是基于规模报酬不变的 CCR 模型，是由 Charnes、Cooper 和 Rhodes 提出的。CCR 模型可表示为

$$
\begin{cases}
\min[\theta - \varepsilon(\hat{e}^{\mathrm{T}}S^- + e^{\mathrm{T}}S^+)] \\
\text{s.t.} \displaystyle\sum_{j=1}^{n} x_{ij}\lambda_j + S^- = \theta x_{ij0}, \quad i \in (1,2,\cdots,m) \\
\displaystyle\sum_{j=1}^{n} y_{rj}\lambda_j - S^+ = y_{rj0}, \quad r \in (1,2,\cdots,s) \\
\lambda_j \geqslant 0, \quad j = 1,2,\cdots,n \\
S^-, \ S^+ \geqslant 0
\end{cases}
$$

其中，x_{ij0}、y_{rj0} 分别是第 j_0 个 DMU 的第 i 项输入和第 r 项输出，可以简记成 x_0 和 y_0；$\hat{e}=(1,1,\cdots,1)^T \in E^m$；$e=(1,1,\cdots,1)^T \in E^s$；$\lambda$ 是第 $N \times 1$ 维常数向量；S^- 和 S^+ 分别是投入与产出的松弛变量；ε 是非阿基米德无穷小量，在运算中取正无穷小；θ 是一个标量，根据 Farrell 在 1957 年的定义，θ 是第 i 个 DMU 的效率值，满足 $0 \leqslant \theta \leqslant 1$。当 $\theta=1$ 时，DMU 所对应的点在生产前沿面上，即处于相对有效状态。各参数的经济含义如下。

（1）当 $\theta=1$，且 $S^-=S^+=0$ 时，对应的 DMU 为 DEA 相对有效，此时 DMU 同时达到技术有效和规模有效。

（2）当 $\theta=1$，但 S^- 和 S^+ 不同时为 0 时，对应的 DMU 为弱 DEA 有效，此时 DMU 未达到技术和规模均有效的状态。

（3）当 $\theta<1$ 时，对应的 DMU 为 DEA 无效，此时 DMU 既不是技术有效也不是规模有效。

Banker、Charnes 和 Cooper 在 1984 年提出了基于规模报酬可变的 BCC 模型，模型形式如下：

$$\begin{cases} \min\left[\theta - \varepsilon\left(\sum_{i=1}^{m} S_i^- + \sum_{r=1}^{s} S_i^+ \right) \right] \\ \text{s.t.} \sum_{j=1}^{n} x_{ij}\lambda_j + S_i^- = \theta x_{ij0}, \quad i \in (1,2,\cdots,m) \\ \sum_{j=1}^{n} y_{rj}\lambda_j - S_r^+ = y_{rj0}, \quad r \in (1,2,\cdots,s) \\ \sum_{j=1}^{n} \lambda_j = 1 \\ S^-,S^+,\lambda_j,\theta \geqslant 0, j=1,2,\cdots,n \end{cases}$$

各变量和参数的含义与 CCR 模型相似。

CCR 模型和 BCC 模型都是投入方向的模型，在维持产出水平不变的情况下，分析各个 DMU 投入的使用情况。BCC 模型得到的是 DMU 的技术效率，而 CCR 模型的计算结果不仅包含技术效率，还包含了规模效率。本书选择基于 CCR 模型构建评价农村环境效率的 DEA 模型。

2.5.3 评价指标与数据说明

农业环境效率可以从不同的角度来反映，可以用来评价投入面与产出面的指标也很多。如果选择的指标过多，会造成研究工作量的增加，也会因为指标重叠的问题影响评价结果；如果指标过少，可能会导致反映的信息不够全面，结果不够准确。因此，应当从数据的可获取性、指标的重要性、交叉性、全面性与可比性等方面综合考察，确定合理的评价指标。

农业经济快速发展的过程伴随着资源消耗，不可避免地会产生各种污染物，造成对农业生态环境的污染。这种污染物的产生是一种资源的浪费，还需要投入额外的资金和人力去治理，因此，农业面源污染是一种负面的产出，即非期望产出。非期望产出的处理方法有多种，本书选择将其视为一种环境投入，即污染物排放量越大，治理污染的投入就越大，是一种等价意义上的投入。本书选择的环境投入指标为：①农药使用量 X_1，单位为吨；②农用化肥施用量 X_2，单位为万吨；③农用塑料薄膜使用量 X_3，单位为吨；④畜禽排放量 X_4，单位为万吨。

一定区域内的农林牧渔业总产值能够充分反映区域的农业经济发展水平，经济发展的最终目标是提高人民生活质量，可以用农村居民人均纯收入来反映。因此，本书选取的经济产出指标为：①农林牧渔业总产值 Y_1，单位为亿元；②农村居民人均纯收入 Y_2，单位为元。

本书使用的是 2011 年我国 31 个省（自治区、直辖市）的相关投入与产出数据，所有数据均来自于《中国统计年鉴》《中国环境年鉴》和各省的统计年鉴。其中，畜禽排放量是依据不同畜禽的生长周期确定采用年末存栏量或年内出栏量，结合不同畜禽的粪尿平均排泄水平计算得到的。具体数值见表 2-13。

表 2-13　2011 年我国 31 个省（自治区、直辖市）的投入和产出指标数据

序号	省（自治区、直辖市）	农药使用量/吨	农用化肥施用量/万吨	农用塑料薄膜使用量/吨	畜禽排放量/万吨	农林牧渔业总产值/亿元	农村居民人均纯收入/元
1	北京	3 936	13.8	13 268	665.244 815	363.1	14 735.7
2	天津	3 796	24.4	12 568	734.056 115	349.5	12 321.2
3	河北	83 006	326.3	123 785	8 866.94 766	4 895.9	7 119.7
4	山西	28 382	114.6	41 531	2 283.419 395	1 207.6	5 601.4
5	内蒙古	24 474	176.9	60 660	11 829.1 801	2 204.5	6 641.6
6	辽宁	56 565	144.6	143 348	7 479.557 07	3 633.6	8 296.5
7	吉林	45 595	195.2	57 069	6 119.362 44	2 275.1	7 510
8	黑龙江	77 958	228.4	75 589	7 482.126 405	3 223.5	7 590.7
9	上海	6 295	12	20 489	404.110 5	314.6	16 053.8
10	江苏	86 500	337.2	106 440	4 435.384 19	5 237.4	10 805
11	浙江	63 854	92.1	58 416	2 514.290 38	2 534.9	13 070.7

续表

序号	省（自治区、直辖市）	农药使用量/吨	农用化肥施用量/万吨	农用塑料薄膜使用量/吨	畜禽排放量/万吨	农林牧渔业总产值/亿元	农村居民人均纯收入/元
12	安徽	117 475	329.7	86 114	5 333.885 445	3 459.7	6 232.2
13	福建	58 276	120.9	57 814	2 975.685 53	2 730.9	8 778.6
14	江西	99 537	140.8	47 710	6 003.213 26	2 207.3	6 891.6
15	山东	164 812	473.6	318 317	12 434.440 79	7 409.7	8 342.1
16	河南	128 747	673.7	151 616	16 871.730 14	6 218.6	6 604
17	湖北	139 524	354.9	65 044	7 786.758 155	4 252.9	6 897.9
18	湖南	120 431	242.5	73 729	10 574.888 78	4 508.2	6 567.1
19	广东	114 082	241.3	44 035	6 959.186 245	4 384.4	9 371.7
20	广西	66 229	242.7	37 403	8 241.627 12	3 323.4	5 231.3
21	海南	46 854	47.7	19 387	1 547.683 19	1 002.4	6 446
22	重庆	20 324	95.6	39 332	3 607.317 08	1 265.3	6 480.4
23	四川	61 910	251.2	122 227	18 276.366 9	4 932.7	6 128.6
24	贵州	14 469	94.1	40 857	6 361.081 04	1 165.5	4 145.4
25	云南	48 157	200.5	91 229	10 947.427 67	2 306.5	4 722
26	西藏	963	4.8	1 032	7 191.402 605	109.4	4 904.3
27	陕西	12 410	207.3	37 912	3 136.463 29	2 058.6	5 027.9
28	甘肃	68 413	87.2	143 989	6 322.707 445	1 187.8	3 909.4
29	青海	1 995	8.3	5 406	5 598.421 74	230.8	4 608.5
30	宁夏	2 692	38.2	15 244	1 407.345 09	354.7	5 410
31	新疆	19 340	183.7	182 977	6 079.834 495	1 955.4	5 442.2

2.5.4　实证分析结果与讨论

1）农业环境效率的总体评价

结合 DEA 模型，运用 DEAP 2.1 软件对 31 个 DMU 2011 年的投入与产出数据进行分析，得到各个 DMU 的最优解和相对效率值，即 31 个省（自治区、直辖市）的技术效率（technology efficiency，TE）、纯技术效率（pure technical efficiency，PTE）和规模效率（scale efficiency，SE），具体效率值见表 2-14。对具体效率值进行统计和整理，可以归纳出 31 个 DMU 农业环境效率的整体情况，见表 2-15。

表 2-14　我国 31 个省（自治区、直辖市）效率测算结果

序号	省（自治区、直辖市）	技术效率	纯技术效率	规模效率	S^-（1）	S^-（2）	S^-（3）	S^-（4）	S^+（1）	S^+（2）
1	北京	1.000	1.000	1.000						
2	天津	0.942	1.000	0.942						
3	河北	0.890	0.903	0.986	8 078.88	31.758	13 179.922	863.009 66		2 097.808
4	山西	0.648	0.657	0.987	9 735.465	41.669	14 245.776	783.248 4		7 907.944
5	内蒙古	0.848	0.881	0.963	2 920.939	21.113	11 192.32	4 911.137 1		
6	辽宁	0.943	1.000	0.943						
7	吉林	0.761	0.761	1.000	10 883.626	46.595	13 622.495	1 460.705 4		1 601.238
8	黑龙江	0.785	0.785	1.000	16 756.388	49.093	16 247.192	1 608.217 4		289.224
9	上海	1.000	1.000	1.000						
10	江苏	1.000	1.000	1.000						
11	浙江	1.000	1.000	1.000						
12	安徽	0.693	0.714	0.971	40 930.746	121.088	24 650.894	1 526.871 4		2 638.655
13	福建	1.000	1.000	1.000						
14	江西	0.731	0.736	0.993	41 197.531	37.165	12 593.369	1 584.587 3		2 032.175
15	山东	0.745	1.000	0.745						
16	河南	0.692	1.000	0.692						
17	湖北	0.788	0.792	0.995	34 734.82	114.069	13 541.483	1 621.122 2		2 464.321
18	湖南	0.912	0.986	0.925	25 251.991	3.414	1 038.112	148.895 78		1 779.237
19	广东	1.000	1.000	1.000						
20	广西	1.000	1.000	1.000						
21	海南	0.941	1.000	0.941						
22	重庆	0.787	0.787	1.000	4 332.404	20.379	8 384.28	768.961 08		5 438.823
23	四川	1.000	1.000	1.000						
24	贵州	0.761	0.802	0.949	2 862.097	18.614	13 184.172	1 258.278		3 880.671
25	云南	0.622	0.622	1.000	18 209.987	75.817	34 497.142	4 139.637 7		5 991.941
26	西藏	1.000	1.000	1.000						
27	陕西	1.000	1.000	1.000						
28	甘肃	0.495	0.496	0.997	40 248.685	43.942	113 508.71	3 186.181 4		6 801.819
29	青海	1.000	1.000	1.000						
30	宁夏	0.995	1.000	0.995						
31	新疆	0.799	0.857	0.932	2 757.478	26.192	141 497	866.856 5		1 099.378
	均值	0.864	0.896	0.966	18 492.931	46.493 429	30 813.062	1 766.265	0	3 386.402 6

表 2-15 31 个 DMU 农业环境效率的整体情况

	技术效率	纯技术效率	规模效率
有效数量	11	17	15
非有效数量	20	14	16
有效比例	35.48%	54.84%	48.39%
效率均值	0.864	0.896	0.966

从表 2-15 的评价结果来看，我国 31 个省（自治区、直辖市）2011 年的技术效率偏低，全部 DMU 的效率均值为 0.864。在 31 个 DMU 中，只有 11 个 DMU 的技术效率指数为 1，即达到了技术效率的相对有效，农业生产的环境投入无冗余，经济产出无短缺，占样本总数的 35.48%。在 20 个相对无效的 DMU 中，有 6 个 DMU 纯技术有效但非规模有效，表明这 6 个省份的农业生产规模与投入、产出指标状况没有达到匹配状态；有 4 个 DMU 规模有效但纯技术无效，说明这 4 个省份的农业生产技术水平偏低，绿色技术应用状况较差；另外还有 10 个 DMU 既非纯技术有效且非规模有效，占全部样本数的 32.26%，这些省份不仅需要调整农业生产规模，同时在农业生产技术推广和应用上也有待改善。

表 2-16 反映的是 DEA 相对有效省份与 DEA 相对无效省份的投入产出指标数据的对比。从表 2-16 可以看出，相对无效省份的农药使用量、农用化肥施用量、农用塑料薄膜使用量和畜禽排放量这四项投入指标的平均值均高于相对有效省份的平均值。而产出指标方面，相对无效省份在投入更多资源要素，产生更多环境污染的前提下，农林牧渔业总产值与相对有效省份相差不大，农村居民人均纯收入更是远低于相对有效省份的均值。

表 2-16 DEA 相对有效省份与相对无效省份投入产出指标值比较

指标		单位	相对有效省份平均值	相对无效省份平均值
投入指标	农药使用量	吨	43 313.64	65 527.55
	农用化肥施用量	万吨	139.24	208.63
	农用塑料薄膜使用量	吨	45 858.36	89 504.75
	畜禽排放量	万吨	5 490.74	7 003.65
产出指标	农林牧渔业总产值	亿元	2 383.65	2 754.19
	农村居民人均纯收入	元	8 974.19	6 658.57

总的来说，我国 2011 年的农业环境效率整体偏低，多数省份的农业生产活动过度依赖农业资源和环境，农药、化肥、农膜等化工产品的使用量过高，且资源利用率低，环境污染对农业发展产生了较大的效率损失，我国仍有较大的效率提升潜力。

2）规模报酬分析

DEAP 2.1 软件的输出结果中包含了对各个 DMU 的规模报酬状况的判定，对其进行整理，得到表 2-17。

表 2-17　31 个 DMU 规模报酬判定表

序号	省（自治区、直辖市）	规模报酬状态	序号	省（自治区、直辖市）	规模报酬状态
1	北京	-	17	湖北	irs
2	天津	irs	18	湖南	drs
3	河北	drs	19	广东	-
4	山西	irs	20	广西	
5	内蒙古	drs	21	海南	irs
6	辽宁	drs	22	重庆	-
7	吉林		23	四川	
8	黑龙江	-	24	贵州	drs
9	上海		25	云南	-
10	江苏	-	26	西藏	-
11	浙江		27	陕西	
12	安徽	irs	28	甘肃	irs
13	福建	-	29	青海	
14	江西	irs	30	宁夏	irs
15	山东	drs	31	新疆	drs
16	河南	drs			

注：-表示规模报酬不变，irs 表示规模报酬递增，drs 表示规模报酬递减。

表 2-17 显示，规模报酬不变、规模报酬递增和规模报酬递减的 DMU 分别为 15 个、8 个和 8 个，分别约占样本总数的 48.4%、25.8%和 25.8%。

在 8 个规模报酬递增的 DMU 中，除了天津市的农村居民人均纯收入、湖北和安徽两省的农林牧渔业总产值高于全国平均值，其他地区的经济产出指标值都低于全国平均水平。从环境投入量来看，绝大多数规模报酬递增的地区的农药、化肥和农膜的使用量较少，畜禽排放量也较低。这些地区可以在可控的范围内适当增加资源和环境投入，加大生态农业生产技术的推广力度，适当扩大农业生产规模，提高农业生产效率。

从表 2-17 中的经济产出指标来看，8 个规模报酬递减的 DMU 中包含了山东、河南、湖南、河北等农业大省，这些省份的农林牧渔业总产值均远高于全国平均水平，但是从表 2-13 中看出农村居民人均纯收入却与其他省份相差不大，甚至更低。这 8 个 DMU 的农业生产活动伴随着农业资源的大量消耗，且大多数省份的资源利用率偏低，造成了农业面源污染的加剧，资源环境的投入量与农业生产的经济产出量严重不匹配。这些省份应当着眼于农业经济的可持续发展，适当缩小农业生产规模，减少农药、化肥、农膜等农资的使用量，提高资源的利用效率，改良并推广农业生产技术，促进农业经济与资源环境的和谐发展。

3）东部、中部和西部农业环境效率比较

将 31 个省（自治区、直辖市）的农业环境效率按东部、中部和西部分别进行汇总分析，得到表 2-18。

表 2-18 我国东部、中部和西部农业环境效率比较

项目	东部	中部	西部
有效个数	6	0	5
有效比例/%	46.15	0.00	41.67
技术效率均值	0.924	0.744	0.859
纯技术效率均值	0.958	0.814	0.870
规模效率均值	0.966	0.927	0.986
农药使用量均值/吨	62 425.31	105 682.67	28 448.00
农用化肥施用量均值/万吨	173.65	309.37	132.54
农用塑料薄膜使用量均值/吨	80 809.62	77 624.00	64 855.67
畜禽排放量均值/万吨	4 816.78	8 142.32	7 416.60
农林牧渔业总产值均值/亿元	2 950.38	3 642.38	1 757.88
农村居民人均纯收入均值/元	10 033.98	6 465.70	5 220.97

表 2-18 的数据显示，东部、中部和西部之间的技术效率差距很大。东部地区的 13 个 DMU 中，有 6 个达到技术相对有效，占总数的 46.15%，技术效率均值为 0.924，领先于中部和西部。在西部地区的 12 个 DMU 中 5 个达到相对有效状态，占总数的 41.67%，技术效率均值也达到了 0.859，且规模效率均值在三个地区中最高。中部地区的农业生产状况存在很大问题，6 个中部省份全部为技术无效，技术效率均值仅为 0.744，迫切需要提高农业生产技术水平，改进农业生产规模。

从三个地区的投入与产出指标值来看，中部地区的农林牧渔业总产值均值虽然在三个地区中最高，但其农村居民人均纯收入均值却远低于东部地区，与西部地区也未能拉开较大差距。西部地区的生态农业发展状况良好，但是与东部地区

相比，创造单位农林牧渔业总产值所需的农用化肥和畜禽排放量均远高于东部地区，所以，西部地区应当加大生态农业宣传力度，推广使用对环境零污染或少污染的农资产品，优化投入资源的配置结构。总体上看，中部地区现在取得的农业成就很大程度上是以牺牲环境和消耗大量资源为代价的，普遍存在农药、化肥和农膜过度使用现象，且流失量很大，畜禽排放物同样对农业生态环境造成了严重的污染，农业面源污染状况恶化，亟须中部地区各级政府加以重视，加快转变农业发展方式、降低农业生产对环境的污染已经刻不容缓，否则农业生产所造成的污染可能将超过生态环境所能承载的能力，带来资源环境灾难。

4）改进路径

表 2-14 的 DEA 测算结果中，S^-、S^+分别代表投入的冗余和产出的不足。以技术效率最低的甘肃省为例，该省减少投入 40 248.685 吨的农药使用量，43.942 万吨农用化肥施用量，113 508.71 吨的农用塑料薄膜使用量，3186.1814 万吨畜禽排放量，仍能达到现有农业经济产出水平。如果保持现有投入水平不变，甘肃省应将农村居民人均纯收入增加 6801.82 元，达到 10 711.22 元，这样才能满足农业生产活动的环境有效性要求。

根据 S^-、S^+和 DMU 的指标值，计算出纯技术效率相对无效省份的评价指标调整值，结果如表 2-19 所示。

表 2-19　DEA 相对无效省份的评价指标调整值　　（单位：%）

省（自治区、直辖市）	ΔX_1	ΔX_2	ΔX_3	ΔX_4	ΔY_1	ΔY_2
河北	−9.73	−9.73	−10.65	−9.73	0.00	29.46
山西	−34.30	−36.36	−34.30	−34.30	0.00	141.18
内蒙古	−11.93	−11.93	−18.45	−41.52	0.00	0.00
吉林	−23.87	−23.87	−23.87	−23.87	0.00	21.32
黑龙江	−21.49	−21.49	−21.49	−21.49	0.00	3.81
安徽	−34.84	−36.73	−28.63	−28.63	0.00	42.34
江西	−41.39	−26.40	−26.40	−26.40	0.00	29.49
湖北	−24.90	−32.14	−20.82	−20.82	0.00	35.73
湖南	−20.97	−1.41	−1.41	−1.41	0.00	27.09
重庆	−21.32	−21.32	−21.32	−21.32	0.00	83.93
贵州	−19.78	−19.78	−32.27	−19.78	0.00	93.61
云南	−37.81	−37.81	−37.81	−37.81	0.00	126.89
甘肃	−58.83	−50.39	−78.83	−50.39	0.00	173.99
新疆	−14.26	−14.26	−77.33	−14.26	0.00	20.20

　　表 2-14 及表 2-19 显示，我国的环境投入要素对于农业经济的作用总体上未得到完全发挥，14 个省份存在不同程度的投入要素过剩，13 个省份存在产出不足的问题。这些地区的农业资源的利用效率偏低，投入和产出结构不合理，农业环境效率相对偏低，应当对农用化学品的投入进行适当改进，提高养殖场粪便无害化处理率，以促进农业经济的可持续发展。

　　以河北省为例，在维持现有的经济产出水平的情况下，可以通过优化配置，将农药使用量降低 9.73%，农用化肥施用量降低 9.73%，农用塑料薄膜使用量降低 10.65%，畜禽排放量降低 9.73%。按照现有的环境投入结构，可以通过将农村居民人均纯收入提高 29.46% 来实现农业经济的环境有效性。其他 DEA 相对无效省份也应当根据计算结果作出相应的投入产出结构调整。

第3章 农户行为对农业面源污染减排作用的微观机理

从第 2 章经济发展与农业面源污染二者关系的理论分析及实证检验模型的结论可以看出，我国农业面源污染与经济发展存在显著的倒 U 型关系，各种污染源和人均 GDP 均处于上升阶段，并且目前我国的经济发展水平对于农业面源污染排放量的削减作用还不是很显著。在这种情况下，怎样激发经济发展所产生的环境优化效应，使我国的资源、环境消耗和利用方式在超过其承载极限之前能够实现转化，也就是说如何使倒 U 型曲线的峰值左移，较早实现农业面源污染减排的目标便成为国家和人民在农村环境保护领域的重要任务。但如何才能减轻经济发展带来的环境污染负效应，以便在经济平稳较快发展的同时实现环境污染成本及环境治污费用的最小化，必须首先了解农业面源污染产生的微观机理，在此基础上，各经济行为主体要制定并实施最优的环境保护政策和措施，这样才有可能减少伴随经济发展而产生的有害副产品。本章首先分析农业面源污染产生的经济学根源，并在此基础上得出在市场失灵和政府失灵的双重作用下，农户农业环境资源使用行为的非理性，使得农业环境资源的配置无法达到帕累托最优，产生 EKC 转折困境。因此，为了实现农业面源污染减排，必须使农户农业环境资源的使用行为变得理性，从源头上入手，以达到农业面源污染减排的最终目的。

3.1 经济发展与农业面源污染减排压力

农业生产活动是建立在自然生态系统之上的，在不超过其环境承载能力的前提下，自然生态系统是具有较强的自我修复能力的。但是如果环境状况恶化到一定程度，受到破坏的自然生态系统将无法再恢复到其初始状态。现代农业生产无论生产强度、投入密度还是所采用的技术倾向，都容易对农业环境造成灾难性的破坏。可以从 EKC 中看出，自然生态环境一旦退化到其无法自我修复的限度就达到了 EKC 的生态门槛。其含义是在经济发展过程中，如果环境退化程度超过了生态门槛，那么即便再高的收入水平也无法使环境质量得到好转，此时就必须降低经济发展中伴随的环境退化程度，以使 EKC 的峰值处于生态门槛之下，见图 3-1。

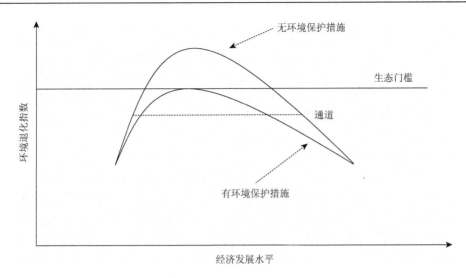

图 3-1　不同环境保护措施下的 EKC 与生态门槛

　　我国伴随着经济发展而来的农业面源污染已经非常严重,从环境污染的严重性程度来看,我国农业生产活动所有生产资料的集约程度远远高于大多数世界上其他国家,并且大大超过了生态环境适宜施用量,农业面源污染已经代替工业点源污染成为我国生态环境污染的罪魁祸首。其主要原因在于:从污染的空间特征来看,农业面源污染与经济发展速度存在一定的正向关系,即越是经济发展速度快的地区环境污染一般也越严重;而从污染时间特征上来看,自从我国改革开放后,伴随着经济的快速发展,农业面源污染在我国也已经有了几十年的快速增长和蔓延,并且农业面源污染具有较强的累积性,其对环境的长久破坏是不言而喻的。农业面源污染已使我国农业生态系统承受了巨大压力,甚至部分污染也已经蔓延到城市,农业面源污染与城市工业点源污染相结合,这些都严重威胁了我国城乡生活和生态系统的安全。进一步研究发现,虽然经济发展能自发地促使农业面源污染排放量减少,但实证检验发现,各项污染物指标均与经济发展存在较显著的正相关关系,也就是说我国离 EKC 的拐点还存在较大的距离,很难在较短时间内实现经济发展自发产生的减排效应。但如果继续走发达国家那条“先污染,后治理”的老路,不注重经济发展带来的环境成本,而只靠经济发展自发的减排效应和环境自身的净化作用,就很有可能越过生态门槛而造成农业生态系统的退化,最终不能使其恢复到初始状态。因此,应该走经济适度较快发展而环境低污染的道路,应该从加大环境保护力度、加强环境保护投资、出台适应控制农业面源污染的环保法规并严格执法、使农户的农业生产行为和意识变得理性等方面来控制与减少农业面源污染,最终实现EKC 的转折。

3.2　农业面源污染产生的经济学根源

3.2.1　导致农业面源污染产生的市场失灵根源

新古典经济学的研究表明，市场机制可以有效率地在不同消费者之间分配生产出来的产品，在不同的企业之间根据其生产效率的不同而配置生产要素，从而实现帕累托最优。但是，要实现帕累托最优，就必须满足一系列严格的假设条件，这些条件主要包括：完全理性、完全信息、完全竞争、零交易费用、不存在外部性及不存在规模报酬递增等假设。当市场机制的某些缺陷造成资源配置效率低下时，就会出现市场失灵。很明显，在农业面源污染问题上，在农村环境资源的配置方面，以上的许多假设是不符合的，主要表现在以下五个方面。

（1）农户的有限理性。农户对农村生态环境的认识需要一个较长时间的过程，在对承载农业生产和农民生活的农村环境取得足够的、科学的认识之前，人类的行为是不可延续的。即便是农户开始认识到农村环境问题的严重性和紧迫性，由于受到外部经济、社会、制度政策等条件与自身成本效益的约束，还是会采取以牺牲农村环境为代价的农业生产模式。另外，农户还存在着机会主义倾向，抱着自己不污染别人也会污染的错误观念，也不会对自己的错误行为加以限制。由于以上种种原因的存在，农户一般会只注重农村及自身经济的发展，而不管农村环境的保护；只顾及眼前的利益，而忽视农村、农业长远利益的发展，这样农业面源污染的产生也在所难免。

（2）农业环境信息的不对称性。农业生产活动的排污者对其生产过程、生产技术状况、排污种类及数量和污染物对环境的破坏等方面的了解要比受污染者多得多，但受到个人经济利益的影响，他们往往会隐瞒这些信息，从而实施污染行为。相反，无论环境保护政策的制定者、执行者还是农产品的消费者都很难充分地了解农业生产者真实的污染信息，即使能够利用监测技术或监管手段来获取此方面的信息，也意味着要付出很大的成本，这与其获得的收益是不相匹配的。在调查中发现，农业生产者对自己食用的农产品和出售的农产品施用的化肥量是不同的，即他们自己会更倾向于食用绿色安全的食品，而不顾其他农产品消费者的饮食安全。

（3）农业环境资源的准公共性。农业资源是农业生产资源也是农户的生活资源，是农民生存环境的重要组成部分，也是城镇居民赖以生存的基础，它具有准公共品的属性。人类社会在进入工业化发展阶段后，农村的生产和生活环境日益恶化，农业生产者对农业资源的过度使用，破坏了农村的生态平衡，同时产生农业污染，均会影响整个生态系统功能的正常发挥，减少其经济和生态环境价值，这会对城乡全体居民均产生影响。农业环境资源这种准公共产品属性使得农业环境资源可以共同而又不互相排斥地使用，从而产生了"搭便车"的现象，导致农业生产者对农业资源的过度使用，更加重了农业面源污染的程度。

（4）农业面源污染的负外部性。农业面源污染具有很强的负外部性，表现为：私人收益与社会收益的不一致、私人成本和社会成本的不一致。在没有负外部性的情况下，私人成本就是生产和消费农产品所产生的全部成本；而当存在负外部性时，农业生产者的社会成本还包括生产农产品所产生的污染物。由于负外部性的存在，农业生产者按照利润最大化原则确定的生产行为决策严重偏离按照社会福利最大化原则确定的最优生产决策，这种偏离主要表现为：农业生产污染物的过度排放、农业环境资源的过度利用、对环境有污染威胁的产品的过度生产等。

（5）农业面源污染治理产生的正外部性。作为一种具有广泛社会性的公共产品和劳务，农业面源污染治理的受益者往往是一个群体，而不单单是治理者个人。农业生产生活环境优化的好处往往具有较强的公众性，促使社会提供更好的商品和服务，因此，农业面源污染治理具有很强的正外部性，农村环境整治得到好处的不仅仅是农民，也会惠及城镇居民，由于农业面源污染治理的正外部性的存在，农业生产者往往不愿意主动为治理农业环境掏钱，而是抱着一种"搭便车"的心理。

3.2.2　导致农业面源污染产生的政府失灵根源

既然前面的分析没有找到一种从理论上行得通的配置农业环境资源的最佳方法，就不得不转向寻求非市场的或类似于市场供需平衡确定的其他替代方法。目前，这种比较有效的替代方法之一就是政府行使决策权，根据公众投票表决的结果或有效的科学决策程序，直接规定环境质量的供给数量或污染削减水平。但是，这种机制在效率方面究竟能起到多大作用也是不明确的，其至很多经济学者认为，政府在决策时往往是缺乏效率的，即政府失灵。

在大多数国家中，大部分环境质量管理及其支出预算，都是通过立法机关审查的。由于立法机关是民众选举产生的，立法机关审查或表决这类计划及预算方案时，实际上也就是一种近似的公众投票表决。显然，这种表决不同于市场体系中的金钱表决机制，因为后者的情况是在市场交易中，单位金额所取得的投票权在获取稀缺资源或物品时具有相等的份额，少数人的金钱投票权和多数人的金钱投票权具有相等的分量，因此市场体系中的金钱表决机制既可以保证多数人的利益，又不会失去少数人的利益。在理想的条件下，所有人的单位金额获取的收益是相等的，从而有可能达到资源配置的最优。但是，公众投票表决则不完全如此。首先，公众面对的是一个不存在的非市场性物品，就个人而言，其投票表决赞成与否并不会严重影响其他个人获得的环境物品数量。而且民选产生的议员或民众代表都代表了特定利益集团的利益，而不同利益集团在资源配置上的评估或需求方面又是不同的。这样，虽然每个公民后议员在投票表决时拥有相等权利的一票，但由于少数服从多数的原则，就必然出现这样的一种效果：在多数人获取到他们想要的环境物品数量时，其余少数人则失去了他们想要的环境质量消费，这显然是一种非帕累托最优的资源配置方式。同时，在民众代表针对环境质量物品讨价还价时，都是在所谓专家提出的一定数量前提下进行的，这种数量的确定是很不准确的，它可能反映了市场的实际需求也可能背离了市场的实际情况，而民众代表在谈判中则由于锚定效应①围绕在这个被专家确定的数值上，从而可能更加背离市场。因此，政府很难实现资源的有效配置。事实上，表面的公众投票表决的机制在多数情况下执行的却是政府计划（即专家提出计划，确定环境物品的供求，民众通过投票和谈判围绕确定的数值讨价还价）。

　　如果制度政策内部的一些原因使得生产管理过程的结果造成实际价格偏离社会最优价格较多，就会产生政府失灵。政府失灵是指政府的行动不能增进经济效益或政府把收入再分配给那些不恰当的人们（方福前，1994）。导致政府失灵的原因主要有：政策实施的时滞、信息不完全、寻租活动的存在和公共政策的局限性等。在农业环境问题上导致政府失灵的原因主要有以下两方面。

　　（1）农业政策失灵。农业政策失灵是指那些扭曲了农业环境资源配置和使用的私人成本，使得这些成本对个人来说是合理的，但对社会而言却是不合理的，甚至会损害社会财产的相关规章制度、财政、金融、汇率、收入、价格及其他政策等（张坤民，1997）。农业政策失灵主要表现为中央和地方政府在现行宏观经济政策与产业政策制定过程中，对农业生态和环境没有给予足够的重视，从而导致农业环境资源要素价格过低、农产品价格扭曲的现象。

　　（2）农业环境管理失灵。农业环境管理失灵是指在各级政府组织中存在的一系列管理问题，从而导致农业环境保护政策无法有效地实施。农业环境管理失灵主要表现在两个方面：一方面，农业环境保护的相关政策在各部门之间协调不足，并且缺乏在农业生产过程中保证有关农业环境保护政策得以实施的手段和力量；另一方面，农业环境管理中存在寻租行为。各级地方政府在其自身利益（税收、

---

① 锚定效应：行为经济学的重要概念。锚定效应是指人们需要对某个事件进行定量估测时，会将某些特定的数值（如经验数值、专家给出的参考数值等）作为起始值，这些起始值像锚一样使估测值落在某一区域内。如果这些锚定的方向有误，那么估测可能产生更大的偏差。

社会稳定、充分就业目标等）的驱使下，普遍缺乏实施农业环境保护政策的积极性。正是由于农业环境管理的软约束，农户在没有硬性监管的情况下才会实施农业生产短期化行为，增加农业环境资源使用的集约度，以获取最大化的利润，偏离了农业环境资源的最优配置目标。

3.2.3　农业环境污染治理费用的分摊

1）农业环境污染治理费用分摊的原则及局限性

农业环境污染治理费用是指在农业生产和生活等方面的原因造成环境污染后，为农业环境污染治理和消除污染而投入的资源的总和。根据农业环境污染治理费用的解释，其范围应注意以下四点：第一，农业环境污染治理费用中不包括给环境污染受害者的补偿费用以及给环境污染治理过程中受害者的补偿费用；第二，农业环境污染治理费用中不包括环境尚未受到污染，但为了以后可能发生的环境污染而投入的预防费用；第三，农业环境污染治理费用中不包括为发展环境保护农业投入的费用；第四，农业环境污染治理费用中不包括在治理过程中农户停止生产、减产而招致的资源闲置损失，以及由于农业转产（即农户按照新的农业环境资源生产要素组合进行生产）而可能遭受的损失。

如果把农业环境保护成本定义为农业环境治理费用、为预防农业环境破坏而投入的费用、给受害者的补偿费用、发展环境保护农业而投入的费用、农业资源闲置的损失、按照新的生产要素组合方式而可能导致的损失之和，那么农业环境污染治理费用只是农业环境保护成本的一个组成部分，即仅指农业环境保护中的环境治理费用。

就农业环境污染治理费用的分摊问题而言，宏观和微观两大层次的划分也是有意义的。这是因为，从宏观层次上看，问题涉及全社会范围内农业环境污染治理费用最终的负担者和分摊原则的确定，而不能仅仅把范围限定在农户和农村范围内；而从微观层次上看，问题相对来说比较简单，即主要涉及谁支付这些费用，以及直接支付这些费用的生产单位能否把它们转嫁出去。

"谁污染，谁治理"原则从一个具体的生产单位来说，假定它在生产过程中破坏了当地或附近地区的农业环境，造成了环境污染，那么它作为环境污染的责任者，显然应对农业环境污染所造成的损失负责，即除了应对受害者支付补偿费用，还应当承担环境污染的治理费用。"谁污染，谁治理"原则就是针对这一点而言的。

"谁污染，谁治理"的原则是正确的，一方面，这一原则确定了环境污染责任者治理环境、清除污染的责任，使环境污染治理费用有了确定的承担者，而有助于农业面源污染的减轻和消除；另一方面，这一原则也是对一切生产单位的告诫，促使它们及早注意环境保护，防止环境污染现象的出现。

但是"谁污染，谁治理"原则存在以下几个方面的局限性。

（1）在我国现行价格体系不合理的条件下，农产品价格是偏低的。农户作为农村经济中最基本的微观经济单元，是农村环境污染的主要排放者，但是由于我国长期的城乡二元经济结构及农村经济长期作为城市经济的辅助和原料来源地，其生产的农产品价格极其低廉，农户的经济利润也较低，所以他们不可能承担农业环境污染的全部费用。

（2）假设某一具体的农业生产单位已经造成了农业环境污染，现在根据"谁污染，谁治理"的原则，应由这个造成环境污染的责任者承担环境污染治理费用，着手治理环境。这里至少有两方面工作要做：一是消除污染源，使今后不再发生环境污染现象；二是清除已造成的污染，使受破坏的农业环境尽可能得到恢复，这两方面的工作都是需要资源投入的。对于造成环境污染的这个生产单位来说，消除污染源要比清除已造成的污染容易得多，为此支付的费用也会少一些。换言之，在这种情况下，负有农业环境治理责任的生产单位通常要把主要精力放在消除污染源上。

（3）假设同一地区之内有若干家造成环境污染的农业生产者，那么他们就应共同承担治理该地区环境和清除污染的责任。但"谁污染，谁治理"原则的局限性恰恰表现在环境治理费用难以在负有共同治理某一地区环境和污染的责任的各个农业生产单位之间合理地分摊以及如何使用这些环境治理费用来达到预定的治理目标等。另外，每个农户都是从自身的利益最大化、成本最小化考虑的，这一理念同样适用于农业，适用于环境治理费用分担的问题，每个农户都想自己的治理费用出得更少，为了环境保护目标的达成，也会希望其他农户的环境治理费用分担得更多，这势必会造成环境污染治理费用分担决策的不可达成。也就是说，"谁污染，谁治理"原则过于抽象、笼统，在操作中会遇到很多困难。

（4）污染源的外来影响使农业面源污染不再是一个内生性的问题。传统意义上，农村环境与城市环境之间是相对封闭、隔绝的，但随着改革开放，农村经济的兴起，乡镇企业的异军突起，城乡之间交往的障碍变得不是那么明显，农村居民进入城市打工谋生，城市居民也来农村体验生活，各种形式的农家乐也成为城市居民周末度假的常去之地，这就打破了农业环境相对闭塞的生态系统，使得各种外来污染物进入农业环境系统中，农村环境中的污染物结构也发生了较显著的变化。这些外来污染物的环境治理费用也就不可能全部由农户来承担，这时也就应该把农业面源治理费用的分担范围扩大至城市，这也是一种工业反哺农业，城市支持农村的表现。

（5）正如前面已经指出的，造成环境污染，既有生产方面的原因，又有生活方面的原因。生活方面的原因造成的环境污染，就不容易运用"谁污染，谁治理"的原则来确定责任者并责令这些责任者支付治理费用，消除环境污染。

2）地方政府应承担的责任

地方政府在农业环境治理和清除污染的工作中负有不可忽视的责任，在很大程度上与"谁污染，谁治理"原则的局限性有关。地方政府承担环境治理和清除污染的责任并从事有关的组织工作，主要是为了克服"谁污染，谁治理"原则中的（2）、（3）两方面的局限性。

地方政府作为一个地区的行政主管机构，对本地区的环境质量是负有责任的。如果地方政府在决策上有失误，从而导致了环境破坏和环境污染，或者地方政府在环境管理上失职或是环境管理不力，从而使本地区的环境质量恶化，假定发生了这两种情况中的一种，地方政府的责任是不容推辞的。

那么，究竟怎样对待地方政府在环境方面的决策失误、地方政府在环境管理上的失职或管理不力及其对环境质量下降应负有的责任呢？这种责任应由地方政府承担，这是不需怀疑的。当然，首先确定由此造成的后果的严重程度，并根据后果的严重程度对地方政府的负责人进行适当的行政上的处理。其次，如果发生了因地方政府的原因而导致的决策失误，地方政府的负责人除了应按照后果的严重程度受到行政上的处理，还应积极采取措施，挽回损失，消除环境破坏导致的后果，为此就需要支付一定的费用。其问题在于：地方政府为此支付的环境治理费用来自何处。

前面在分析"谁污染，谁治理"时，已经强调过：只要农业生产者在生产和生活过程中造成了环境污染，他们就应当自己着手治理环境或为此缴纳环境治理费用。因此，地方政府用以治理环境、清除污染的费用，从原则上来说是来自造成环境污染的直接责任者的。但还应考虑到如下几方面。

（1）由于前面提到的"谁污染，谁治理"原则的局限性（2），即在已经造成的污染涉及较广泛的地区范围而必须由地方政府来组织农业环境污染的清除工作时，地方政府将为此追加一部分环境治理费用。

（2）由于前面提到的"谁污染，谁治理"原则的局限性（3），即在若干个农业生产者共同治理某一地区环境污染的操作上遇到困难时，地方政府将承担环境治理和清除污染的组织协调工作，促使环境污染治理费用分担决策顺利达成并保证实施，从而将为此追加一部分环境治理费用。

（3）在地方政府的决策失误而导致农业环境破坏和污染的情况下，直接造成环境污染的农业生产者应缴纳或自行支付环境治理费用，但农业生产者缴纳或自行支付环境治理费用可能不足以达到环境治理的目标，因此地方政府在有责任组织环境治理和清除污染的同时，将为此追加一部分环境治理费用。

（4）在地方政府环境管理失职或管理不力而导致环境破坏和污染的情况下，直接造成污染的农业生产者应缴纳或自行支付环境治理费用。如果农业生产者缴纳或自行支付环境治理费用不足以达到环境治理的目标，地方政府也应为此追加一部分环境治理费用。

　　总之，以上四种情况都要求地方政府追加支出作为治理环境和清除污染之用。不同的是，前两种情况下的追加，是因为"谁污染，谁治理"原则具有局限性［局限性（2）和局限性（3）］，所以地方政府要为此追加一部分环境治理费用；后两种情况下的追加，则是与前一时期地方政府决策失误或环境管理失职和不力有关，地方政府在承担应负的行政责任的同时，承担一部分环境治理费用也是应该的，但这并不等于由地方政府代替造成环境污染的农业生产者来支付环境治理费用，地方政府只不过是追加的环境治理费用的承担者。

　　3）中央政府应承担的农业环境治理责任

　　对于"谁污染，谁治理"原则的局限性（5）：在生活方面的原因造成环境污染时，通常难以确定责任者并责令这些责任者为此支付环境治理费用。日常生活中产生的生活污水、生活垃圾等造成农村环境污染后，如果要取得相应的环境治理费用，那么可以利用以下三个途径。

　　（1）由造成环境污染的农户承担环境治理的费用，农户可以选择以费用支付的方式进行环境治理或是在其生活费用不足以支付治理费用时，可以选择在农闲时出纳一定时间的体力劳动来抵补农业环境治理费用。

　　（2）由于我国现行农产品价格较低，农业劳动者的农业收入及利润也就相应较低，缴纳农业环境治理费用的能力较低，国家可以为了保护农业生产者的利益，在农产品价格中附加一定比例的费用，即一定程度上提高农产品的价格，将农业生产者收入增加的部分作为农业环境污染的治理费用。

　　（3）在生活方面原因造成环境污染的责任者相当分散并且不易确定其经济上应负的责任时，环境治理费用由地方政府承担。在现实条件下，途径（3）有较大的可操作性。

　　在比较以上三个不同的途径之后，关于生活方面原因造成农业环境污染的治理费用分摊问题，得出如下结论：在现实条件下，应以途径（3）为主，途径（1）和途径（2）为辅，以确定有关的环境治理费用的来源。其主与辅的含义如下。

　　（1）农户因生活方面原因而造成农业环境污染并且责任可以确定的，应责令他们治理环境，自己承担治理费用或缴纳一定的金额。

　　（2）会造成环境污染的农业生产资料应禁止使用，如果由于种种原因目前仍在使用，政府要运用行政、经济、法律等手段，禁止某些农用资料生产者生产对环境有较大污染的产品，还可以向这种农业生产资料生产者和使用者收取一定的环境治理费用。

　　（3）符合以上两种情况的［按途径（1）和途径（2）处理的］是少数的，

所以这两个途径是辅。大多数生活方面原因造成环境污染的情况，可按途径（3）来处理，即由地方政府承担主要的或基本的环境治理费用，这就是主的含义。

通过以上的论述，可了解到这样三点：①因为"谁污染，谁治理"原则具有局限性（2）和局限性（3），所以地方政府将承担一定数额的追加的环境治理费用；②因为"谁污染，谁治理"原则具有局限性（5），所以中央政府将在多数情况下承担生活方面原因造成的环境污染的主要或基本的环境治理费用；③因为某些环境污染的形成与地方政府决策失误、环境管理失职或不力有关，所以地方政府在这些场合也应承担一定数额的追加的环境治理费用。这些论述在某种程度上适用于中央政府应承担的环境治理费用的分析。

就生产方面的原因造成的环境污染的治理而言，中央政府在以下三种情况下都应当承担一定数额的追加的环境治理费用。

（1）由于现行的大多数农产品价格不合理，应适当地提高农产品价格并把提高价格造成农户收入增加中的一部分作为农业环境治理费用，在这种情况下，中央政府是对因农产品价格提高而分摊的环境治理费用也就是对"谁污染，谁治理"原则的局限性（1）的一种弥补。

（2）根据前面对"谁污染，谁治理"原则的局限性（2）和局限性（3）的分析可知，又由于农业面源污染的范围可能很广，一般情况下是超出某一个地方政府的行政管辖范围的，此时，中央政府就需要承担环境治理和清除污染的组织工作，这样才能克服地方政府管辖区域范围较小带来的局限性。

（3）中央政府在决策失误、环境管理或管理不力而导致环境污染之后，除了同样应承担行政责任，也应承担一部分环境治理费用。中央政府所承担的这部分环境治理费用，同样是追加的环境治理费用。中央政府对环境治理费用的部分承担，不能成为对直接造成环境污染的农业生产者应支付的环境治理费用的替代。

政府支付一定环境治理费用的主要依据是：在环境污染已成为事实的情况下，如果不进行治理，国民财富、社会资源将继续遭受损害，环境治理则起着保护国民财富、社会资源的作用，因此由政府承担一定的环境治理费用是与政府作为国民财富、社会资源管理者的职能相对称的。主要是依据这一点，政府在某些场合应承担追加的环境治理费用，在某些场合应承担主要的或基本的环境治理费用。

由此，环境污染治理费用的最终承担者可以作如下归纳：承担环境治理费用的是农业生产者、消费农产品的城乡居民、中央和地方政府等。其中，农户是根据"谁污染，谁治理"原则支付环境治理费用的，而政府主要是作为国民财富、社会资源的管理者支付环境治理费用的。

3.3　双重失灵作用下农户行为的"非理性"

3.3.1　农户及农户行为的界定

1）农户概念的界定

自从人类进入农业社会以来，农户就是最基本的经济组织。从社会学角度定义的农户概念大都集中在以下几个方面：一是认为农户就是居住在农村的户；二是认为农户就是从事农业生产经营活动的农民家庭；三是认为农户是农村最基本的社会组织，是构成农业经济最基础的作业单元等。目前在农村社会学和农业经济学中，对"农户"一词作直接定义的并不常见，但可以从相关的叙述中进行总结。在农业经济学中，通常把农户视为建立在家庭经营基础上的微观经济组织（李秉龙和薛兴利，2003）；而弗兰克·艾利思（2006）在《农民经济学》一书中从主要经济活动、土地、劳动、资本、消费五个方面对农户进行了描述性的定义；农村社会学中，农户一般被称为农村家庭或是农民家庭，如韩明谟（2004）就将农户定义为"以血缘关系为基础而组成的从事农业生产经营活动的农民家庭"。在对农村家庭的定义中一般会强调其是以婚姻、血缘或收养关系形成的社会生活共同体（吕世辰，2006），并具有能独立生产、生活的单位的特点；也有学者指出家庭和"户"有区别，他们所指的"户"是纯粹从户口的角度出发的（程贵铭，2006），这超出了本书研究的范畴。

例如，农户指的是"生活在广大农村的、依靠家庭劳动人口从事农业生产的且家庭拥有剩余控制权的一个多功能的社会组织单位"（卜范达和韩喜平，2003）；农户是一种主要依靠家庭劳动力从事农业生产的经济组织，其本质特征在于它是以家庭血缘关系为基础的，同时，家庭还拥有剩余的控制权（尤小文，1999）；农户是迄今为止最古老、最基本的集经济与社会功能于一体的单位和组织，是农民生产、生活、交往的基本组织单元，它是以姻缘和血缘关系为纽带的社会生活组织（翁贞林，2008）等。

随着经济的快速发展，许多农户的农业生产活动越来越多地带有商业化的色彩，这时农户的概念已不是传统意义上主要追求生活自给的农户了。在我国，改革开放三十年以来，经济社会全面发展，许多农户不再是主要从事农业生产活动的家庭组织，而是更多地呈现出兼业性特点的新农户。尤其是伴随着农民工团体——这个改革开放新产物人数的不断攀增，农户的内涵和外延已经发生了巨大的变化。纯农户占整个农民人数的比例在不断地下降，越来越多的农户成为兼业户，有的农户甚至已经成为完全不从事农业生产活动的非农户。

本书的基本单元——农户，含有一些不同于前人研究的情况，这里的农户中的部分家庭成员可能从事非农业生产，并且不一定满足传统意义上的所有成员都全年共同生活这一特点，但家庭中成员的关系纽带并没有失去，家庭仍然是生产经营和消费决策的基本单位。本书综合国内外相关学科的定义，认为农户是以婚姻、血缘或收养关系为纽带，主要依靠家庭劳动力从事生产经营活动的农村家庭。

农户是一个多义的混合概念。最简单的含义，农户是一个社会与经济功能合一的单位。它既是从事个体农业经营和农业生产的经济组织，又是人们建立在姻缘和血缘基础上的社会生活组织。农户所具有的含义如下：①家庭为生产提供劳动力，这样，经济行为和家庭关系紧密地交织在一起；②土地耕种是生活的主要手段，食物生产使家庭农业变成相对自主的行业；③存在一种与小型社区生活方式相联系的特殊传统文化；④在竞争中处于不利地位、在政治上所处的受支配地位与他们在文化上所处的从属地位以及在经济上所处的弱势地位是分不开的。

农户是村落中最基本的经济单位，是农业社会以来最基本的经济组织。农户作为我国农村微观经济行为的主体，具有如下复合功能：①人类和自然关系的意义上，农户既是人口单位，又是生态单位；②人口意义上，农户是社会组织（家庭）；③在社会组织意义上，农户既是经济组织，又是文化组织，也是血缘组织；④在经济行为系统中，农户既是生产者，又是消费者。

2）农户行为的界定

行为科学形成于 20 世纪 50 年代初期的西方，它以人的行为及其产生的原因作为研究对象，从人的需要、动机等角度研究人的行为规律，并以这种认识的规律性来探讨如何激发个体的积极性，从而顺利实现组织的预期目标，同时在这个过程中，个人也获得了满足与自我发展。

目前国内主流经济学家对于农户行为的研究，都是采取借鉴国外心理学研究成果的方式展开的，认为行为是个人或组织为了满足自身需要，在一定动机的驱动下，为达到某一既定目标而表现出来的一系列活动过程。根据西方行为科学的理论，人的行为产生及作用如图 3-2 所示：人的行为的产生不是孤立的，而是需要、动机和目标综合作用的结果，即人的行为由动机支配，而动机是由需要引起的；人们的行为一般是有动机的，都是在某种动机的驱动下为达到某个目标而从事的活动。

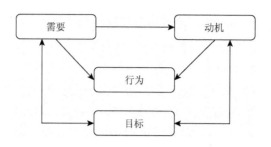

图 3-2　行为产生以及作用流程图

　　农业生产活动是满足农户需要的主要行为方式之一。农户家庭的生活需要,引起农户从事农业生产的动机,导致了农户的农业生产活动以及相应的农户行为。农户作为一个社会生产和生活单位,它的行为具有复杂性。因为农户既可以是生产者,又可以是消费者,所以农户的行为除了具备基本的生产、生活经济功能,还有兼业、投资、储蓄等行为。因此,从理论上说,农户行为至少应该将其细分进行研究。

　　一般来说,农户行为可以划分为农户经济行为和农户社会行为,其中农户经济行为又可进一步细分为三个方面:生产行为、消费行为和积累行为(即为扩大再生产而购置生产工具和劳动对象等生产资料所产生的一系列行为的总称),如图 3-3 所示。

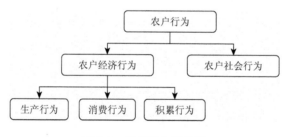

图 3-3　农户行为细分图

　　从宏观和微观的角度可以把农户行为划分为宏观农户行为和微观农户行为,宏观农户行为是指农户在既定的社会经济环境中,为了实现自身的经济利益而对外部经济信号所作出的反应(康云海,1998)。从微观理性人的假设看,微观农户行为是指农户在农产品价格和相关生产要素价格变动的条件下,所作出的相应的反应或决策。

　　不管是按照属性对农户行为进行的经济、社会行为的划分,还是按照宏观、微观角度对农户行为进行的划分,都从不同的方面对农户行为进行了不同层次的界定,本书探讨的农户行为包含的范围比较广泛,只要是农户在生产生活中发生的对于外界环境所作出的反应都可以视为农户行为，即只要存在外在刺激（各种政策、环境、经济利益等）与农户作为或不作为之间的反应机制，都属于本书农户行为的研究范围。

农户行为是指农村居民家庭（个体和群体）为了满足自身的物质和精神需要，并达到一定的目标而表现出来的一系列的活动过程，包括生产、分配、交换、消费等活动的全过程（庾德昌，1992）。实际上，农户行为既包括生产、分配、交换、消费等经济行为，也包括文化、宗教信仰等社会行为。但由于农户行为有其特定的行为背景和状态，对它的理解也有差别。

3）农户生态行为

根据《2006 中国可持续发展战略报告》中的定义，农户生态行为是指农户为了满足自身的物质或精神需要，在一定动机的驱动下和外在因素的影响下，为达到某个特定目标而表现出来的对生态环境产生正面或负面影响的一系列活动过程的总称。

实际上，农户生态行为的内容是极为复杂的，它广泛地存在于农户的日常行为中，与农户其他经济和社会行为既相互区别又存在千丝万缕的联系。农户生态行为就是伴随着农户日常生活中的生产、消费、积累、社交等行为的发生而产生的，例如，农户在生产劳作过程中，就会涉及播种、施肥、灌溉、秸秆处理等会对环境产生影响的行为；日常生活中，污水、垃圾、人畜粪便等的处理方式也都反映出对于生态环境的影响和辐射作用，甚至在孩子的教育过程中，对于孩童保护环境意识的培养和树立，也会反映出农户自身的生态保护意识，这些都属于本书农户生态行为的探讨范围。

本书将从宏观上对农户生态行为加以把握，对农户在生产生活中发生的行为只要是伴有农户生态行为发生的、体现农户与生态环境千丝万缕的联系的都纳入农户生态行为的范围内，具体体现为：化肥、农家肥、农药、农膜、土地等农业资源的使用情况；生活污水、垃圾以及人畜粪便的处理方式；关于自身日常行为对环境影响的认知情况等几个方面。

3.3.2　农户行为理论

关于农户行为的研究，目前西方学术界存在着三种不同的学说观点：①认为农民完全是有理性的，以美国经济学家西奥多·舒尔茨和波普金为代表；②以韦伯和 Boeke 为代表的农民行为非理性说；③以 A. 恰亚诺夫、博兰尼、Scott 为代表的强调农民的生存理性或道义经济的自给小农说。

1）理性农民说

以西奥多·舒尔茨、波普金、塔克斯和贝克尔为代表的农户理性学派认为小农是一个在权衡了长期利益和短期利益及风险因素之后，为追求自身最大生产利益而作出合理选择的人，是理性的小农。舒尔茨认为，传统农业部门的农民是理性的，在其代表作《改造传统农业》中，舒尔茨对小农的经济行为进行了精辟的论述：农民具有充分的经济理性，他们的经济行为，绝非西方社会一般人心目中那样懒惰、愚昧或没理性。在投入现代生产要素之前的传统农业中，小农就已经对可获得的资源进行了有效配置，使资源达到充分利用、毫无浪费的均衡水平。舒尔茨通过对危地马拉的帕拉加沙尔和印度的塞纳普尔的实地调查，得出农民不是传统意义上大家认为的愚昧的、无理性的和具有小农意识的非理性主体，他们会在特定的资源和技术约束条件下从事生产，对市场的刺激作出反应，他们与一般的工业企业家一样对要素进行最优化配置，一样追求利润最大化。因此，实际上农民是精明的"便士企业家"。

舒尔茨的观点后来被波普金进一步深化，波普金认为，小农是理性的小农，他们会在权衡长、短期利益和风险因素的基础上，为追求最大利益而作出合理的生产抉择。在其著作《理性的小农》中，波普金认为小农的农场可以并且最适宜用资本主义的公司来比拟，指出农户最大化资源配置的行为就是资本主义企业的行为。与舒尔茨稍有不同的是，波普金进一步考虑了农业中的风险因素，认为农民虽然贫穷和回避风险，但还是有机会进行一些风险投资。

2）农民行为非理性说

非理性学派的主要代表人物马克思·韦伯（1987）发现，农民并不是理性的经济人，而是具有传统主义心态的个体，他们并不追求利益最大化，只是追求代价最小化。在农忙时农场主为了加快收获速度而提高计件工资以刺激农民工，其结果是这些农民不但没有提高收获速度以获取更多利润，反而降低了速度，似乎对更多的利益没有兴趣。他认为上述这些"前资本主义劳动"的主要特征，成为阻碍产生资本主义的最大心理障碍。因此，资本主义只有在观念冲破了这种传统的心理障碍之后，才会成为可能。

Boeke 在对印度尼西亚的研究中也得出了类似的结论。他认为印度尼西亚存在着二元社会：农民社会和殖民者社会，并且这两个社会是格格不入的，殖民者社会中存在着正常的供应曲线，即工资、劳动供给、生产增长与价格之间都存在同方向的变化关系；而农民社会则存在着反常的供应曲线，即农产品价格上涨，反而导致生产萎缩，主要是农民缺乏盈利欲望，只以满足自身的基本生存、生活需要为标准，因而当农民生活达到这一水平后，就会出现反常的供应曲线（Boeke, 1953）。农民固执而热诚地捍卫着自己特有的生活方式与思维方式，他们的经济行为是基于道德而非理性的。因此，就有了农民行为非理性的学说。

3）自给小农说

自给小农说产生于 20 世纪 20 年代末，其杰出代表人物是俄国的农业经济学家 A. 恰亚诺夫，代表作为《农民经济组织》。A. 恰亚诺夫认为，资本主义的利润计算方法不适用于小农的家庭农场，因为小农的农场是以家庭成员共同劳动为基础、以满足自己消费为目的的，生产的主要目的是追求生存和满足消费，不存在追求利润最大化问题。因此，当家庭需要得以满足之后，小农就缺乏增加生产投入的动力，因而小农经济是保守落后、非理性和低效率的。在这种情况下，其最优化选择不是成本收益之间的比较，而是取决于自身的消费满足与劳动辛苦之间的均衡。

美国经济学家 Scott 通过考察东南亚农民的生存和反抗历史，提出了著名的"道义经济"命题。他指出在恶劣的生存环境下，由于深受文化和道德因素的影响，农民形成了安全第一的生存伦理，他们选择回报较低但较为稳妥的策略，避免经济上的灾难，也不会冒险追求平均收益的最大化。因此，生存成为农民从事经济活动的主要目的。

出现上述不同理论流派的主要原因在于，研究对象的不同、研究方法的不同以及所处历史阶段的不同等，必然会得出不同的结论。自给自足性质的农户经济行为一定不同于商品经济条件下的农户。在中国，农村资源要素结构的独特性决定了中国农户行为的特殊性。从一般意义上看，任何农户都在追求着依据自身价值观而产生的效用最大化，而这里农户的价值观又与特定的因素有关，这里的因素包括自然、经济、社会、文化等方面的综合。所以，不同的农户经济行为模式是特定要素环境下的产物，都表现了一定的存在合理性。

3.3.3　农户行为研究的历史回顾

1）国外对农户行为的研究

国外对农户行为的研究主要集中在以下几个方面。

（1）对农户决策行为的研究，即研究农户在进行一系列的关于投资、择业、分配和消费决策时要考虑哪些具体因素、受哪些因素的影响以及各个因素对农户决策的影响程度等。考恩·瑞金特古斯（1995）在《未来农业——农场（农户）外部资源低投入和持续农业导论》一书中对农户的决策行为进行了比较深入的论述。他认为农户在进行决策时往往在多个目标之间权衡，以便作出对他们来说最为理想的选择，在众多的影响因素中，农产品的市场价格、市场的供需情况对其决策的影响最大。Chambers 等（1989）也在大量农户调查的基础上，对农户的决策行为进行了研究，尽管在影响农户决策行为的具体因素上有所不同，但基本结论是一致的。

（2）对农户的技术接受行为和技术传播行为的研究。国外对这方面的研究比较深入，几乎涉及农业推广学的各个方面。研究的内容从耕作技术、灌溉技术、病虫害综合防治技术到农场经营管理技术、市场销售技术等几乎无所不包。值得注意的是，国外对这方面的研究存在一个突出的特点，就是对农户的当地知识给予充分的尊重。当地知识是指生活在某一地区的人们的知识，既包括由他们自己创造的或由他们祖先创造经后人整理、加工而积累流传下来的知识，也包括源于别处但已经为当地居民所熟知的知识（考恩·瑞金特古斯，1995）。

从研究方法上看，国外对农户行为的研究主要是从经济学、生态学和农学的角度进行的。研究的手段最初是采用定性描述的方法，通过对农户的跟踪调查和访问，对其行为作出经济学、生态学和农学上的合理解释，后来随着计量经济学、生态学、农学和计算机技术的发展，逐渐采用定量的方法，运用适当的数学方法，借助计算机技术对农户行为进行分析，以得出客观准确的结论。但如前所述，农户是生活在复杂的社会中的基本单元，其行为有经济性质的一面，又有社会和自然性质的一面，即农户行为具有多样性。因此，仅仅从经济学、生态学和农学的角度对农户行为进行研究显得有些不足，还应从社会学、人类学甚至民族学的角度，采用多学科交叉的方法对其进行全面的研究。另外，对农户行为的研究还应运用历史的观点，农户的行为方式的形成不是短时间内的事情，它是在长期的历史发展过程中形成的。当然，个别农户的个别行为可能在一定程度上带有偶发性和随意性，但这不是问题的关键所在，理性的农户一般会采取对他们来说最为理想的行为。

2）国内对农户行为的研究

我国对农业和农村方面的研究较多，但对农户行为方面的研究相对较少。在为数不多的研究中，最早的当推费孝通所做的工作，他在《中国农民的生活》即《江村经济》一书中采用社会学、经济学和人类学相结合的方法对江村经济进行了比较全面深入的研究。他后来还采用历史学的观点对江村农户行为在改革开放前后的变化进行了对比研究。他开创的农户行为定点调查的研究方法至今仍被广泛采用。改革开放以后，我国农业实行家庭联产承包责任制，农户有了相对独立的经营权，重新确立了农户为农业的基本生产单元。农业作为国民经济的基础，一直以来就是学术界关注的热点问题之一，并从不同的方面进行了广泛的研究，但对农村的发展主体——农户的行为研究一直没能得到应有的重视。1949年以后，只在短暂的时间内（1950～1953年）农户曾作为独立核算的经济单位，经历了互助组、初级社、高级社、人民公社的制度演变，农户的独立核算经济单位的地位逐步丧失，其社会经济活动的自主性很小，对那段时间的农户行为的研究很少，林毅夫在《集体化与中国1959—1961年的农业危机》一文中提出了一个新假说，他认为当时农户的退社权被剥夺,造成社员的工作积极性突然下降是引起 1959 年农业生产崩溃和其后生产率降低的主要原因。这也是人民公社时期农业发展缓慢的原因之一。农村改革后,农户重新成为独立的经营单位,对农户行为的研究渐渐增多。中国社会科学院农村发展研究所于 1988 年 7 月~1989 年 6 月对江苏吴县、河北定县、湖北钟祥县和贵州望谟县共 480 家农户的经济行为和劳动时间利用情况进行了研究(庾德昌,1992);康云海(1990)对农户在农业产业化汇总中的行为进行研究。1995 年中国藏学研究中心社会经济所实施了"西藏百户家庭调查"的研究课题,对 40 年来西藏家庭结构和功能的历史变迁进行了详细的研究。

农户行为研究在我国还处于起始阶段,无论在研究内容、研究深度还是在研究方法上和国外都有明显的差距。首先在研究内容上,国外对农户行为的研究既有理论方面的,又有实践方面的;既有宏观的,又有微观的。但国内的研究则主要集中在宏观方面,理论研究较少,微观研究更少。其次在研究深度上,国内在关于农户行为的心理学、民族学分析以及对于农户本土知识的应用等许多国际上的前沿和热点问题上,几乎没有开展研究。最后在研究方法上,国内主要是从经济学的角度对农户的经济行为进行研究的,对社会学、人类学、民族学和农学方面的研究很少。

我国作为一个农业大国,农业和农村发展问题在国民经济中有极其重要的地位,农户是农村社会经济发展的主体,因此对农户行为的深入研究有着重要的理论和实践意义。

3)农户行为对环境影响的实证分析历史回顾

农业面源污染负荷模型对中国农业面源污染效应分析的结果表明:在中国的农业生产过程中,适量的农业面源污染负荷(W_0)是可以接受的,也是在环境的容纳范围内的。然而在实际的农业生产中,存在过度排污问题,因而导致了过度的农业面源污染负荷,进而使得环境污染问题日趋严重。要想更好地解决农业面源污染问题,必须针对不同的污染情况和污染源分别采取针对性的政策、技术等措施,才能达到较为理想的治理效果(冯孝杰等,2005)。

成卫民(2007)从农户角度对我国农业污染问题产生的原因进行了理论分析,通过构建基于多智能体系统(multi-agent system,MAS)的多农户生产决策行为模型,模拟三种不同种植规模的农户:小规模农户(<0.2hm²)、中等规模农户(0.2~0.6hm²)以及大规模农户(>0.6hm²)在不同政策下,采用传统生产方式、掠夺型生产方式、保护型生产方式和农户随机选择生产方式后对环境质量的影响。结果说明:在未实施任何政策的情况下,农户过多追求短期的经济效益而导致环境持续恶化;然而在实施政策调控后,更多农户则倾向于采用保护型生产方式,从而改善了环境。

赵永清和唐步龙（2007）以江苏和安徽两省份农户实地调查取得的资料为依据，通过评定模型（logit model），集中研究了农户对农作物秸秆处置利用方式的选择及其影响因素，数量分析的结果表明：农户对农作物秸秆处置方式的选择受到是否党员、是否村干部以及家庭人口的兼业程度等户主个人特征的影响。此外，家庭所在地区等家庭特征和生产经营特征也会在一定程度上影响农户对农作物秸秆处置方式的选择。

何浩然等（2006）在全国抽取 9 个省的 10 个县作为调查的样本，采用线性模型的农户施肥强度的单因素相关分析和农户施肥强度的决定因素多元回归分析的方法分析农户的施肥行为，寻找到在农户层面降低农业面源污染的有效途径。研究结果表明：农业技术培训、非农就业比率等因素均会对农户的化肥施用水平产生一定的促进作用；购买到低质量化肥则会导致农民多施用化肥；而有机肥与化肥在农业生产中的替代关系并不十分明显；化肥施用水平在不同地区之间有较大差异。因此，有针对性地进行农业技术推广和培训、规范化肥市场以及通过立法等手段调控农户的施肥行为，对于解决农业面源污染、减少化肥的过度施用有着十分重要的意义。

3.3.4 农户对农业污染治理成本外部化的行为分析

农业环境资源的公共品属性，使农户在生产中较难考虑农用化学品残留、畜禽养殖粪便排放等产生的农业面源污染的问题，环境污染治理的成本被有意或无意地外部化。其实质就是将原本应该由农户支付的污染成本转嫁给社会，对社会福利造成巨大损失。如图 3-4 所示，横轴 Q 为农业面源污染排放量，假定生产过程中不可避免地要排放导致污染的废弃物，那么横轴 Q 同时也代表与污染物有关的生产规模，纵轴 B、C 则代表收益和成本。曲线 MR 为边际收益，假定私人与社会生产的边际收益相等。曲线 MC、MSC 为农业生产的边际私人成本和边际社会成本，那么边际外部成本 MEC 为二者之差，即 MEC = MSC–MC。当边际收益等于边际成本，即曲线 MR 与曲线 MSC、曲线 MC 相交时，农户和社会的生产决策实现最优，此时农户生产利润最大化的环境污染程度 Q_1 大于社会产出最优时的有效污染程度 Q_e。从社会福利的角度看，农户生产时将环境污染成本外部化的行为虽然能够产生更多的农产品，却将造成农业环境污染加剧，农业生产不具有可持续性。农户个人福利的增加是以水污染、土壤污染和空气污染等环境品质损失为代价的，并且污染成本已转嫁给社会，随着农户产出的增加，社会环境治理成本就越高，这与农业可持续发展目标是违背的。

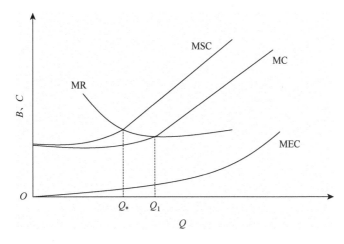

图 3-4　农户污染成本外部化行为分析

3.3.5　农户对资源环境利用低效化的行为分析

　　农业环境资源产权主体及其权利边界不明晰，造成地方政府和集体个人成了事实上的农业环境权主体。农业环境资源稀缺性增加和市场化提高，以及政府权力与区域利益密切结合，导致农业环境资源控制权出现主体化分割倾向。在此情况下，巴泽尔所说的福利攫取（welfare capture）问题就会出现，即私人在实际上拥有对公共地域资源的非正当权利（周其仁，2004）。为使自身利益最大化，农户尽可能使用自然资源，不顾忌环境污染，农业环境资源使用效率又很低，地方政府却没有进行相应政策调整，导致农业资源过度低效地开采使用，农业环境进一步恶化。当农业资源因退化而导致生产能力下降时，农户又会大幅增加生产资料投入。而如此开发利用资源，只会加剧资源的枯竭，使污染增加，最后陷入恶性循环，导致公地悲剧的发生。在图 3-5 中（符号定义与图 3-4 相同），在资源真实价格被低估的情况下，农户的边际成本为 MC_1，边际收益为 MR_1，产品产量为 Q_1。当政府通过提高资源价格和农产品价格来控制资源合理使用时（如提高农资价格、地租等），农户生产的私人成本增加，边际成本线从 MC_1 提高到 MC_2，农户生产的边际收益增加，边际收益线从 MR_1 提高到 MR_2。但早前资源的使用就不经济，资源投入的规模效益递减，因此边际成本的增加幅度不大，则农产品产出会提高，由 Q_1 增加到 Q_2。受到价格激励的农户，会在不减少收益的情况下自觉地提高资源的利用效率，减少环境污染。由此说明，在不影响经济发展的情况下，农业污染减排的空间还较大。

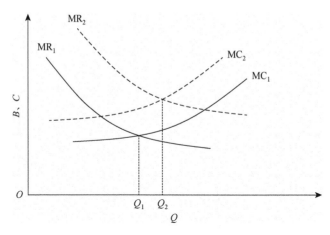

图 3-5　农户资源利用低效化行为的经济分析

3.3.6　农户环境资源利用行为的非理性与 EKC 转折困境

　　前面所关注的 EKC 所描述的经济发展与环境间的关系实际上暗含一个重要假设，即环境作为一种商品能够得到有效市场配置。农业环境既是生产资源也是消费品，在经济发展初期并不会受到特别重视，但随着经济发展，人们开始重视农业环境后，通过技术改进、投资和管制政策等措施，将使农业环境得到优化。但是无论技术改进、环保投资还是环境管制，其诱因是人们对环境商品的消费需求增长，其作用机理就是环境商品能够在市场中得到有效配置。如果农业环境商品无法得到有效市场配置，那么经济发展就不能内生地激发环境投资，也就不可能有效实现环境保护。

　　进一步分析，如果农业生产主体行为对环境资源的使用是理性的，环境资源的配置处于帕累托最优状态，那么居民对农业环境商品的消费需求就能够激发环境投资。但是如果出现市场失灵与政府失灵，农户行为不理性，不愿意进行环境资源的交换配置，那么就会降低居民农业环境消费需求对环境投资的引诱。其结果正是人们对环境的消费无法传递到生产主体，弱化了对农业环境的投资，降低了农业环境保护的力度，最终使 EKC 峰值提高并延缓到达。

3.4　农户行为对面源污染影响的统计分析

3.4.1　农户行为问卷的主要内容及总体评价

　　问卷调查法是研究我国农户行为所采用的主要方法。问卷调查的缺点虽然不影响问卷调查在研究农户经济行为中的运用，但如果能有其他方法相配合，则调查效果会明显提高。为此，本书对农户行为的研究，除了主要使用问卷调查法，还使用了观察法和访谈法，其目的就是尽可能地弥补问卷调查法的不足，提高调查资料和分析结果的准确性与可靠性。

1）农户行为问卷的主要内容

本书设计的农户行为问卷由十个基本部分组成，即被调查者家庭基本概况、居住地概况、农作物种植及畜禽养殖情况、环境满意度、农业面源污染及治理问题、环境保护意愿、农业技术推广、农业生产行为、农业垃圾及废弃物处置情况、农户减轻农业面源污染的支付意愿情况十个部分。其中，农作物种植及畜禽养殖情况包括五部分：种植作物品种、主要农作物种植地块特征、主要农作物耕作方式与产量、主要农作物化学肥料和农药等的使用情况、畜禽养殖情况。

第一部分被调查家庭基本概况主要登记被调查者的姓名、所在地人口数量及工作情况、收入及来源等。第二部分居住地概况主要了解被调查者居住地的地形、河流及交通和商业情况。第三部分主要填写当地两种主要的农作物及地块特征、耕作方式与产量、使用的化肥和农药情况、畜禽养殖情况。前三部分都是通过填空题的形式希望被调查者填写符合自己特征的准确答案，因为前三部分问题的内容带有一定的主观性。第四～第十部分采用3～6个选项的方式要求被调查者选择最贴近自己的答案。第四部分主要了解被调查者对居住地附近的环境的满意情况，涉及 7 道选择题。第五部分主要了解农户对面源污染的了解情况及其对于面源污染治理的支付意愿情况，涉及 9 道选择题。第六部分了解被调查者对农业农村环境保护的意愿，涉及 12 道选择题。第七部分从农业技术推广方面考察农户对环境的意识，涉及 9 道选择题。第八部分主要考察农户农业生产行为特征，涉及 17 道选择题。第九部分在于了解农户对农业垃圾及废弃物的处置情况，涉及 9 道不定项选择题，这样可以给予农户更多的选择余地，更符合农户的实际处理情况。第十部分在于了解农户减轻农业面源污染的支付意愿情况，涉及 6 道选择题。第四～第十部分共涉及 69 道选择题。

2）农户行为问卷调查的可靠性评价

问卷调查的基本目的是通过问卷调查的样本信息认识总体情况，因此，问卷调查的可靠性除了包括问卷设计的合理全面，还包括问卷调查所获得的样本资料的代表性。

本书对我国农户经济行为进行的问卷调查，所设计的问卷内容已如上述。从实际分析过程来看，本书设计的问卷及问卷调查资料满足了研究目标的要求。

本书所作的农户行为与农业面源污染问题的问卷调查共访问考察了重庆和浙江两地，在重庆选取了北碚、合川、丰都、石柱四个地区的农村为研究样本地，而在浙江，选取了温州的雅阳镇为调查地点。重庆和浙江的农村由于当地经济发展水平的差距，可以分别作为西部内陆和东部沿海的两个典型代表；而且在重庆选取的四个地区与重庆主城的距离也是逐渐加大的，这样便于在作为西部内陆典型的基础上，对西部距离省级行政中心不同距离的农村的经济发展水平和农户行为之间的关系给予分组对比研究。详细的样本数据和村镇分布如表 3-1 所示。

表 3-1　被调查农户居住地的行政结构

省级行政单位	地级行政单位	乡镇级行政单位
重庆（340）	北碚（120）	龙凤桥街道（120）
	合川（98）	大石街道（16）
		钓鱼城街道（4）
		二郎镇（6）
		古楼镇（10）
		龙凤镇（6）
		沙鱼镇（26）
		太和镇（11）
		燕窝镇（12）
		云门街道（7）
	丰都（65）	南天湖镇（22）
		十直镇（15）
		名山街道（28）
	石柱（57）	龙潭乡（25）
		鱼池镇（32）
浙江（113）	温州（113）	雅阳镇（113）

注：重庆市和浙江省两地的调查问卷总数为 453 份。北碚距重庆主城 43 公里，合川距重庆主城 52 公里，丰都距重庆主城 118 公里，石柱距重庆主城 256 公里。括号内为所在级别行政单位被调查农户的数量。

关于调查问卷样本的代表性问题，可以通过样本的基本结构来评价。下面即调查样本（453 个农户）的一些基本结构。

（1）样本农户的家庭规模分布结构。从表 3-2 中可以看出，上述五个地区的人口规模大多数在四人左右，并且在重庆所辖的四个地区中，随着与重庆主城区的逐步远离，城市文化的影响力逐渐削弱，家庭人口规模呈现上升的趋势。而在调查问卷的分析中，温州的农户的家庭平均人口规模表现出接近五的最高水平，这点与常识中理解的有较大差别，这可能与当地的风俗观念有一定的关系。

表3-2　样本农户家庭规模分布结构

省级行政单位	地级行政单位	家庭平均人口规模/人
重庆	北碚	3.3250
	合川	4.0722
	丰都	3.8923
	石柱	4.6140
浙江	温州	4.7080

　　（2）样本农户的文化程度分布结构。表 3-3 列出了五个地区样本农户户主的文化程度分布结构，可以看出，在重庆所辖的四个地区中，随着与重庆主城的距离逐渐加大，被调查对象的受教育程度中，小学文化程度的比例是越来越大的，这与经济发展水平等社会经济因素是密切相关的，并且温州农户中被调查对象的受教育程度中高中及以上的人群比例在五个受访地区是最高的，这也就表明，即使是在农村，东部地区的农村居民接受的教育程度也是比较高的，而受教育程度的高低与农业面源污染的减排在以前诸多学者的研究中，二者是密切相关的，较好的教育经历有助于农业面源污染减排。同样可以看到，除了重庆石柱所访问农户的户主是小学文化程度居多，其余 4 个地区所访农户的户主都是初中文化程度居多，说明以上几个地区的农户中从事农业、打工或者兼业化生产劳动的农民还是以初中文化程度居多。表 3-3 中显示的农户受教育程度结构分布比较符合东西部地区以及重庆所辖区县的真实情况，因此在受教育程度方面，调查访问的农户是接近现实的。

表3-3　样本农户户主文化程度分布结构　　　　（单位：人）

	小学	初中	高中及以上	合计
北碚	40（33.33%）	52（43.33%）	28（23.34%）	120
合川	39（39.80%）	43（43.88%）	16（16.32%）	98
丰都	28（43.08%）	30（46.15%）	7（10.77%）	65
石柱	26（45.61%）	24（42.11%）	7（12.28%）	57
温州	41（36.28%）	43（38.05%）	29（25.67%）	113

　　（3）样本农户的人均收入分布结构。样本农户的家庭年人均收入分布结构如表 3-4 所示。

表3-4　样本农户的家庭年人均收入分布结构

省级行政单位	地级行政单位	农户家庭人均收入*/元
重庆	北碚	7504.91
	合川	7359.30
	丰都	6976.48
	石柱	6908.37
浙江	温州	8370.21

* 用农户家庭年总收入除以家庭人口数。

（4）样本农户的人均占有耕地面积分布结构。从表 3-5 中可以看出，农户人均占有耕地在 1 亩（1 亩≈666.7 平方米）左右，但各地间也存在一定的差别，这主要与当地的地形地貌有一定的关系，处于东部沿海地带的温州的地形相对来说要平坦一些，因而人均占有耕地要多一些，而在山城重庆的各个地区，人均占有耕地则相对较小。

表3-5　样本农户人均占有耕地面积分布结构

省级行政单位	地级行政单位	农户人均耕地面积*/亩
重庆	北碚	0.8249
	合川	1.2161
	丰都	1.5331
	石柱	0.6107
浙江	温州	1.7673

* 用农户家庭总耕地面积除以家庭总人口数。

由以上样本农户的四个基本结构的分布情况可以看出，这四个结构与预想的分布情况是基本相同的，也就是说是基本上符合实际情况的。基于此，可以认为，本书所进行的农户行为与农业面源污染问题调查问卷在样本代表性上基本上是可靠的。

农户作为农业生产中最基本的微观经济单位，其生产行为关系到农业生产资源的合理利用与配置，影响到农业系统的生态保护与整个农业生产的可持续发展。在传统农业类型下，农户农业生产力低下，农户为满足自身需要选择生产项目和生产规模，重经验轻技术，农业生产多采用精耕细作的方式，肥料多以有机肥料为主，农业生产的污染较少，农业生产系统保护较好。但在我国确定以家庭联产承包责任为基础的经营模式后，农户成为生产主体。随着农产品市场化和农业现代化的进一步发展，农户农业生产目标逐渐变化为利润最大化，农户生产方式也由过去的传统农业生产类型变为现代集约生产类型，这种改变加上我国特有的农户生产禀赋就构成了我国现阶段特有的农户农业生产形态。如果考虑到当前我国农业面源污染恶化的现状，可以发现农户农业生产行为与农业环境质量已经到了息息相关的地步，因此研究并优化我国农户生产行为对减少农业面源污染排放有着重要意义。3.4.2 小节～3.4.5 小节将从农户生产目标、土地经营行为、劳动力投入行为、农户农业投资行为四个方面考察农户行为的面源污染效应，分析农户生产行为对面源污染行为的影响方式。

3.4.2　农户生产目标及其面源污染效应

农户生产目标及其面源污染效应的分析如下。

1）农户生产目标的界定

农户生产目标是农户进行一切生产活动的出发点和归宿点，也是理解与分析现阶段我国农户生产行为的关键。从国内外现有对农户行为研究的主要流派来看，农户生产目标主要有以下三种观点。

（1）以俄国的 A. 恰亚诺夫（1996）为代表的组织生产流派。该流派认为，农户生产的产品主要是为满足自己家庭的需求而不是追求市场利润最大化。所以在追求最大化上农户选择了满足自家消费需求和劳动辛苦程度之间的平衡，而不是利润和成本之间的平衡。发展中国家农户经济组织持续发展的事实使这一理论仍存在很强的生命力。

（2）以西奥多·舒尔茨（1987）为代表的理性行为流派。该流派认为，在一个竞争的市场机制中，农户决策行为与资本主义企业决策行为并没有多少差别，农户的行为完全是理性的。一旦现代技术要素投入能保证利润在现有价格水平上获得，农户会毫不犹豫地成为最大利润的追求者。一个国家的贫困不是由纳克斯的"贫困恶性循环"所致，而是由其糟糕的政策所致：农业是糟糕经济学的最大牺牲品，工业化被推到有损农业发展的地步，农业被榨取，农户对刺激的反应被忽视，土地每况愈下的经济重要性被置之度外。不恰当的经济分析造成了经济政策的失误，特别是扭曲了农业的刺激。运用该理论似乎更能恰当地解释中国农村改革前后农业与农户经济增长实际的变化（史清华，1999）。

（3）以黄宗旨（1986）为代表的历史流派。该流派在综合以上两种理论的基础上，认为农户在边际报酬十分低下的情况下仍会继续投入劳动，可能是因为农户没有边际报酬概念或农户家庭受耕地规模制约，家庭劳动剩余过多，由于缺乏很好的就业机会，劳动的机会成本几乎为零。因此从这点来看，农户生产目标仍然是理性的，经营行为是在有限的制度环境下得到的最优的选择。

在中国，农村资源要素结构的独特性决定了我国农户行为的特殊性，农户的价值观与特定因素有关，这些因素包括自然、经济、社会、文化等方面的综合。但从一般意义上看，任何农户都在追求依据自身价值而产生的效用最大化。不同的农户决策行为模式只是特定要素环境下的产物，在市场经济条件下，这种效用最大化实际上表现为利润最大化，在这个目标的取向下我国农户经营行为是不利于具有公共品属性的农业环境资源的合理配置的，农业环境的低效过度使用造成农业面源污染的发生和加剧。

2）农户生产目标的面源污染效应

进一步以农田湿地生态系统为例，分析农户生产目标的面源污染激励：效用最大化农业生产行为对农田湿地系统的影响方式。界定对农田品质影响不同的几种农业生产模式，以传统农耕为界限，将农业生态环境利用类型分为环境保护型和环境恶化型，其中，有利于农田环境保育的利用模式包括生态农耕、生态退耕；造成农田生态系统破坏的利用模式包括集约农耕、农田变更。

根据上述分类，可以利用比较静态分析法来探讨农田湿地生态质量的均衡条件（图 3-6）。其中，MB_{ip} 代表农田的边际环境服务价值，随着农田质量的提高，根据边际收益递减原则，它为向右下倾斜的递减线；MB_{ic} 曲线代表农田湿地的边际经济价值，由于原始未开发农田的边际价值质量最高，根据边际收益递减原则，它为向左下倾斜的递减线。MB_{ip} 与 MB_{ic} 线交点 Q_i 是农田湿地质量的均衡点，在这个状态下，农地的利用更偏向于采用环境恶化型模式。

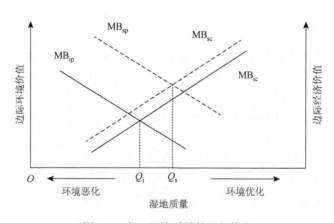

图 3-6　农田环境质量的局部均衡

农业生产具有外部性，除了具有生产粮食、蔬菜、水果、木材等农产品的生产功能，还具有净化空气、涵养水源、调节气候、防治水土流失、维护生物多样性、提供休闲娱乐等诸多的生态系统服务功能，以及保障国家粮食安全、维护社会稳定和提供农民基本生活保障等社会效益的功能。在其他条件不变的情形下，如农产品价格固定、农业生产资料价格固定、农户种植技术不变等，若政府通过补贴等外在激励措施，或增加税率等惩罚措施迫使农户生产必须考虑农业生产的社会和生态效益，则农户经营农田的边际经济价值需考虑公共利益，曲线 MB_{ic} 向左上移动至 MB_{sc}。农田生态系统的经济价值本来就只占农田总价值的一小部分，增加的经济利益对社会大众来说是微量的，因此边际经济价值曲线移动的幅度较小。另外，农业生产所产生的边际环境服务价值，对于社会具有较大的正外部性，农户对公众环境利益的考虑会使得 MB_{ip} 线大幅度上升到 MB_{sp}。MB_{sc} 与 MB_{sp} 线交点 Q_s 代表整个社会最优时的农业环境质量，因此，比起仅考虑私人最优条件下的农业利用模式（质量为 Q_i），生态环境会得到优化，Q_s 大于 Q_i，在这个状态，农地的利用更偏向于采用环境保护型模式。

上述分析表明，农业环境恶化的原因在于，农业自然资源的经营权在农户，在现有利用模式和政策下，良好的农业生态系统对周边的环境维护提供了大量环境功能，却无法对农户产生经济利益。在利润最大化目标的驱动下，农户不可能对农业环境进行应有的保护，而是采取损害环境的耕作方式，甚至变更农田为建设用地，对生态和社会大众产生负的外部效果，造成社会和环境保护上的极大的损失。

3）被调查地区农户生产目标行为分析

在调查的五个地区的453户农户中，虽然农户的最终生产目标是效用最大化，即利润最大化，但由于东西部及距离主城区远近决定的经济发展水平的不同，由利润最大化目标决定的农户行为也表现得不尽相同。各种经济的、社会的因素影响着农户的思想观念，其中就包括农户家庭的生育观念，五个地区之间表现出一定的不同，尤其东西部之间差异尤其大，家庭人口、受教育程度及当地普遍的生产文化的影响在一定程度上决定了不同地区农户的农作物种植品种和畜禽养殖的情况，这使得即使在利润最大化目标的驱使下，各地农户追求利润最大化的途径和利润的大小也存在一定的差异。表3-6 显示了五个不同地区农户农作物和畜禽主要的品种与数量。

表 3-6　农户作物种植和畜禽养殖的主要品种及数量分布结构

省级行政单位	地级行政单位	品种		人均产量
重庆	北碚	作物种植/kg	玉米	487.10
			红苕	542.63
			南瓜	415.37
			柑子	284.00
		畜禽养殖/头	猪	0.35
			鸡	2.15
			鸭	0.67

续表

省级行政单位	地级行政单位		品种	人均产量
重庆	合川	作物种植/kg	水稻	1046.83
			玉米	453.29
			红苕	509.95
			香瓜	833.33
		畜禽养殖/头	猪	0.59
			鸡	1.89
			鸭	1.26
	丰都	作物种植/kg	水稻	656.98
			玉米	511.60
			烤烟	1050.00
			南瓜	307.37
		畜禽养殖/头	猪	0.54
			鸡	1.89
			鸭	0.11
	石柱	作物种植/kg	玉米	325.66
			红苕	312.00
			南瓜	226.67
			柑子	275.00
		畜禽养殖/头	猪	0.11
			鸡	1.44
			鸭	0.36
浙江	温州	作物种植/kg	水稻	556.00
			茶叶	62.68
			地瓜	481.15
			红薯	250.00
		畜禽养殖/头	猪	0.19
			鸡	0.49
			羊	0.10

从表 3-7 以及表 3-4 可以看出，大致存在这样的一个趋势：除了温州，重庆

所辖的四个地区，往往农户家庭养殖的畜禽越多，农户家庭人均收入也相应越高，如果把农户家庭中外出工作的收入的作用剔除，这种趋势将更加明显，也就可以相应得出这样的假设，农户为了尽可能地增加自己家庭的收入，会在自己投入能力所及的限度内尽可能多地养殖家禽牲畜，而很少考虑当前市场的需求情况，对畜禽对农业环境的污染效应则是基本不考虑的。在农户家庭收益最大化的农业生产目标的驱使下，便会出现表 3-7 的后果，畜禽养殖越多，粪便的排放量越大，在没有相应的粪便无害化处理的条件下，其将会对当地的农业面源污染产生较大的不利影响。

表 3-7　农户养殖的主要畜禽品种及年均每头（只）粪便排放量　（单位：kg/年）

主要畜禽品种	北碚	合川	丰都	石柱	温州
	年均粪便排放量	年均粪便排放量	年均粪便排放量	年均粪便排放量	年均粪便排放量
猪	264.05	238.57	223.86	164.32	98.37
牛	307.53	238.52	346.8	207.52	232.63
羊	243.83	223.51	200.03	193.67	167.57
鸡	310.33	290.59	333.33	239.41	179.91
鸭	90.37	83.59	55.06	76.38	41.19

表 3-8 反映了样本地区农户家庭外出工作的情况，可以看出在重庆所辖四个地区中，随着与重庆主城的距离的加大，农户家庭外出工作的人数也在加大，而在温州的被调查农户家庭中外出工作的人数是较低的，另外根据前方调查人员返回的访问记录，重庆的几个样本地区的农户外出主要是以打工为主，且以去往广东、浙江等东南沿海省为主，而在温州的农户外出工作也是以正当的工作为主，且以在附近城市里工作为主。

表 3-8　农户家庭外出工作情况分布结构

省级行政单位	地级行政单位	农户户均外出工作人数/人
重庆	北碚	1.18
	合川	1.65
	丰都	1.66
	石柱	2.04
浙江	温州	1.33

综合表 3-6 和表 3-8，可以看出，在几个不同地区，不同的社会、经济及政策

等大背景下，样本地区种植的农作物、养殖的畜禽的品种和数量以及农户家庭外出工作的情况与当地农户的家庭人均收入也是有较大的联系的。从表 3-6 中可以看出这样的趋势：在重庆所辖的四个地区中，离重庆主城越近，市场化程度越高，人均畜禽养殖的数量呈现上升的趋势。而在温州，茶叶因适应当地的地形和气候，成为当地农户创收的重要农作物产品，相比其他农作物产品，茶叶给农户带来的附加值也是更高的。表 3-8 反映出，随着距离重庆主城越来越远，重庆所辖四个地区户均外出务工的人数也呈上升的趋势，但外出务工的人员主要从事技术水平低的劳动密集型行业，所得收入相对较低，且社会福利等得不到保障，这也造成了打工者的流动性较大，获得收入的稳定性较差。而在温州，当地农户外出工作的地点主要是温州附近城市，一般是以正式合同工的形式从事工作，工作相对于打工者要稳定，这也为稳定的收入提供了保障。

在所作的问卷调查中，针对农户对农药化肥施用量的认知，设置了几道问题。例如，第 17 题，您认为当前农业生产中化肥施用过量吗？有超过 30%的农户选择了没有过量；第 24 题，您认为畜禽粪便可以直接排入农田吗？总共有 73%的被调查者选择了"可以直接排入农田"或"完全不知道"；第 42 题，您家农田施肥是否使用过高毒农药？虽然被调查者中已经没有人选择"大量使用"的选项，但仍有将近 10%的农户少量使用了高毒农药，经过访问得知，这些都是贪图价格便宜的原因；第 46 题，在考虑购买化肥、农药的种类和数量时，是否会考虑自家食用这一因素？有 26%的被调查者选择了"希望自食的更加绿色些，二者有所不同"，访问期间了解到还是有一些农户为了自己食用的安全性会在自家小院内种植一些不怎么使用化肥和农药并且主要供自己家食用的农作物，而在农田里由于大部分还是供出售的，为了提高产量会较大量地使用化肥和农药；第 48 题，您是否认为化肥和农药更能促使农作物较快较好生长？有 30%的农户认为化肥和农药会促进农作物较好较快生长，这说明农户对化肥和农药会造成农业面源污染的意识还是比较淡薄的。

综合以上几个问题及农户所选择的答案，可以看出，农户农业面源污染的防范意识虽然比较淡薄，农户还是会出于提高农作物产量以及增加农户家庭收入等原因而较大量地使用化肥和农药，正是农户最大化地增加自己家庭收入的这一农业生产目标的驱使，农户的农业生产行为会对农业面源污染造成比较严重的不利影响。

3.4.3　农户土地经营行为及其面源污染效应

1）农户土地经营行为特征

自从 1978 年我国实行家庭承包经营之后，我国农户土地被分割为家庭单位，从而使我国农户经营出现规模小的特征。由于地域肥沃程度、远近等因素，有限的土地规模还要进行分割，我国土地经营出现细碎化的特征。图 3-7 是我国 1995～2011 年农户人均耕地经营规模的变化规律。从图 3-7 中可以看出 1995 年以来，农户人均耕地规模呈现出明显的两个阶段，大致以 2004 年为界，1995～2004 年，农户人均经营耕地规模呈现出下降的趋势；而 2004 年以后又呈现出上升的趋势，到了 2011 年，已经回到了 1996 年的高点，这可能与我国严守 18 亿亩耕地保护红线、各地加大整理复垦力度等一系列耕地保护、开发措施相关。但我国人均耕地面积仍然处于较低水平，仅为世界平均水平的 40%，虽然我国可耕地面积在世界上排名第三，但我国人均耕地面积排名却在 120 位之后。虽然我国人均耕地面积有好转的迹象，但增量部分的耕地质量却是参差不齐的，因此，我国农户人均土地经营规模仍处于较低水平，保护耕地的任务仍然是非常艰巨的。

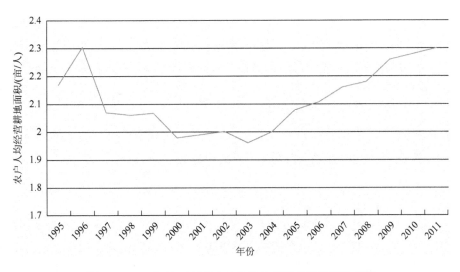

图 3-7　1995～2011 年农户人均耕地经营规模的变化规律

2）农户土地经营规模的面源污染效应

土地经营规模小而细碎化的特征从以下几个方面加重了农业面源污染。

（1）农业经营规模狭小不利于农业耕作的机械化发展和耕作技术的变革。通常有效和科学的田间管理对农业面源污染的控制意义不大，通过利用保护性的耕作方式和亲环境的技术能够有效防治面源污染。一般而言，这种耕作方式和技术变革均具有规模效应，规模越大所担负的平均成本越小，而小而细碎化的土地经营规模很难推广这种生产方式。

（2）由于地块零碎，农户无法规模化地利用土地数量和不同土壤质量状况针对性地使用化肥和农药，农户往往按照经验施肥，其结果却是化肥和农药的投入超量及土壤养分比例的失调。

（3）小面积的土地经营使农户特别重视土地的稀有性，他们会在有限的范围内，千方百计地增加所经营的土地面积，其结果是使农田与农田间的树篱地及沟渠、农田与水体之间的滩涂地、水域、山坡上的林地和荒草地等被开垦为农地。而根据调查发现：氮元素在岸边植被带的截留率为 89%，而在农田的截留率仅为8%（陈利顶和傅伯杰，2000）。截留率的下降造成大量化肥、农药残留在农田中，形成了农业面源污染。

3）被调查地区农户土地经营行为分析

根据问卷调查和对当地农户的直接访问的反馈结果，可以了解到重庆所辖四个地区及温州地形基本都属于山地或丘陵地区，并且这种地形地貌特征也基本能代表中国南方大部分地区的地形特征。农户户均土地面积为 5.2 亩，并且被调查的农户有 80%以上的土地分布在八个地块以上，这样零散碎小的土地不利于农作物的机械化发展和耕作技术的变革，小规模的耕作使得农户对资本的投入只能依靠化肥和农药，寄希望于化肥、农药等生产资料可以使产量得以提升。而调查中显示，有 40%的农户反映他们的土地肥力为较差，土层较薄，不利于土壤肥力的留存，这样为了保持土壤中肥力比较恒定，农户便会更多地采用比较方便获取和使用的化学肥料来提高土壤的肥力。

3.4.4　农户劳动力投入行为及其面源污染效应

1）农户劳动力投入行为特征

（1）农业劳动投入素质普遍不高。由于我国农村经济基础薄弱，各方面条件受到限制，农村教育事业发展缓慢，我国大部分农民处于较低文化水平。2010 年我国 6.7 亿农村人口中，受教育程度在初中及以下的人口达 5.53 亿，占比达 82.5%（表 3-9），高中及中专学历占比 14.9%，而大专及以上所占比例则仅为 2.6%。从我国农村劳动力受教育程度与发达国家的比较来看，1975 年日本农业劳动力平均受教育时间为 11.7 年，相当于高中毕业程度；荷兰农民大部分是高级中等专业农校毕业水平，而且每年还有将近 20%的从业农民进入各类职业教育学校，接受专业性的继续教育；德国的农业劳动力中有 54%受过至少 3 年的职业培训（金兆怀，2002）。因此，虽然近几年我国城市化发展较快，农民也有更多的机会接受科学文化知识的教育，但我国与欧美日等发达国家及地区相比，农户的平均受教育程度还有一定的差距，这将成为制约我国农业现代化发展、农业基础地位稳定的重要障碍。

表 3-9　2010 年我国农村劳动力受教育程度状况　　（单位：%）

受教育程度	小学及以下	初中	高中	中专	大专及以上
所占比例	30.1	52.4	12.0	2.9	2.6

资料来源：《中国农业年鉴 2011》。

（2）农户劳动力农业生产投入减少。劳动力是重要的生产要素，也是最活跃的要素。2010 年我国有 13.4 亿人口，农业人口占总人口的一半。在改革开放后的 30 多年中，我国农村人口从 1978 年的 7.9 亿，增长到 1995 年的 8.59 亿，这 18 年我国农村人口是呈上升趋势的，在达到 1995 年的峰值以后，伴随着城市化的加快，我国农村人口总数呈现出单边下降的趋势，到 2011 年达到 6.57 亿，这在我国甚至世界上都是一个创举，从 1995 年的峰值算起，我国已将超过 2 亿人口从农村转移到了城市，这也是图 3-7 农村人均耕地面积在 2004 年达到谷底之后呈现出上升趋势的重要原因之一。在农村劳动力转移的大军中，主要是青壮年的男女，留在农村的主要是一些受教育程度很低的妇女和老人或还未到受教育年龄的妇孺，教育程度以及体力上的相对不足，使得现在农村中，尤其是打工比较盛行的农村的撂荒情况比较严重，一方面是城市建设用地不断挤占农村耕地，另一方面却存在大量的农村撂荒地，这都对农业的稳产和增产构成威胁。

上述的情况可以从《中国农业年鉴 2011》的农村住户基本情况调查中看出一些端倪，如表 3-10 所示，1990～2010 年调查户数逐渐增多，从 1990 年的 66 960 户到 2010 年的 68 190 户，但调查户常住人口数却从 1990 年的 321 429 人下降到 2010 年的 269 676 人，平均每户常住人口从 4.8 下降到 4.0。从这些数字不难看出，随着农村人口向城市及非农产业的转移，我国农户劳动力投入在不断减少，且其中的青壮年减少得更严重。

表 3-10　农户常住人口数调查

指标	1990 年	1995 年	2000 年	2009 年	2010 年
调查户数/户	66 960	67 340	68 116	68 190	68 190
调查户常住人口/人	321 429	301 878	286 162	271 403	269 676
平均每户常住人口/人	4.8	4.5	4.2	4.0	4.0

资料来源：《中国农业年鉴 2011》。

2）农户劳动力投入行为的面源污染效应

（1）由于农户拥有较为丰富的劳动力资源且价格相对比较便宜，劳动对于其他要素的边际替代率较大。这就决定了农户的农业产业结构为偏重于使用劳动力要素密集的粗放产业，农户的粗放经营带来的是高投入和高污染。

（2）农户收入制约了具有农业面源污染防治功能的耕作技术、种植技术及农田管理技术等的实施与推广。在农业生产活动中，农户主要依靠传统耕作方式及经验技术进行简单再生产，但人口增长使人地矛盾加剧，农户对农业资源进行掠夺性的开发经营，其结构造成土壤退化、土壤侵蚀加重、养分及水土流失加剧。土地质量下降降低了农业产出，为了保证土地产出的稳定，农户不得不借助大量化肥、农药等的投入。

（3）农户的兼业及劳动力非农转移虽然可以稳定和增加农户经济收入，但在目前我国农户经济水平不高的情况下，农户的兼业及劳动力非农转移行为必然会引起人力、物力和财力等的转移，使本来就有限的人力、物力和财力更加分散投入，减弱农业生产和农田的管理，进而导致农业面源污染。从单季稻生产用工量看，从 20 世纪 90 年代中期的 40 个工降至现在的 10 个工。在施肥用工上，20 世纪 90 年代中期每亩水稻施肥用工占总用工的 20%左右，现在降至 9%左右，降低了十多个百分点。

3）被调查地区农户劳动力投入行为分析

从表 3-11 以及我们的调查访问可以了解到，在重庆所辖四个地区中存在这样的现象：随着这几年农民外出务工的增多，农户家庭人均收入呈现上升的趋势，收入得到增加，一方面由于农户家庭中留在家里务农的人数的减少，尤其是务农年龄结构日趋老幼化，大多数存在外出务工人员的农户种植业面积有减少的趋势；另一方面由于人手不足，农作物单产有所下降，这样为了保持农作物的产量稳定，就有必要用化肥、农药等农业生产资料来代替劳动力的投入，而且因为农户家庭中大量存在着外出务工人员，相比当地人的仅靠农业的收入还是比较高的，也有了进行农药、化肥等生产资料投入的资金基础，根据调查及访问，资本对劳动力的替代效应在近几年的农户农业生产中是大量存在的。这样大量的农药、化肥等农业生产资料的运用无疑会给农业生态环境带来较大的压力。也有些农户家庭中几乎没有一个外出工作的，但为了能够养家糊口及致富走向小康，也都会给自己及家人找些事情来做，主要是进行规模化的农业兼业化经营，如养鸡、养鸭、养牛、养鱼等，这种大规模的养殖场固然能够提高养殖的效率，并为自己赚得一份较稳定且丰厚的利润，但规模化养殖产生的大量的畜禽粪便等排放物的不恰当处理也会成为农业面源污染在农村的另一个重要污染源，从而加重当地农业面源污染。

表 3-11　不同地区农户外出务工、务农收入及耕地面积情况统计表

省级行政单位	地级行政单位	农户户均外出工作人数/人	农户家庭净务农人数/人	农户家庭人均收入/元	农户人均耕地面积/亩
重庆	北碚	1.18	2.15	6504.91	0.8249

续表

省级行政单位	地级行政单位	农户户均外出工作人数/人	农户家庭净务农人数/人	农户家庭人均收入/元	农户人均耕地面积/亩
重庆	合川	1.65	2.42	7859.30	1.2161
	丰都	1.66	2.23	7976.48	1.5331
	石柱	2.04	2.57	7908.37	0.6107
浙江	温州	1.33	3.38	6370.21	1.7673

3.4.5　农户农业投资行为及其面源污染效应

1）农户农业投资行为

（1）农户农业投资水平不断下降。农户的投资可分为农业投资和非农业投资，虽然从绝对量上看，我国农户农业投资不断上升，从 1985 年的 792.53 元/户（农村住户抽样调查资料，来源于中华人民共和国国家统计局），增加到 2011 年的 16 087.52 元/户。但从相对量上来看，农业投资尤其是种植业投资的比例不断下降。1985 年我国农户的农业投资占农户总投资 76.13%，2000 年下降到 69.67%，2011 年又下降到 66.95%。再从农户家庭生产投入现金支出来看，从 2007 年到 2008 年，家庭经营费用现金支出从 1287.2 元/人增长到 1551.0 元/人，增长了 20.49%，而同期购买农业生产性固定资产支出仅从 144.3 元/人增长到 158.6 元/人，仅增长了 9.91%，这表明农户农业投资的积极性在不断下降。

（2）重要农业产区的农业投资还有待加强。2011 年西部农户人均生产费用支出 15 648.7 元，比 2000 年增长 2.29 倍；2011 年中部农户人均生产费用支出 10 945.62 元，比 2000 年增长 2.37 倍；2011 年东部农户人均生产费用支出 7246.38 元，比 2000 年增长 1.6 倍。虽然各地区农业投资在十年间都有数倍的增长，但由于东部农业规模的逐渐萎缩，西部农业生产环境的日益脆弱等问题的日渐突出，中部诸省市渐渐成为我国最重要的农业生产区，而中部地区的农业投资相比其农业尤其是种植业在全国的地位仍然是偏低的。

（3）农户农业投资具有短期性。我国最重要的农业生产是种植业生产，农户对种植业的投资流向主要是化肥、柴油等生产资料，农业投资具有短期性。从时序上看，化肥投入在农业生产物质费用中的比例呈现显著的上升趋势。在表 3-12 中可以看出，1978 年化肥费用为 7.08 元，占物质费用的 29.04%，到 2009 年增加到 105.58 元，比例增加到 30.88%。与此相应，有利于农田恢复和保育的农家肥费用的比例却呈持续下降趋势，从 1978 年的 27.56%，下降到 2009 年的 13.08%。

表 3-12   三种粮食平均物质费用明细表

项目	1978 年		1990 年		2004 年		2009 年	
	数量/元	比例/%	数量/元	比例/%	数量/元	比例/%	数量/元	比例/%
每亩物质直接费用	24.38	100.00	70.98	100.00	178.21	100.00	341.93	100.00
种子费	2.98	12.22	10.65	15.00	21.06	11.82	99.31	29.04
化肥费	7.08	29.04	27.77	39.12	71.44	40.09	105.58	30.88
农家肥费	6.72	27.56	7.35	10.36	9.95	5.58	44.74	13.08
农药费	0.84	3.45	3.33	4.69	11.55	6.48	6.25	1.83
农膜费	0.00	0.00	0.92	1.30	1.63	0.91	4.60	1.35
租赁作业费	4.89	20.06	17.07	24.05	56.72	31.83	73.21	21.41
其他	1.87	7.67	3.89	5.48	5.86	3.29	8.24	2.41

资料来源：《全国农产品成本收益资料汇编 2010》。

2）农户农业投资行为的面源污染效应

首先，农业是人工自然生态系统，其生产中消耗了大量的自然资源（水、土等），因此农业生态系统在生产过程中，需要进行休耕等措施维持系统生产力。如果持续进行消耗，而不进行补充，农业生态系统就会逐渐退化，必然使得农产品产量减低。因此，必须对农业生态系统的能量与物质进行补充。值得注意的是，在这种补偿中，施用农家肥等补充方式与施用化肥等方式对生态系统的维护具有截然相反的效果。

其次，对于具有高经济收益和环境效益的农业生产技术与工程等的投资往往需要较强的经济基础和长期的继续投资。农业长期投资一般对农产品的短期产量增长影响不大，它通常是指对生态环境的一种投资，更大的作用在于保证生产的可持续发展能力。因此，长期投资的收益应该体现为长期而不是短期。如果农户更为注重短期投资，那么必然陷入对生态系统的耗竭性使用的恶性循环中，由此造成农业面源污染增加。但如果农户更为注重长期投资，虽然会减少眼下的收益，却由于生态系统的生生不息而产生可持续收入流。从农业污染防治及可持续发展角度看，加大农业长期性投资有助于改善农业生态环境和农业面源污染减排，进而实现农业的可持续发展，而短期性投资的加大则会加剧农业生态环境的恶化和农业面源污染。

3）被调查地区农户农业投资行为分析

自 2004 年起的十年改革，推进了农村经济的巨大发展，其基本结果是在农村确立了以统一经营、服务与管理为主体，以农户分散经营为基础的统分结合双层经营体制，使我国近两亿农户成为独立的商品生产者和农村经济的投资主体。随着投资主体由集体向农户转变，农户投资的选择倾向、态势和决策均发生了诸多变革，深刻影响着农村经济和国民经济的稳定成长。

本小节研究所指的农户投资行为是指狭义的农户生产性投资行为，即以农户生产性投资行为规律变动趋势为研究对象。

由于化肥和农药等农业生产资料相比家庭人畜生产的有机肥料更加方便、干净，以及农业生产相比外出务工等劳动不具有竞争力，很多农户宁愿把更多的人力、更长的时间放在外出工作等收入来源上，而化肥和农药等便成为解放农户双手的重要农业生产资料。从表 3-4 和表 3-13 中可以看到，基本上存在这样的趋势，经济发展水平越高，农户家庭的收入也是越高的，而相应的农户家庭化肥、农药等农业投资水平也是越高的，这也证明了在 EKC 转折点来临之前，我国的农业面源污染会随着经济发展水平的提高呈现加重的趋势。

表 3-13　农户使用的主要化肥和农药的用量分布表 　　（单位：斤[①]/户）

主要的化肥品种和农药	北碚	合川	丰都	石柱	温州
	化肥和农药施用量	化肥和农药施用量	化肥和农药施用量	化肥和农药施用量	化肥和农药施用量
氮肥	281	273	255	203	217
磷肥	97	93	72	77	83
钾肥	26	23	18	19	21
复合肥	87	79	71	63	79
农药	27	25	19	22	29

另外，通过问卷中的第 33 题，询问农户是否愿意自己付费参加农业技术培训时，仍然有 30%的农户选择不愿付费参加培训，表明农户通过提高农业技术的方式来提高农业产量和质量的意愿还不是很强烈，农户仍然走着依靠大量施用化肥、农药的老路来探寻自己的致富之路。在选择题第 45 题问及农户是否能承受现在的农业生产资料的价格时，超过 90%的农户是能接受现行的农资价格的，这也是农户能够大量施用化肥的一个重要因素之一。

① 1 斤 = 0.5 千克。

第4章 农户意识的农业面源污染效应分析

现代农业快速发展伴随着农业集约化水平的提高，在促进经济发展的同时，给生态环境带来的危害比传统农业更为严重，特别是农业生产中化肥、农药的超量使用和大型养殖场废弃物的排放已经给生态环境造成严重的负面影响。农业生态环境破坏出现由点到面的巨大改变，农业面源污染成为我国环境问题最大的面源污染。对于农业面源污染，温家宝指出，环境污染严重的主要原因是：对环境保护不够，国内许多专家也承认这点。因此，转变农户传统观点，提高环保意识对农业面源污染减排具有实质性作用。

本章对农户环境意识的分析，是在对农业面源污染减排的非市场价值评估基础上展开的。通过对减排价值的外部性虚设一个交易市场，然后观察在这个市场上不同农户单元对这种外部性价值的评价，调查他们为减少农业面源污染所愿意支付的费用，或者说减少污染排放而愿意接受的补贴金额数量，从而了解农户对环境保护的主观心理活动，进而督促他们和政府有关部门采取积极的解决措施减少农业面源污染排放量。在具体研究中，选择本书调查的五个地区作为研究案例。从本章结构安排来看，首先界定农业面源污染减排的非市场价值评估方法，这里选择 CVM 作为研究方法。其次通过探讨 CVM 的概念、反应领域、分析框架，选择开放式双界二元选择回答作为询价方式。最后通过对上述五地的问卷调查，得到农户对农业面源污染减排的支付意愿（willingness to pay，WTP），从而了解农户环境意识及其影响因素情况。

4.1 农户意识调查问卷统计分析

4.1.1 问卷设计及样本总体描述性统计分析

1）调查方式与预调查

本书基于对成本和方便回收的考虑，采用实地调查法，调查地点为重庆四个地区和浙江省温州市雅阳镇的主要农村村庄。调查的时间为调查日的上午九点～下午五点。在进行问卷调查前，在样本选择上采取随机抽样法，为求样本取得的公正性，以访员经过的当地村庄，按每五人抽取一位愿意接受访问的农户为调查户，但要求最终受访者是受访农户家庭中具有经济能力、18 周岁以上的家庭成员。

　　调查时，先询问农户是否知道农业面源污染的概念，然后出示一些农业面源污染的相关图片资料，引导农户了解农业面源污染对生态环境的影响，再请农户谈谈他对当地水、土壤、居住环境等不同类型环境问题的评价，即了解其保护农村环境的认知、环境保护意识和自身的农业生产经营行为。调查中对预调查的开放式询价方式进行了修正，改用支付卡方式，且主要依据预调查结果与人们的支付习惯，来设定若干分隔区间与范围，以利于消除起始点偏差。

　　针对化肥的面源污染问题，选择重庆的北碚、合川、丰都、石柱和浙江温州进行了实地调查。调查对象为上述地区从事农业生产的农民，采用问卷的方式，通过向农民解释农业面源污染问题，询问农民的农业生产情况，同时，问卷中还涉及了农民对环境状况、环境污染和环境治理等问题的看法、态度等问题。共收回有效调查问卷 453 份，其中重庆市北碚、合川、丰都、石柱分别为 120 份、98 份、65 份、57 份，浙江省温州市 113 份。

　　2）样本特征描述

　　453 份有效问卷中，样本农户的基本情况如下。

　　户主年龄：样本农户的平均年龄为 45.5 岁，年龄的分布区间为 18～88 岁。

　　户主性别：户主为男性的有 423 户，占 93.38%；户主为女性的有 30 户，占 6.62%，基本反映了农村的实际。

　　户主文化程度：小学及以下文化程度的有 124 人，占 27.37%；初中文化程度的有 189 人，占 41.72%；高中文化程度的有 120 人，占 26.49%；中专文化程度的有 8 人，占 1.77%；大专及大专以上文化程度的有 12 人，占 2.65%。并且五个地区总的趋势是：经济发展水平越高的地区的农户受教育水平也是越高的。

　　农户家庭常住人口平均为 4.4 人，样本的分布区间为 2～8 人；样本农户家庭劳动力平均为 2.68 人，样本的分布区间为 1～7 人；家庭成员中当年外出务工平均为 1.76 人，样本的分布区间为 0～6 人；样本农户家庭中只有 93 户家庭没有成员外出务工，占 20.53%，其中绝大部分还是来自于温州的样本。

　　耕地面积：样本农户平均耕地面积为 3.08 亩，样本的分布区间为 1～25.55 亩。

4.1.2　农户面源污染意识认知程度分析

　　1）农户面源污染概念认知分析

　　从农户户主对农业面源污染概念的调查看，知道农业面源污染概念的人为 214 人，占 47.24%，不知道农业面源污染概念的人为 239 人，占 52.76%，二者相差不大，说明在农村已有近半数的人知道农业面源污染这一概念，这个认识水平已经不算低了；同时通过调查还了解到，有的人虽然不知道面源污染这个概念，但大体知道面源污染的基本含义，只是不知如何表述，表明理解农业面源污染的人在半数以上。这次调查以后，由于调查的宣传，又有更多的人了解农业面源污染的概念和内涵，有利于农民进一步加强对农业面源污染的认识。在问及农户对自己感知当地农业面源污染严重与否时，总体上还有 83%的农户认为不严重或是不清楚农业面源污染严重与否。

2）农户农村环境满意程度认知分析

面源污染主要是造成水体的污染和土壤的变化，因此，选取农户居住环境、饮用水质量、空气质量、农田质量、湿地质量、野生动植物状况六个方面进行问卷调查。先是了解农户对环境恶化状况的整体认知，询问其对近五年来，认为村里环境中，上述六个方面中变得最坏的是哪些，调查结果表明，有 164 人（占 36.20%）认为饮用水质量变得最坏，有 193 人（占 42.61%）认为农田质量变得最坏，有 172 人（占 37.97%）认为他们的居住环境变得最坏，有 116 人（占 25.61%）认为湿地质量变得最坏，有 65 人（占 14.35%）认为野生动植物状况变得最坏，有 57 人（占 12.58%）认为农村的空气质量变得最坏。由此可见，近五年来，农村环境变得最坏的是农田质量，其他依次是居住环境、饮用水质量、湿地质量、野生动植物状况和空气质量，农户反映最强烈的农田质量的变化可能主要与过量地施用化肥造成的土壤质量下降有关。

农村环境满意程度调查如表 4-1 所示，在农户对农村环境满意程度的调查中，对农村居住环境达到满意程度以上的有 193 人，占被调查总数的 42.61%；对农村饮用水质量状况的反映中，对水质感到满意的有 235 人，占被调查总数的 51.88%，反映出农户对当地水质量还是比较满意的；对农村空气质量的调查中发现，他们普遍对农村的空气质量感到很满意，满意程度以上的人数的比例达到 86.98%，而且这和当地经济发展水平基本上是相反的，这也反映出距离主城区越远的农村的空气质量基本上也是越好的，而且通过对比调查问卷和口头访问的记录发现，以前曾经外出打工的农民对回家以后的空气质量的满意度要高于没有外出打工的农民，这也间接说明城市中的空气质量状况堪忧；对耕地中土壤状况的反映，感到不满意的人数最多，有 281 人，占 62.03%，在访谈中，发现大多数农户反映耕地中土壤退化得太快，土壤板结现象很普遍，农业生产要提高产量不得不大量施用化肥，否则很难取得好收成。这一现象表明，化肥的施用已经导致了土地的变化，农民为了追求产量，被迫大量施用化肥，而化肥的施用又降低了土壤的肥力，影响了农业生产能力，农民为提高产量又不得不增加化肥的施用量，从而使得农民陷于这么一个恶性循环之中，因此，对于化肥的施用应该引起人们极大的关注；在对农户对湿地质量的态度的调查中，五个地区的农户对湿地质量的总体评价在满意程度以上的占比不到

50%，通过访谈及实地查看，农村中很多池塘里都有垃圾等堆弃，臭气熏天，让很多附近的农户无法忍受；在谈及农村野生动植物状况时，许多农户深感农村中的野生动物和野生植物是越来越少了，树林随着修路、偷伐、滥砍等，面积也变得越来越小。

表 4-1　农户环境满意程度调查表

满意程度	居住环境		饮用水质量		空气质量		农田质量		湿地质量		野生动植物状况	
	频次	百分比/%	频次	百分比/%	频次	百分比/%	频次	百分比/%	频次	百分比/%	频次	百分比/%
满意	193	42.61	235	51.88	394	86.98	108	23.84	213	47.02	257	56.73
一般	136	30.02	83	18.32	43	9.49	64	14.13	59	13.02	72	15.90
不满意	124	27.37	135	29.80	16	3.53	281	62.03	181	39.96	124	27.37

　　3）农户在生产中对农业面源污染的认知

　　为了了解农户在农业生产过程中对化肥、农药的使用是否过量，是否知道化肥、农药会造成农业面源污染的后果，本书对此作了相应调查（表 4-2），调查发现，有 62.91%的农户是知道自己超量施用化肥的，但他们中一般不能估算超过的量大概有多少，只有 9.05%不知道自己的施用量超量了。在农户对超量施用化肥带来危害的认识上，大多数人也是知道的，不过仍有 21.41%的人不知道超量施用化肥会有危害。在对农药使用方面绝大多数农户都有较为客观的认识，能认识到农药过量所带来的危害，只是仍有 13.03%的人不知道自己的农药是过量的。总的来看，农户还是认识到了其在生产过程中过量使用化肥、农药的行为，农户认为这是非常普遍的现象，可见由此而引起的农业面源污染是非常突出的问题。农户虽然认识到了过量使用化肥和农药的行为，但这种认识仅仅是停留在思想层面，并没有转变成约束其行为的力量，一个重要的原因还是农户在经济上需要，不少农户认为，使用化肥和农药来得快，能在短时间内获得效益，能保证农作物的正常生长，这样还可以放心在外面打工。可见，农户在农业生产上还是没有真正认识到位，没有认识到农业面源污染的危害，农户大多将工作重点放在外出务工上，农业生产能对付就尽量对付。另外，在访谈时，还了解到，农户在农药的使用方面，对自己食用的产品，会控制量的使用，而对出售部分则没有从严掌握，由此看来，国家在收购农产品时，需要加强对农产品的检测，以防止农药残留所带来的食品安全隐患。在问及农户是否知道自己家里每亩土地中化肥和农药的最佳使用量时，有 52.98%的农户选择了凭经验，知道大概使用量，有 37.97%农户选择了不知道，只有不到 10%的农户选择了知道，这也说明在农村中大多数的农民还是靠天吃饭的，真正依靠掌握正确的农业技术种田的农民还是极少数。

表 4-2　农户在农业生产过程中对面源污染的认知调查

调查结果	是否知道在生产中已超量施用化肥		是否知道超量施用化肥有危害		是否知道在生产中已超量使用农药		是否知道超量使用农药有危害	
	频次	百分比/%	频次	百分比/%	频次	百分比/%	频次	百分比/%
知道	285	62.91	325	71.75	349	77.04	353	77.92
不清楚	127	28.04	31	6.84	45	9.93	64	14.13
不知道	41	9.05	97	21.41	59	13.03	36	7.95

4）农户对农业面源污染后果及对生态环境影响的认知

为了了解农户对农业面源污染所引起的后果，本书设计了三个问题：以假定农业面源污染继续恶化，是否会影响到农户家庭现在的生活、是否会影响到农户家庭今后三十年的生活以及是否会影响到农户子孙后代的生活，来判断农户对农业面源污染后果的认知。结果如表 4-3 所示。

表 4-3　农户对农业面源污染后果的认知调查

调查结果	是否会影响到农户家庭现在的生活		是否会影响到农户家庭今后三十年的生活		是否会影响到农户子孙后代的生活	
	频次	百分比/%	频次	百分比/%	频次	百分比/%
会	104	22.96	145	32.01	204	45.03
不清楚	109	24.06	210	46.36	173	38.19
不会	240	52.98	98	21.63	76	16.78

调查结果表明，大多数农户并不认为农业面源污染会影响到自己的生活，虽然从趋势上看，认为农业面源污染会影响自己生活的人数在增加，但增加的量并不大，尤其是对目前农业面源污染的现状看，大多数农户（占 52.98%）认为农业面源污染不会影响家庭生活，但是，农户对农业面源污染的发展趋势多数认为不能确定，不清楚农业面源污染会不会影响到今后的生活，说明这些农户对农业面源污染的严重性还没有足够的认识，或者说虽然有所认识，但还不能确定其继续恶化后的影响程度，表明农户在这一点上存在着一定的局限性。

农户对自己及子孙后代的考虑还是较多的，因而认知程度相对较高，但对化肥、农药会造成环境污染的认识水平却还处在近乎整体的无意识状态中。在被调查农户中，近 38.75%的人认为化肥会造成土壤的板结，但对环境不会造成污染；61.25%的人认为化肥只会增加作物产量而没有负面影响，更不会造成环境污染。32.5%的农户认为，农药对环境有影响，他们认为有影响的原因是，近年来村中得怪病的人增多了，以前却很少；67.5%的人认为农药不会造成环境污染，他们的理由是，农药是杀害虫的，如果会造成环境污染，政府就不会让推广使用了。有 50%的人认为农村生活废弃物对农村环境造成的污染是在逐步加重的，他们大多数人已经认识到了生活废弃物给农村环境污染带来的威胁，但让他们选择会面临哪些威胁时，他们大部分选择的是威胁农村居民的生命健康，而对于水体富营养化、重金属沉积土壤以及威胁饮用水安全等选项却很少有人选择；当问及农户在使用化肥和农药时除了考虑到自己的成本与利益，是否会考虑对周边环境和其他利益相关者的影响时，有 43%的农户选择了会适当考虑一下这样的情况，而只有 13%的农户选择了考虑较多，而且被调查地区越是不发达，选择较多考虑的比例越低，这说明农户主要是出于良知才会适当考虑使用农药和化肥对周围环境与其他农户的影响的，而不是真正出于对农业面源污染的考虑。

对于农药残留，超过一半的农户都能有一个基本的认知，这得益于我国加入世界贸易组织后，国家大力倡导的绿色农产品的生产、推广和认证工作，明确哪些农药不能在农产品的生产过程中使用，从而保证农产品的食用安全。但是在关于农药残留问题严重性的调查中，仅有 44%的农户认为农药残留是一个比较严重的问题，剩下的超过一半的农户对于农药残留的危害没有一个比较清晰的认识。有 70%的农户认为保护农业生态环境对农业生产活动有用，只有 4%的农户还没有认识到农业生态环境保护对农业长期发展的促进作用，这也充分说明了越来越多的农户逐步认识到环境保护工作对于自身和子孙后代发展的重要性。

4.2　农业面源污染减排的非市场价值评估理论框架

4.2.1　非市场估价理论

环境资源为社会提供了一系列直接和间接的服务。由这些生态系统和与其相应的生物多样性水平所提供的服务数不胜数，从基本的生命维持到过滤城乡废品的面源污染。尽管这些资源几乎为人们提供了无限量的颇有价值的服务，但对其中的许多市场仍未定价。这些服务也几乎从不在拍卖场被买卖，因而从未进入私人市场且未由公共部门定价。由于不可能排除他人从中获益或者承担成本，这就妨碍了市场价格传递关于实地真实经济价值的正确信号。

认识到环境资源，如生态系统和生物多样性等服务被市场系统性地错误定价，就迫使政策制定者思考其他的办法对这些资源进行估计。在新古典、功利主义的分析框架内，非市场估价在保护和发展之间进行隐形和显形的交易，对未定价的环境资源价值作出估计，而经济学家的工作就是尽可能精确地对这些服务的货币价值作出估计。如果经济学家捕捉到这些交易并且误差控制在合理的范围内，那么非市场估计就可以向政策制定者提供数据，以帮助他们就如何最好地管理自然资源作出政策选择。其中意愿调查法最为常用，其经济学原理如下。

经济学的基本假设是理性人。理性的消费者会根据自己的偏好在众多的商品中作出使自己的效用最大化的选择。基于这种理性选择，假定消费者能够在缺乏市场机制的情况下，估计农业面源污染引起的生态价值损失。如果消费者相信某种方法可以使他的境况得到改善，他就有可能愿意支付货币以保证这种改善的进行，而这种支付意愿反映了他对改善的经济评价。在环境与资源经济学中，这种支付意愿是度量环境服务的经济价值的一种普遍方法。经济价值评估的支付意愿对决策起到一定的指导作用，可以作为成本–收益分析的底线以支持公共政策。

这种分析方法的经济学原理是在理性人的假设下集偏好集合、效用函数和消费者剩余三者于一身的。假设在所有的商品中，消费者有一个偏好集，而效用函数是消费偏好的表示，可以以最高的效用水平表示最偏好的消费集。如果一项政策改变了消费集而使效用水平增加，由于效用的变化是不可测的，这时，经济学家就提出了消费者剩余的概念，即效用变化的货币化度量。消费者剩余是不可度量的效用函数的货币表现。因此，效用函数与偏好相联系，消费者剩余是对效用函数变化的货币度量。

支付意愿是指人们为了得到如高质量水平的农村环境等商品而愿意支付的最大货币量。消费者剩余也可以用来度量支付意愿。图 4-1 表示了控制农业面源污染导致农村环境变化时（假设提高了环境质量）给消费者剩余带来的变化。A 点表示给定环境质量 Q_0 和市场消费组合 X_0 下的效用水平 U_0。如果将环境质量提高到 Q_1，而市场商品消费组合保持不变，则消费者的效用水平将提高到 U_1 水平——更高的环境质量带来了更高的效用。消费者可能会放弃部分商品的消费而使其效用水平保持在 U_0 水平，即从 B 点移到 C 点，且 B、C 就是消费者愿意放弃的 X 的最大量，也就是最大支付意愿。因为如果他放弃的 X 更多，那么相比初期而言，他的状况就会变得更糟；而如果他放弃较少的 X，那么就不是他所愿支付的最大水平。因此，在一定的约束条件下建立在理性选择基础上的消费者的支付意愿是对偏好的稳定一致的估计。

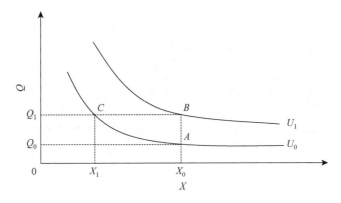

图 4-1　改善农村环境质量的消费者支付意愿

4.2.2　CVM 的基本概念与意愿调查方法的选择

1）CVM 的基本概念及应用领域

从国内外研究来看，目前具有代表性的非市场价值评估的方法有 CVM、旅游成本法（travel cost method，TCM）和资产价值法（hedonic pricing method，HPM）。但 HPM 和 TCM 与 CVM 方法相比较，属事后评估方法，即只有在消费者已经消费了被评估物品的情况下运用，因此仅能评估当期资源的使用价值，难以包含资源非市场价值中的选择价值。为此，衡量农业面源污染减排的非市场价值，CVM 是唯一可行的评估方法，也是目前应用最广泛、最成熟的方法。

CVM 是一种利用效用最大化原理，采用问卷调查，通过模拟市场来揭示消费者对环境物品和服务的偏好，并推断消费者的支付意愿，从而最终得到公共物品非利用经济价值的一种研究方法。CVM 最先由 Ciriacy-Wantrup 于 1947 年提出，他认为防治土壤污染产生的外部市场效益本质上属于公共财政，因此一个可能的评估这些效益的方法是通过问卷方式得到每个人对于这些效益的支付意愿。而 Davis（1963）是第一个在实践上应用这个方法的人，他首次采用 CVM 研究了缅因州林地宿营、狩猎的娱乐价值。在 20 世纪 60 年代，当非市场价值特别是选择价值和存在价值被认为是环境价值的重要组成部分广泛出现在环境经济学文献中的时候，CVM 得到了广泛的承认。美国政府部门的推动对 CVM 在美国环境物品经济价值评估中的广泛应用和方法发展起到了重要作用。1979 年美国就要求美国陆军工程兵团和美国开垦局用 CVM 评价建设项目的娱乐价值。20 世纪 80 年代 CVM 研究引入英国、挪威和瑞典，90 年代引入法国和丹麦。欧洲联盟国家过去 20 余年的研究表明 CVM 在帮助公共决策方面是一个很有潜力的技术。欧洲国家的环境价值评估研究虽然起步比美国晚许多年，但发展也十分引人注目。据统计，至 1999 年,欧洲国家应用各类环境价值评估技术开展的环境价值评估研究案例已达 650 多例（张志强等,2003）。经过近 40 年的发展,CVM 的调查和分析手段日臻完善,已经成为一种评价非市场环境物品与资源经济价值的最常用和最有用的工具。

在研究方法发展的同时,研究范围也不断扩大,从开始对环境物品或服务的休憩娱乐价值的研究,到目前广泛地应用于评估环境改善的效益和环境破坏的经济损失。近年来有关 CVM 的应用研究主要是评估水质改善、湿地恢复、石油泄漏、自然区域保护、健康风险减少等的价值。在发展中国家,CVM 主要用于评估基本的公共服务供应如水资源供应、废弃物处置、生态环境恢复等价值。CVM 于 20 世纪 70 年代末开始被引入我国,但国内采用 CVM 评估环境资源的经济价值的研究只有个别案例（张志强等,2003）,另外就是个别国外的科研人员采用 CVM 对我国个别地区环境改善的经济价值进行评估研究。近年来,国内学者运用 CVM 评估资源价值或生态系统服务价值的探索性研究在不断增加。运用 CVM 研究农业面源污染减排的非市场价值,从理论和实践上均为一种有益的探讨与突破,有重要的实践意义。

2）意愿调查评估方法的选择

尽管理论上环境公共品价值评价方法多种多样,但国内外已有研究表明,评价像农业面源污染而引起的农村环境这种非市场公共品的价值,最可能或最普遍应用的评估方法是 CVM（Mitchell and Carson,1989）、特征价值法（hedonic value method,HVM）、TCM,美国环境政策机构认为,CVM 是通过调查访问,针对资源的增减,直接找出能使消费者达到某一效用水平的支付意愿或补偿金额;而 HVM 和 TCM 属于替代市场法价格评价的方式,是利用资源与其他市场性商品在消费者效用函数中的相关性,间接评价资源增减的价值。

当环境变动既难以度量,又难以用其他市场价格替代时,就需要用建立假想市场的办法来评价,这就是 CVM（李周,2002）。采用 CVM 的原因是公共品无法在市场上交易,只能用一种假想市场,让被调查者假想自己作为该市场的当事人,为了保证自己的效用恒定在一定的水平上,根据各项消费对自己带来的效用,对待被评估的公共品的量或质的变化,所愿意支付/补偿的经济数量,研究者据此评估该公共品的价值。由此可见,CVM 实质是通过一种假设市场,对被调查者依据私人品和公共品的替代关系进行评价,以不同消费品给自身带来的等效用为准,表达愿意用多少私人品（用货币、义工等表示）代替假定数量的公共品的增减。该方法运用相对简单,但假想市场与实际市场毕竟不同,极易出现偏差,其准确性与可信度因而备受质疑。尽管如此,但它仍是迄今为止唯一能够获知与环境公共品有关的全部使用价值和非使用价值的方法。因此,就农业面源污染引起的环境质量非市场价值来说,CVM 是一种较适宜的评价方法。

我国学者采用 CVM 评估环境资源的经济价值或生态系统服务价值的研究较多，近几年来，国内学者运用 CVM 评估资源价值在景观评价、农村公共产品供给、水污染治理等方面作用的探索性研究在不断增加，推进了 CVM 的广泛运用。

4.2.3　CVM 问卷设计

CVM 的成败关键在于问卷设计。CVM 问卷设计和调查实质就是一个假想市场的实现过程，是以问卷调查方式，引导受访者进入假想的市场环境中，直接询问其对某项公共物品所愿意支付的价格或是对该公共物品受损所愿意接受补偿的价格（willingness to accept，WTA），揭示消费者对环境物品和服务的偏好程度，并推导消费者的支付意愿与受偿意愿，从而最终得到公共物品的非使用价值。因此，问卷的质量直接影响到公共物品非使用价值的真实、可靠性。为保证调查结果的科学性，Bateman 等（1995）曾就问卷设计提出若干指导原则。最有影响力的 CVM 问卷设计和调查的原则是由美国国家海洋与大气管理局（National Oceanic and Atmospheric Administration，NOAA）提出的。1993 年 NOAA 委托两位诺贝尔经济学奖获得者 Arrow 和 Solow 负责的蓝带小组（blue ribbon panel）就 CVM 问卷设计提出了著名的 15 条原则，其中对研究结果可能产生极大影响的主要原则包括问卷的格式、预调查和环境信息的提供等。NOAA 提出的原则虽然是针对环境价值损失评估的，但大部分原则对于不同领域的 CVM 研究均有较强的指导意义（杨凯和赵军，2005），因而本书也采用这些原则。

根据 NOAA 关于 CVM 问卷设计的基本原则，本书针对农业面源污染产生者是农户、污染的主要区域是农村的特点，调查对象主要以农户为主，调查受访农户参与农村环境保护的响应意愿，询问受访家庭对农村环境保护的参与意愿，受访农户可以根据家庭情况自愿选择参加义务劳动或捐钱的方式参与农村环境保护，所得资金将用于农村环境治理等公益事业。

在实际应用中，CVM 成功的关键在于引导技术的合理使用，即合理设计调查问卷中的核心估值问题。CVM 的核心估值问题的导出技术或者问卷格式可概括为投标博弈（iterative bidding game，IBG）、开放式（open-ended，OE）问卷、支付卡（payment card，PC）问卷和二分式（dichotomous choice，DC）问卷四种研究模式。其中，投标博弈是最早采用的研究模式，目前已较为少见；开放式问卷和支付卡问卷属于连续型问卷，而二分式问卷属于离散型问卷。开放式问卷通常用于预调查，而支付卡问卷相对于二分式问卷的优势在于简便的平均支付意愿计算（蔡志坚和张巍巍，2006）。

为减少 CVM 的偏差，同时基于对成本的考虑，本书与农户对农业面源污染的认知一同进行，从而减少部分重复工作，对 CVM 的核心估价问题以支付卡问卷进行研究，且选择以家庭作为支付主体；在支付时限上，为增强假设市场的可信度，选用逐年支付；在支付方式上，为贴近农民现状，只设计出钱或出义工两种方式供选用，以能更有效地反映调查结果。在处理抗议性样本时，绝大多数的 CVM 研究在数据分析时通常将抗议性样本剔除，导致得出明显高的 WTP估计值，本书考虑到经济条件限制是零支付样本产生的主要原因，被调查农户在支持农业面源污染控制计划中除了出钱，还有出义工方式，并且在出义工的支付方式中对劳动的强度不作任何要求，可由活动方根据个人意愿和条件进行相应的安排，其目的就是调查农户支持农业面源污染控制计划的意愿，以减少零支付意愿的可能性。

4.3　农户对减轻农业面源污染的支付意愿分析

1）对治理农业面源污染支付意愿及拒绝支付的原因分析

治理农业面源污染需要投入，有多少农户愿意为其支付费用呢？农业面源污染主要是造成水质变化和土壤变化，因而，本书分别就改善水质和改善土壤进行支付意愿调查。在改善水质的支付意愿调查中，有 60.93%（276 户）的受访农户愿意为改善水质支付一定的费用或出一定时间的义工，但仍有将近 40% 的农户拒绝为改善水质支付费用或参加义工；在改善土壤的支付意愿调查中，有 67.99%（308 户）的受访农户愿意为改善土壤支付一定的费用或出一定时间的义工，有超过 30% 的农户拒绝支付费用或参加义工。

为了揭开农户拒绝支付的背后原因，本书调查设置"您拒绝支付的最主要原因是什么"的问题，以进一步甄别其拒付原因，供备选的答案均有四个。对水质改善的拒付原因选项是：A. 水保护不重要，我不能从中受益；B. 水保护是政府的事情，与我无关；C. 没有多余的钱和时间来支付保护费用；D. 不相信政府或机构会合理地管理和使用所筹到的经费用于水保护。对土壤改善的拒付原因选项是：A. 保护土地可能会减产，影响收入；B. 土壤保护是政府的事情，土地是国家所有，我对土地只有使用权；C. 没有多余的钱和时间来支付保护费用；D. 不相信政府或机构会合理地管理和使用所筹到的经费用于土壤保护。

在对改善水质支付意愿调查中，拒绝支付的群体中有 9.05%（41 户）的农户选择了 A，这部分农户认为自己不能从水保护中受益，说明这部分人的环境意识很差，有较偏执的经济观念，其拒付态度最坚决；拒付群体中还有 9.93% 选择了 B，他们在意识中承认能从水质改善中受益，但尚未接受环境保护中"谁受益，谁支付"的观念；选择了 C 的 34%（154 户）农户，其实是由于经济原因，进一步查验调查表发现，这部分农户大多数都已经选择了义工形式作为支付形式，可以认为这些农户是有支付意愿的；另外 47.02%（213 户）的农户也不是不愿支付，只是因为不相信政府或机构会合理地管理和使用所筹到的经费用于水保护而选择了D。因此，如果将选择 C、D 选项的农户计入有支付意愿数中，则支付意愿比例应为 81.02%，说明绝大多数农户的环境意识还是较强的。

在对改善土壤支付意愿调查中，拒绝支付群体中则有 9.72%（44 户）的农户选择了 A；有 12.14%（55 户）选择了 B；有 27.15%（123 户）选择了 C；有 50.99%（231 户）选了 D，同样地，将选择 C、D 的农户视为有支付意愿的农户，则意愿支付率为 78.14%，说明与改善水质的支付意愿类似，绝大多数的农户还是希望出钱或出力来改善他们周边的农村环境的。

关于保护农村生态环境方面，在政府和农户谁应该发挥主要作用的调查中，46% 的农户认为应该采取政府主导、农户参与的方式；28% 的农户认为应该以农户为主，政府扶持为辅；26% 的农户认为应二者共同参与。不可否认，对于保护环境这项具有正外部性的公共事业，由于其资金需求量大且见效周期长，个人和民间组织的力量是无法和政府比拟的，应该充分发挥政府的主导作用，以国家的力量带动广大的农户积极参与到农村生态环境的保护中，从而使这项工作能够更好地开展下去，取得较好的效果。

2）支付意愿的分布及平均支付意愿

被调查农户支付意愿分布情况如表 4-4～表 4-7 所示。

表 4-4 对改善水质的支付意愿样本分布表（选择捐赠形式）

序号	年支付意愿	频次	频度/%	序号	年支付意愿	频次	频度/%
1	0～20 元	353	77.92	3	51～100 元	0	0.00
2	21～50 元	100	22.08	4	100 元以上	0	0.00

表 4-5 对改善水质的支付意愿样本分布表（选择义工形式）

序号	年支付意愿	频次	频度/%	序号	年支付意愿	频次	频度/%
1	2 天以下	286	63.13	3	6～10 天	63	13.91
2	2～5 天	104	22.96	4	10 天以上	0	0.00

表 4-6 对改善土壤的支付意愿样本分布表（选择捐赠形式）

序号	年支付意愿	频次	频度/%	序号	年支付意愿	频次	频度/%
1	0～20 元	331	73.07	3	51～100 元	0	0.00
2	21～50 元	122	26.93	4	100 元以上	0	0.00

表 4-7   对改善土壤的支付意愿样本分布表（选择义工形式）

序号	年支付意愿	频次	频度/%	序号	年支付意愿	频次	频度/%
1	2 天以下	305	67.33	3	6～10 天	32	7.06
2	2～5 天	116	25.61	4	10 天以上	0	0.00

在调查时提供了两种支付形式供选择，一是捐赠，二是义工，捐赠是以金额数为选择项，而义工则是以义工天数为选择项。农户对改善水质和土壤的支付意愿情况如表 4-4～表 4-7 所示。从表 4-4～表 4-7 可以看出，农户对改善水质的意愿支付中，在选择捐赠方面看，愿意支付 20 元以下（包括 20 元）的占 77.92%，反映了绝大部分农户的支付意愿，而没有人愿意一年支付 50 元以上用于改善水质；在以义工方式来改善水质方面，近 90% 的农户愿意出工 5 天以下（包括 5 天）来帮助改善水质，而没有人愿意出工 10 天以上。就改善土壤质量的意愿支付来说，73.07% 的农户愿意出 20 元以下（包括 20 元）来改善土壤，和改善水质的支付意愿一样，没有人愿意出超过 50 元来改善土壤；在出义工改善土壤方面，90% 以上的人愿意出工 5 天以下（包括 5 天）改善土壤，仍然没有人愿意出工超过 10 天。综合表 4-4～表 4-7 中的数据，可以看到农户对改善水质和土壤等农村环境并没有太高的积极性，都不愿花超过 50 元来支付，这可能还是与其收入水平有很大的关系，但相对于出钱的方式，出工出力的方式可能更容易为农户所接受。在分析改善水质和改善土壤的支付意愿时，还有一个因素应该考虑，就是设计调查问卷的时候为了更详细地了解农户对不同的环境要素的支付意愿是否存在差异，分为水质和土壤两个方面来考察，如果合并起来考察，农户未必愿意支付两者之和。

3）影响农户支付意愿的因素分析

采用多元线性回归的方法对影响农户支付意愿的因素进行研究。由于回收问卷中支付意愿为 0，是由随机因素引起的，在回归分析中不作考虑。

本书的模型形式如下：

$$y = \alpha_0 + \alpha_1 X_1 + \cdots + \alpha_n X_n + \xi, \quad n = 1, 2, \cdots, 6$$

其中，y 是农户的支付意愿；X_1、$\cdots$、X_n 是农户家庭特征变量，主要有农户家庭人数、农户家庭劳动力人数、户主年龄、户主文化程度、农户家庭人均收入、农户家庭耕地面积等要素；ξ 是随机扰动项。

这里以在重庆和浙江温州两地调查访问的共 453 户农户资料为样本，利用 SPSS 软件对模型进行估计，结果见表 4-8 和表 4-9。

表 4-8   农户对水质改善意愿影响因素回归模型统计结果

变量	回归系数	标准差	T 检验值	显著水平
常数项	−0.4951***	0.144	−3.444	0.001

续表

变量	回归系数	标准差	T 检验值	显著水平
农户家庭人数	−0.0121	0.016	−0.073	0.942
农户家庭劳动力人数	−0.0831	0.019	−0.446	0.655
户主年龄	0.0821***	0.002	3.647	0.000
户主文化程度	0.9586***	0.020	4.791	0.000
农户家庭人均收入	0.2481***	0.006	4.249	0.000
农户家庭耕地面积	0.0591***	0.006	10.040	0.000
样本数	453			
F 统计量	34.332***			
R^2	0.314			
调整后 R^2	0.305			

注：*** 表示在 1%水平上显著。

表 4-9　农户对土壤改善意愿影响因素回归模型估计结果

变量	回归系数	标准差	T 检验值	显著水平
常数项	−0.4061**	0.136	−2.975	0.003
农户家庭人数	0.7606***	0.015	4.935	0.000
农户家庭劳动力人数	−0.0001	0.018	−0.008	0.994
户主年龄	0.0055***	0.002	2.592	0.010
户主文化程度	0.0267	0.019	1.404	0.161
农户家庭人均收入	0.0180***	0.006	3.232	0.001
农户家庭耕地面积	0.0523***	0.005	9.878	0.000
样本数	453			
F 统计量	36.686***			
R^2	0.329			
调整后 R^2	0.320			

注：***、** 分别表示在 1%、5%水平上显著。

由表 4-8 和表 4-9 可得如下结论。

（1）农户家庭人数对水质改善支付意愿的影响不显著，其系数为负，说明随着农户家庭人数的增多，对水质改善的意愿反而下降，这与预期相反，表明本书调查在这方面的考证上仍需进一步研究；而在对土壤改善支付意愿的影响中，农户家庭人数的影响符合预期方向，并且是在 1%的水平上呈极显著相关，而且其系数在诸因素中为最大，表明随着农户家庭人数的增多，农民更认识到土地的宝贵意义，对改善土壤表示出极大的热情，愿意付出较高的费用用于其中。

（2）农户家庭劳动力人数对水质改善支付意愿和对土壤改善支付意愿的影响均不显著，且均为负数，并与预期相反，也是有待考证的问题。

（3）户主年龄对水质改善支付意愿和对土壤改善支付意愿的影响均达到极显著水平，说明随着年龄的增长，农户更希望能有良好的水质和土地资源，这也符合农民的心理，我国农民对农村有着叶落归根的思想，许多农民在年纪大时都希望能在农村生活，这种传统思想的影响面非常大，可想而知，农户年龄对农村环境要求也随之较高。另外，从农业生产现状看，目前从事农业生产的大多是一些年纪较大者，年轻人都已经进城务工，而农业生产又是典型的体力劳动，年龄大不利于生产，自然也会希望能有较好的土地资源和水资源，以利于生产增收。

（4）户主的文化程度对水质改善支付意愿和对土壤改善支付意愿的影响均达到极显著水平，并且与预期方向一致，说明随着文化程度的提高，农户的支付意愿越强，参与改善水质和土壤的积极性也越高。

（5）农户家庭人均收入对水质改善支付意愿和对土壤改善支付意愿的影响在1%的水平上达到极显著相关，说明以农业生产为主要收入来源的农户更关心农村的水质和土地质量状况，并愿意为改善水质和土壤条件而支付费用。

（6）农户家庭耕地面积对水质改善支付意愿和对土壤改善支付意愿的影响也是在1%的水平上达到极显著相关，说明耕地面积越多的农户，越是愿意为改善水质和土地而捐款或付出义工。

第 5 章　农户技术选择行为的农业面源污染效应

5.1　农户技术选择行为的理论基础

5.1.1　农户技术选择行为的基本假设

美国著名经济学家、诺贝尔经济学奖获得者舒尔茨在《改造传统农业》中提出传统农业贫穷而有效率的假设，同时指出引入现代生产要素是改造传统农业的重要途径。农民是新生产要素的需求者，对现代农业生产要素能否引入农业生产起着关键性的作用。农民是否能够接受新技术，取决于应用新技术后的盈利情况，即采用新技术后的收益是否显著大于投入的成本。本书中的农户选择行为是农民在追求利润最大化时，结合自身现有的资源状况，采用适当的农业生产技术的经济行为。这一经济行为包含了三个基本假设。

假设 1：农民是经济人。

这里的经济是指农民能够计算出的经济活动的收益和成本，并通过比较成本效益，决定其特定行为是否发生。农民作为经济人，其行为的动机是个人效益的最大化。农民的生产与消费行为基本符合经济人的假设，追求效益和效用的最大化或是成本的最小化。

假设 2：农民的技术选择行为是风险厌恶型的。

这一假设主要是从我国农户接受和选择农业新技术的考察中得出的合理假定。当某项新技术有明显的经济效益时，如果农户是风险爱好者或是风险中立者，则会在较短的时间内选择该项新技术并将其应用于更大范围。但在现实情况下，由于农户在技术采纳方面是厌恶风险的，一项新技术往往需要较长时间的推广和示范，才能在农户中得到广泛应用。

假设 3：农民的技术选择行为是有限理性的。

这里的理性是指农民在面临多个可供选择的方案时，会选择能给其带来最大效用的方案。农户的理性通常表现为经济行为主体在目标和手段上的一致性，即如果一项行为是理性的，对于特定的目标，该行为就会被设计成谋求最大效用的方案。值得注意的是，农户行为的理性是有限的，并不意味着农户产出的绝对最大化。由于农户的技术选择行为受到外部信息的局限性、土地资源、劳动力素质、家庭收入状况等因素的影响，农户的决策和行为的理性只能是有限的理性。农户的经济行为常常会考虑到风险因素，追求在特定因素影响下以风险最小化为前提的相对利润最大化。高收入农户抗风险能力较强，低收入农户往往会受到其家庭经济状况的制约，选择经济效益较低但收入更为稳定的技术决策。

5.1.2　农户技术选择行为的理论分析

1）农业技术选择与理性经济人假设

前面的农户技术选择行为的基本假设中提到，农户的理性经济人的特点，决定了农户在选择农业技术时会重视技术投资的成效，追求效益最大化。本书采用边际分析法来说明农户农业技术在理性经济人假设下的选择条件。

图 5-1 反映农户技术选择的边际分析。曲线 Y 是描述农业生产投入与产出的生产函数，x 轴表示生产投入，y 轴表示生产产出。假设农户选择采用新的农业生产技术，可以获得新增产出 Δy，但同时需要付出新技术的使用成本 Δx。当 $\Delta y > \Delta x$ 时，农户选择该项新技术能使其有利可图，应当选用该技术。$\Delta y = \Delta x$ 时，技术投资达到最优状态。

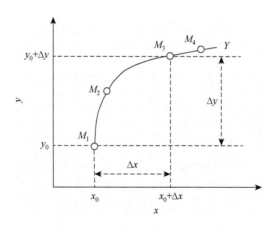

图 5-1　农户技术选择的边际分析

M_1 表示农户在没有采用新技术的情况下的投入 x_0 和产出 y_0，当农户采用新技术，将其生产路径由 M_1 点移到 M_2 点时，$\Delta y > \Delta x$，新增成本效益率大于 1，农户采用新技术可以获得更多的收益，可以选择该项新技术，但是 M_2 点不是农户的最佳投资点。当农户追加对该项技术的投资，生产函数值由 M_2 点移到 M_3 点时，$\Delta y = \Delta x$，新增成本效益率等于 1，此时，该项技术的总经济效益达到最大值，即 M_3 是农户进行该项技术投资的最优点，最优的投入产出值为（$x_0+\Delta x$，$y_0+\Delta y$），农户应当停止扩大技术投资规模。如果农户加大投资规模，将生产路径由 M_3 点移

到 M_4 点，则 $\Delta y < \Delta x$，新增成本效益率小于 1，农户采用该项技术不能使其从中获得收益，因而不会选择该项技术。

一般来说，提高从事农业生产劳动力的素质和获取外部信息的能力，可以降低技术使用成本 Δx，提高使用技术后的新增产出 Δy，从而扩大 $\Delta y \geq \Delta x$ 的范围。也就是说，提高农户的教育水平和信息获取能力，可以增加农户选择采纳新的农业生产技术的可能性。另外，对于拥有较大耕地面积的农户来说，应用先进的农业技术，更容易形成规模经济，可以减少单位产出的技术使用成本，从而增加农户技术采纳的可能性。

2）农业技术选择与农业效益

农户的生产函数可表示为 $Y = f(L, K, T, \cdots)$，其中，Y 表示产出；L 表示劳动力；K 表示生产资料；T 表示生产技术。在劳动力和生产资料一定的条件下，农业生产技术的变化会引起农业生产函数的变化。引入先进的生产技术，会改变农户生产行为的成本与收益。

以高效复合肥料为例，农户在采用新型的高效复合化肥后，小麦产量显著提高，从而引起其收入的增加。在图 5-2（a）中，x 轴表示化肥施用量，y 轴表示小麦产量，曲线 y_1 和曲线 y_2 分别表示在采用普通化肥和复合化肥两种情况下，小麦产量随着化肥用量的变化而变动的曲线。当农户放弃原来采用的普通化肥，采用新型高效复合化肥时，小麦的总产量曲线由 y_1 移动到 y_2。在施用了等量的化肥 X_1 时，采用复合化肥能使小麦产量由 Y_1 上升到 Y_2。并且，要生产出同样数量 Y_1 的小麦，所需要的复合化肥施用量 X_2 小于普通化肥施用量 X_1。由此可以发现，采用复合化肥可以提高小麦产量。在图 5-2（b）中，曲线 h_1 和曲线 h_2 是与图 5-2（a）中 y_1 和 y_2 相对应的化肥的边际收益线。化肥的边际收益线与边际成本线的交点的 x 轴坐标表示的是化肥的最佳施用量。从图 5-2（b）可以看出，如果由普通化肥改用复合化肥，化肥的最佳施用量将由 X_3 增加到 X_4。这也同样表明，采用复合化肥能提高小麦的产量，采用新的农业生产技术能改变农户的生产函数。

先进的农业生产技术的应用可以改变农户的生产函数，但是农户选择新技术与否，还受到两个重要因素的影响：农产品、生产要素以及生产技术的价格，土地资源、劳动力资源和技术资源的稀缺状况。

（1）农产品、生产要素以及生产技术的价格。如果农户所选择的农产品品种对化肥的反应弹性较大，当农产品的价格上涨，化肥的价格下降时，边际收入增加，边际成本降低。在边际收入等于边际成本时，农户的生产规模达到最优状态，农户会通过化肥的施用量的增加来提高农产品的产量。但是，在该种农产品品种对化肥的反应弹性较小的情况下，农产品产量的增加幅度将会很小。因此，农户可能会通过改种对化肥反应弹性较大的农产品品种来提高产量，从而进一步增加收益。农户愿意选择优良新品种，将促使农业技术部门加快先进技术的研发进程，

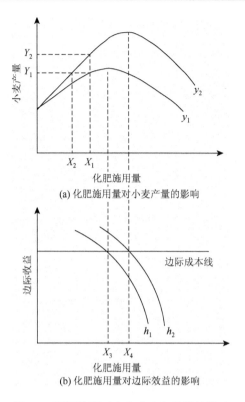

(a) 化肥施用量对小麦产量的影响

(b) 化肥施用量对边际效益的影响

图 5-2   不同化肥对小麦成本和收益的影响

培育出更高效益的农产品品种，并想方设法降低新技术的价格，这样就能使先进生产技术在农户中得到更大范围的推广和应用。

（2）土地资源、劳动力资源和技术资源的稀缺状况。在市场经济背景下，农业资源的相对稀缺状况对农户技术选择行为有着至关重要的影响。农业生产的基本要素是土地和劳动力，但是土地资源和劳动力资源都具有稀缺性。如果农户对土地资源利用过度，土地肥力下降，土地资源的稀缺状况将严重化，可能会影响农户的正常农业生产。农户选择采用先进的农业技术，可以在一定程度上替代土地资源和劳动力资源，降低土地及劳动力的消耗量。根据技术所替代的资源要素的不同，技术进步可以分为偏向技术进步和中性技术进步两种类型，其中，偏向技术进步可以进一步分为节约土地的技术进步、节约劳动力的技术进步和节约资本的技术进步。对于家庭收入高的农户来说，其劳动力成本相对较高，所以会更倾向于选择节约劳动力的技术进步。对于土地资源相对稀缺的农户来说，则会更倾向于选择节约土地的技术进步。

综合以上的分析，可以发现，选择使用先进生产技术，可以有效地提高农户的生产效益。由于农户是理性的经济人，他们有选择能提高其效益的先进技术的积极性,但是农户是否能最终作出技术采纳行为,还受到农产品、生产要素和生产技术的价格以及土地、劳动力和技术的稀缺状况的影响。

3)信息不完全与农户技术选择

信息不完全是指市场参与者没有掌握某种经济环境状态的全部信息。本书中的信息不完全主要有以下两方面的含义:一是农户对新技术的信息缺乏足够的了解,无法正确地判断和估计农业生产技术的投入与产出,往往会低估边际收益或高估边际成本,从而降低新技术的采纳概率;二是由于信息不对称的存在,农户可能会在技术交易活动中作出逆向选择。其中,信息不对称是指不同的市场参与者对经济环境状态信息的了解有差异,一些参与者拥有其他参与者无法获得的市场信息。在商品交易活动中,如果卖方对商品的质量掌握着比买方更多的信息,就可能会出现低质量商品驱逐高质量商品的现象。当该种商品是农业技术时,将会表现为技术含量低的生产技术驱逐技术含量高的生产技术。

图 5-3 反映的是信息不充分情况下的农户技术选择行为。边际成本线 MC 与边际收益线 MI 的交点所对应的技术采用量为最优。农户信息了解不够充分,农户将会高估农业技术的技术成本,导致边际成本线由 MC_1 移动到 MC_2。由于边际收益线 MI 不变,边际成本线与边际收益线的交点将发生上移,所对应的技术采用量由 x_1 点下移到 x_2 点。所以,信息不充分情况下,农户会高估技术使用成本,从而降低技术采用的可能性和技术采用量。

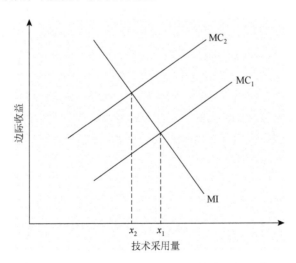

图 5-3　信息不充分情况下的农户技术选择行为

图 5-4 反映的是信息不对称情况下的农户技术选择行为。图 5-4(a)和图 5-4(b)分别反映技术含量低和技术含量高的两种农业技术,假设 x_1 和 x_2 分别为信息对称时的技术采用量。由于技术交易市场存在着信息不对称,农户对低技术含量的技

术预期线由 M_1 上移到 M_2，对高技术含量的技术预期线由 M_3 下移到 M_4，从而技术含量低的技术采用量由 x_1 增加到 x_2，技术含量高的技术采用量由 x_3 减少到 x_4。于是，技术含量低的技术在技术交易市场上的交易比例上升，这一现象将使农户对低质量技术有着更好的预期，从而进一步提高低质量技术的市场份额，最终可能导致高质量技术被低质量技术驱逐出技术市场现象的出现。

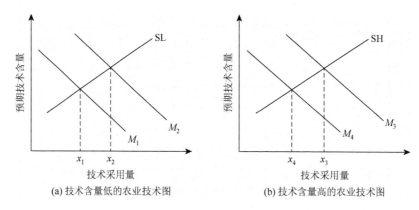

(a) 技术含量低的农业技术图　　　　　(b) 技术含量高的农业技术图

图 5-4　信息不对称情况下的农户技术选择行为

综合上述分析，可以发现，信息不完全现象的存在可能会导致农户高估技术成本或低估技术收益，从而降低采纳技术的概率，也可能因为对不同技术的质量作出错误预期，其技术选择行为出现偏差。因此，应当通过开展对农户的技术培训和指导等措施，尽可能避免信息不完全所导致的后果。对农户进行技术培训和指导，可以有效降低农户的信息取得成本，增进农户对农业技术的了解，让农户对新技术的投入和产出有着更准确的估计，使农户对技术市场信息有着更充分的了解。同时，开展农业技术培训和指导，还能提高农户对先进技术的鉴别能力，让农户有能力辨别不同农业生产技术的技术含量和效益，从而对农业技术有着正确的期望，选择合适恰当的农业先进技术。

4）风险规避与农户技术选择

本书选择采用冯·诺依曼–摩根斯坦（von Neumann-Morgenstern，VNM）效用函数来描述农户的期望效用，VNM 效用函数的表达式是 $u(g) = \sum_{i=1}^{n} p_i u(w_i)$。为了方便分析研究，简化 VNM 效用函数，表示为 $u(g) = (1-p)u(w_1) + pu(w_2)$。设厌恶风险型的农户的效用函数为 $u(w)$，这一函数为凹函数。根据风险溢价（risk premium，RP）和确定性等价值（certainty equivalent，CE）理论，CE 是一个确定的收入值，这一收入水平所对应的效用水平与不确定性条件下的期望效用水平相等，即有 $u(\text{CE}) = u(g) = u[(1-p)w_1 + pw_2]$。当 $p = E(g) - \text{CE} > 0$ 时，可以将 RP 理解为当一个确定的期望收益 $E(g)$ 转化为两个不确定的结果 w_1 和 w_2 时，农户将在面临风险的情况下对 g 作出折价。若 RP 的值过大，会出现 CE>w 的情形，这时，农户将不愿意选择新技术。在农户选择农业技术时，影响其风险评价的主要因素通常有两个：①农户风险规避系数 $R_a(w)$；②农户对新技术 g 的期望收益 $E(g)$ 的认知程度。

（1）风险规避系数 $R_a(w)$ 是农户一个与生俱来的禀赋，虽然 $R_a(w)$ 的数值会随着农户获得信息的增多而有所变化，但是，它在较长的一段时间内是基本稳定的。$R_a(w)$ 决定了农户对风险的认识和风险喜好类型。根据前面关于农户技术选择行为的基本假设，农户在选择技术时是厌恶风险型，所以 $R_a(w)$>0。图 5-5 中，农户的效用函数 $u(w)$ 的凹度越小，农户规避风险的意识越弱；反之，$u(w)$ 的凹度越大，农户规避风险的意识越强。

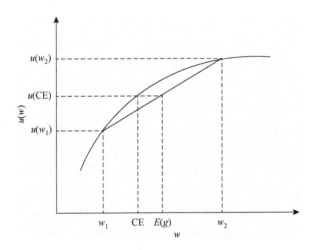

图 5-5　农户技术选择行为与风险规避

（2）农户对新技术 g 的期望收益 $E(g)$ 的认知程度对农户技术选择行为有着关键影响，主要表现在农户对收益概率 p 和收益结果 w_i 的认知程度上。在农户对新技术 g 的估计收益概率为 p 时，认为技术应用后无效的概率大于有效的概率，则会导致 $E(g)$ 变小，从而 CE 也变小，可能会导致农户对技术 g 失去兴趣。同样地，在农户估算新技术 g 的两种收益结果 w_1 和 w_2 时，如果认为 w_1 和 w_2 的真实值会更小，同样会导致 $E(g)$ 和 CE 变小，降低农户选用该项技术的可能性。

本书认为，农户对收益概率 p 和收益结果 w_i 的认知程度主要受其以往的相关经验、受教育程度与农业技术信息掌握程度的影响。因此，增加对农户的技术信息供给能够直接有效地提高农户对农业技术的认知程度，可以通过积极宣传和推广农业技术，建立先进农业技术示范基地，引导农户正确选择和使用新技术，并对农户的技术使用进行培训和指导，使其获得更多的技术信息，从而增大农户选择采用先进农业技术的可能性。

5.2　亲环境农业与亲环境农业技术：农业面源污染的有效技术手段

5.2.1　亲环境农业发展政策及主要经验

1）亲环境农业发展政策的提出背景

韩国在其农业经济的发展过程中，曾面临一系列与资源环境相关的问题。

首先，由于韩国的农业经济高度依赖于资源的投入，且追求农业经济产出量的提高，农业经济发展过程不可避免地伴随着环境污染的加剧。韩国 1980 年的农用化肥施用量为 83 万吨，在 1990 年化肥施用量达到了 110 万吨，到 1997 年降低到 90 万吨，但是单位面积的化肥施用量基本没有减少，约为 420kg/hm^2；1980 年的农药使用量为 1.61 万吨，在 1991 年农药使用量达到了 2.75 万吨，到 1997 年虽然降低到 2.42 万吨，但是单位面积的农药使用量同样没有减少，仍在 11kg/hm^2 左右；韩国每年产生的农用塑料垃圾为 92 万吨左右，1995 年的农用塑料垃圾回收率为 46%，1997 年也仅为 57%；1991 年的畜禽粪尿产生量为 3580 万吨，在 1997 年达到了 4570 万吨。

在农业生产活动中，施过多的化肥会产生土壤酸性化、盐类积聚、地表水富营养化等问题；农药的过度使用会造成土壤中的微生物和害虫天敌的减少，扰乱生态系统，造成土壤污染和水污染，且会有部分农药残留在农产品中，对人体健康有害；农用塑料垃圾会造成土壤污染，土壤性能降低，同时会对农村生产生活环境产生影响；畜禽粪尿的处理效率过低会产生地表水富营养化，甚至导致水污染、恶臭及病虫害等问题的发生。

其次，消费者对农产品的安全性有着更高的需要，要求农产品绿色、健康。随着国民生活水平的提高和社会环境意识的增强，消费者对农产品的关心从价格转向了安全性，使得市场上安全农产品的需求量急剧增大。事实上，从 20 世纪 80 年代开始，韩国的高收入阶层就开始消费亲环境农产品，并开始出现亲环境农产品的专门卖场和设置传递亲环境农产品到户的企业。这说明非安全农产品将逐步失去消费市场。新闻媒体不时对一些农产品中残留农药的情况进行报道和披露，这也促使农产品安全问题成为全社会关注的重要问题。

最后，国际上很多国家纷纷开始重视农业生态环境保护，对农业经济发展提出了更高的资源环境要求。一国的环境污染不仅影响本国环境，往往也会影响到其他国家的环境，成为影响全球环境的一个因素。国际社会频频举办环境相关会议，制定相关协议。例如，《联合国气候变化框架公约》《二十一世纪议程》等，要求各国履行环境保护义务；世界贸易组织、经济合作与发展组织、联合国粮食及农业组织等国际组织制定农业相关政策时逐步强化环境保护理念，把农产品贸易与环境保护联系起来探讨；国际食品法典委员会制定有机农产品标准，为有机农产品的国际交易发展铺平道路。因此，韩国的农业部门开始着手履行更多的与环境保护相关的国际义务，同时开始加大本国农业的环境保护力度，以抵制国际绿色农产品对本国农产品的冲击。

上述农业生产中的种种环境问题制约着韩国农业的可持续发展。土壤性能的降低会影响土壤的可持续生产能力；被污染的农产品及其在农业经济中的循环将会引发农产品消费市场的萎缩；农业生产活动如果对周围环境造成了污染，将会受到公众的谴责，农业经济发展的正当性将会受到质疑，农业生产规模也会受到限制；一国的环境保护水平成为衡量其农业的国际地位和国际竞争力的重要指标之一。因此，韩国必须促进农业生产与资源环境的协调发展，只有这样，才能保障农业发展的可持续性。

正是基于农业发展中环境相关挑战的深化，以及对其认识的提高，韩国政府于 1991 年在农林部下设立以第一次官（相当于中国的部长）的助理官为负责人的有机农业发展企划团，1994 年在农林部下设立环境农业课（后改称亲环境农业政策课），设立促进亲环境农业行政组织，并逐步制定和实施一系列亲环境农业政策，在理论与实践方面都进行了一系列探索。

2）亲环境农业发展政策的发展

（1）制定专门的法律。由于韩国在农业发展中面临着许多与环境相关的挑战，韩国政府根据过去的农业环境政策的经验与教训，在 1997 年 12 月颁布了《环境农业培育法》，在 2001 年 1 月时将其改名为《亲环境农业培育法》，并在此后多次进行修订完善。

《亲环境农业培育法》的颁布，为亲环境农业的发展奠定了制度基础，其对亲环境农业发展的政策意义主要体现在以下几个方面。

①明确亲环境农业的概念，对亲环境农业发展方向作出了规范性说明。在韩国此前的农业与环境共同发展的探索过程中，已经形成了自然农业、有机农业、环境农业、环境保护型农业、可持续农业等多种农业，由于这些农业各自强调着某些特殊方面，无法让农民系统地掌握亲环境农业技术，也不利于政府对农民进行指导和支持。《亲环境农业培育法》中明确了亲环境农业的概念，有效解决了这一问题。

②明确在推进亲环境农业发展过程中，政府、农民和民间团体各自所应履行的责任。各级政府应负责制定亲环境农业相关的计划和政策，并采取一系列综合性措施来促进亲环境农业政策的实施。农民应当努力做到经营环境亲和性农业的

相关要求，即应使用化学生产资料最少化等实践环境亲和性农业，减少因营农活动而造成的污染，进而在保护环境的同时生产出亲环境农产品。相关的民间团体，即以研究亲环境农业和促进亲环境农产品的生产、流通、消费为目的而组成的民间团体，应当协助政府实施亲环境农业措施，为会员和农民实施必要的教育、训练、技术开发、营农指导等，为亲环境农业的发展而努力。

③确立亲环境农业发展计划《亲环境农业培育计划》和《亲环境农业实践计划》的制定制度。《亲环境农业培育法》中规定，农林水产食品部长必须与相关中央行政机关的负责人协议每五年制定为亲环境农业发展的《亲环境农业培育计划》，并具体规定其应包含的内容。市长必须根据《亲环境农业培育计划》，为发展亲环境农业，制定和实施市道实践计划《亲环境农业实践计划》。

④为亲环境农产品认证制度提供必要的法律支撑。《亲环境农业培育法》规定，根据生产方式和使用的生产资料等情况，亲环境农产品划分为有机农产品、无农药农产品（畜产品称为无抗生素畜产品）等类型，并为了培育亲环境农业和保护消费者而给予相应的证书，在获得认证的亲环境农产品的包装、容器等上面标示亲环境农产品的图形或文字。

⑤为支援和培育亲环境农业规定必要事项，提供法律依据（要求）。例如，《亲环境农业培育法》规定，为了防止农业导致环境污染，国家和地方政府应积极实施必要措施，如遵守农药安全使用标准和残留允许标准的措施、遵守肥料分农业作物喷洒标准的措施、遵守畜产粪尿排放水水质标准的措施、防止废弃营农生产资料的措施等。又如，为了促进亲环境农业技术的开发和普及，农林水产食品部长官或地方政府负责人应制定亲环境农业技术的研究开发、普及和指导所必要的措施，并可以向亲环境农业技术的研究开发、普及和指导者给予费用上的必要支援。

（2）引进有力的支援制度。要想提高亲环境农业生产者的积极性，推进亲环境农产品的有效流通，可以一方面对从事亲环境农业者给予适当的激励，另一方面保障亲环境农产品的品牌权威性，防止出现品牌的混杂现象。基于这一考虑，韩国政府引进了两大制度，一是亲环境农业直接支付制度，二是亲环境农产品认证标示制度。

①亲环境农业直接支付制度。为了补偿实践亲环境农业的农民可能遭受的收入减少，奖励农业、农村的环境保护和安全农产品生产，基于《有关履行世界贸易机构协定的特别法》第 11 条第 2 项之 3 号为土壤等环境保护对有机农、耕种农实施补助条款和为专门贯彻第 11 条第 2 项条款而制定的《为农产品生产者的直接支付制度施行规则》的规定，从 1999 年开始韩国政府引进并实施亲环境农业直接支付制度。

亲环境农业直接支付制度是指政府向亲环境农产品生产者，即获得亲环境农产品认证证书的农民，直接支付补助金的一种支援收入的政策，与提高价格收购秋粮政策等形成对比。亲环境农业直接支付在面积上实施上下限制，每个农户支付面积为 0.1～5 公顷，申请面积超过 5 公顷的不支付超过面积部分的补助金，申请面积小于 0.1 公顷的也不给予支付；同时，在年度实施上也设置了限制，同一个地块生产亲环境农产品仅支付 3 年、连续 3 年或不连续 3 年。

从亲环境农业直接支付制度的支援力度来看，以 2003 年为例，旱田中有机、转换期有机农产品生产地为每公顷 79.4 万韩元，无农药农产品生产地为 67.4 万韩元，低农药农产品生产地为 52.4 万韩元；水田中有机、转换期有机农产品生产地为每公顷 77 万韩元，无农药农产品生产地为 65 万韩元，低农药农产品生产地为 50 万韩元。根据韩国忠庆北道有关通知，2010 年亲环境农产品的支付单价调整为旱田有机农产品为每公顷 79.4 万韩元，无农药农产品为每公顷 67.4 万韩元；水田有机农产品为每公顷 39.2 万韩元，无农药农产品为每公顷 30.7 万韩元。

与亲环境农业直接支付制度相配套，韩国政府为了通过发展亲环境畜产业，改善农村景观，减轻环境负荷等，构筑可持续畜产基础，从 2004 年开始尝试亲环境畜产直接支付制度。政府向参与政府的亲环境畜产发展计划的农民补偿因参与而导致的收入减少，或支援所需追加的费用。

②亲环境农产品认证标示制度。亲环境农产品认证标示制度可帮助消费者选择商品时能够更好地识别商品，进而提高信赖度，同时可以保护生产者的权利。亲环境农产品认证标示制度可以使消费者信赖认证产品的质量和安全性，提高购买认证产品的可能性，生产者可获得提价效果。另外，亲环境农产品认证不是简单地对农产品实施质量认证，确切地说，是对农户的亲环境种植方式（无农药、有机）的认证。虽然不表示为对农户种植的认证，而只是亲环境农产品认证，认证的实际内容还是对有机、无农药等种植方式的认证。

基于认证制度的重要意义，韩国政府积极促进亲环境农产品认证制度的发展。早在 1992 年 7 月韩国政府制定的《农产品的标准化和质量认证的运营纲要》中，首次提出了实施农产品质量认证。2001 年 1 月，韩国政府根据过去的经验和教训，整合 20 世纪 90 年代依据《农水产品质量管理法》实施的质量认证制度和依据《环境农业培育法》的标示申报制度，并结合国际食品法典委员会制定的有机农产品标准等相关国际规范，从 2001 年 7 月 1 日开始，以《亲环境农业培育法》作为法律依据，实行亲环境农产品的义务认证制度。随之只有得到亲环境农产品认证，才能标为亲环境农产品。亲环境农产品质量认证（有机、转换期、无农药、低农药）由此统一为一元化。2007 年，为了防止消费者的混乱认识，韩国修改《亲环境农业培育法》，废止转换期有机农林产品和转换期有机畜产品项目，设立无抗生剂畜产品。2009 年开始，政府中断低农药认证的新的申报和认证，2010 年最终废止这一项目。

　　韩国现行认证标示制度设立有机农产品、有机畜产品、无农药农产品、无抗生剂畜产品等亲环境农产品类型。对亲环境农产品所赋予的认证有效期，无农药农产品和无抗生剂畜产品为 2 年，有机农产品和有机畜产品为 1 年。通过一定法定程序，亲环境农产品的认证可以延续和继承。

　　亲环境农产品认证标示制度，一方面为从事亲环境农业提供可循依据，另一方面保障生产者的权益，也为消费者区分真假亲环境农产品或把握安全性等提供方便，进而为亲环境农业生产和其产品市场的健康发展乃至亲环境农业的发展提供有力的制度基础。

　　（3）实施综合性促进计划。为了推动亲环境农业的发展，韩国政府推动了一系列与发展亲环境农业相关的事业和计划。韩国政府于 1991 年和 1993 年实施全国有机农业现状调查，即调查 20 世纪 70 年代以来以正农会、韩国环境农业研究会（即现在的有机农业环境研究会）等民间团体为中心开展的有机农业发展事业状况，为总结经验、因势利导奠定基础。作为这项调查的进一步措施，政府于 1995 年以中小农高品质农产品生产支援事业形式开始支援实践亲环境农业的农民。1998 年 11 月，韩国政府宣布为亲环境农业元年，并发表元年宣言《亲环境农业培育政府》，阐述实施亲环境农业政策的必要性，总结亲环境农业促进现状，并为之后亲环境农业发展提出政策方向乃至重点政策课题。从 2001 年开始，为了应对国内外对农业环境可持续要求的深化，推动亲环境农业的发展，韩国政府确立了中长期政策蓝图和方向，同时为履行《亲环境农业培育法》，从 2001 年开始实施《亲环境农业培育五年计划》。现在政府正在实施《亲环境农业培育五年计划（2011—2015 年）》。

　　《亲环境农业培育五年计划》的持续制定和实施，为阶段性提高韩国亲环境农业的发展提供具体政策目标和政策重点，为综合协调各领域并进发展提供框架和依据。下面简要介绍三次《亲环境农业培育五年计划》的核心课题与主要内容。

　　第一次是《亲环境农业培育五年计划（2001—2005 年）》，主要内容包括：重视发展土壤、种子、肥料、农药、畜产粪尿等相关基础建设；加强亲环境农产品的认证标准建立；提倡自然循环型农业发展模式；借助示范模式，以点扩散，以点带面，以示范促全面；注重政府支援与各组织各阶层分工相结合；强化与国际接轨，以专项安排相关计划。

　　第二次是《亲环境农业培育五年计划（2006—2010 年）》，主要内容包括：建立和扩大亲环境农业实践基础；开发普及现场所必要的亲环境技术；扩散联系耕种和畜产的自然循环型亲环境农业；支援亲环境农业的培育和保障实践亲环境农业的农户收入；提高对亲环境农产品的消费者信赖度，搞活其流通过程；培育亲环境林业。

　　第三次是《亲环境农业培育五年计划（2011—2015 年）》，主要内容包括：强化低费用、高效率的可持续农业生产基础；搞活农产品流通和消费环节；推动认证标准的先进化；搞活亲环境（有机）加工产业和有机农资产业；扩大生产技术和加工技术的开发力度，并培养专门的人才；加强农业环境资源管理，构筑支撑其的环境资源信息数据库。

　　3）亲环境农业发展政策的启示

　　从韩国推行亲环境农业发展的政策经验和亲环境农业本身特征来看，亲环境农业发展政策在推行过程中需要坚持如下方针。

　　（1）立法先行，措施跟进。虽然在 20 世纪 70 年代就有韩国民间团体自发进行有机农业实践活动，政府部门对亲环境农业的正式参与也从 20 世纪 90 年代初建立有机农业发展企划团就已经开始，但是直到 20 世纪 90 年代末，尤其是进入 21 世纪以后亲环境农业才显现出较快的发展势头。例如，根据农林部实施的现状调查结果，在 1999～2001 年，符合指定要求的从事亲环境农业户数从 1.4 万户扩大到 2.7 万户，投入亲环境农业的土地面积从 1 万公顷扩大到 2.5 万公顷，亲环境农产品产量从 20.9 万吨增加到 52.6 万吨；农药和化肥使用量也呈现出良好的减少趋势。韩国亲环境农业之所以进入 21 世纪才得到快速发展，主要是在这一期间《亲环境农业培育法》等立法到位，实施亲环境农产品认证标示制度、亲环境农业直接支付制度、《亲环境农业培育五年计划》等跟进措施。

　　（2）系统促进，综合发展。亲环境农业内涵包括环境保护、农产品安全性、可持续发展等，因此其发展需要系统的农业基础建设支撑和综合型发展模式。例如，仅就为环境保护而减量使用农药和化肥而言，也需要相当大规模的农业基础建设支撑。如果没有杀虫方面的技术支持，如害虫天敌的利用、低污染农药的开发方面，以及没有标准化处理的畜产粪尿有机肥供给的情况下，只是一味减量使用农药和化肥，只能导致农业的破产。又如，如果有机农产和有机畜产各自为政，不形成良好的互动体系，就难以达到最佳效果。《亲环境农业培育五年计划》正是基于亲环境农业的这种特点，从综合入手，提出系统促进土壤、种子、肥料、农药、畜产粪尿等相关基础建设计划，并提倡自然循环型农业发展综合模式。

　　（3）分工明确，共同促进。亲环境农业是一个多元化系统，要使它运转，需要农业相关部门不同社会阶层的参与，而且需要分工明确，共同促进。如何分工促进事业直接关系到亲环境农业发展的质量和速度，因此需要认真探讨和决策。以下是韩国政府早在 1998 年在亲环境元年宣言书《亲环境农业培育政府》中提出的方案，可作为借鉴：中央政府应制定和执行亲环境农业政策，整备相关制度，开发亲环境农业基础技术，实施亲环境农业培育措施；地方政府应普及和开发亲环境农业技术，执行亲环境农业培育事业，向农民实施教育和宣传，对农民进行指导和监督；民间团体和农民应引进亲环境农业基础技术，发展亲环境农业生产者组织，促进亲环境农业培育事业，构筑亲环境农产品自律流通体制。需要指出的是，从韩国的经验来看，在亲环境农业发展过程中，特别是亲环境农业发展的初期阶段，政府尤其是中央政府的作用非常重要，因此有必要强化中央政府的分担义务。

（4）拓展领域，扩大需求。在过去，韩国政府在促进亲环境农业的过程中，仅聚焦农业，主要围绕农业本身制定和实施政策，没有充分兼顾与亲环境农产品关联的产业领域，如农产品加工业的发展。这一现象所造成的结果是，在通过产品多样化扩大需求、创造多种附加价值等方面成效有限，未能通过这些途径进一步促进亲环境农业发展。基于这一教训，《第三次亲环境农业培育计划》作为今后的发展方向，强调通过亲环境农产品加工、农资生产等前后方关联产业的发展，从以产地为中心的流通体系向消费地为中心的流通体系转换等，扩大亲环境农业范畴，扩展领域，扩大需求，进而促进亲环境农业的进一步发展。

5.2.2　亲环境农业技术的内涵及应用困境

1）亲环境农业技术的内涵

我国农业当前所面临的问题，与韩国当代农业的发展历程在很大程度上存在着相似之处，包括青壮年农村居民涌入城市给农业带来的负面效应问题、农药和化肥使用过度所带来的环境污染问题、大型农田工程所派生的生态问题等。近年来，许多学者开始思考以化肥和农药为代表的现代农业发展所带来的包括农业面源污染在内的各种负面影响，并提出可以学习借鉴韩国的亲环境农业发展理念，用以改善目前日趋严重的农业环境污染状况。

根据《亲环境农业培育法》的规定，亲环境农业是指不使用合成农药、化学肥料和抗生素、抗菌剂等化学生产资料，或将使用量最小化，通过再利用农业、畜产业、林业副产品等，进而在保护环境的状态下，生产安全的农、畜、林产品（简称农产品）的农业。亲环境农业并不单指有机农业或自然农业等部分农业，而是促进农业与环境的协调、可持续发展的农业形式。亲环境农业是一个内容很广泛、很全面的综合性概念，既要求最大限度地减少化学生产资料的使用，采用各种形式的亲环境农业技术，也包括保护农业环境的其他所有形式的农业。

亲环境农业技术是在经营亲环境农业的过程中利用的农业方法、理论或生产资料的生产方法等的统称。病虫害综合防除、农作物养分综合管理、生物防治技术、无机肥料技术、食品安全生产技术、农产品质量标准体系和检测技术等高科技农业技术，作物栽培以及轮作、间作等培养地力的方法等都是亲环境农业技术的重要内容。

参照韩国亲环境农产品认证标准的相关内容，以亲环境有机农产品和无农药农产品的栽培方法为例，具体内容如表5-1所示。

表 5-1　亲环境有机农产品和无农药农产品的栽培方法

农产品种类	栽培方法
亲环境有机农产品	（1）完全不使用化学肥料和有机合成农药； （2）按长期轮作计划，种植豆科植物、绿肥植物或深根性作物； （3）投入土壤的有机物必须是按有机农产品的认证标准生产的； （4）以家畜粪尿为原料的堆肥、液肥仅可以使用来自喂食有机、无抗生剂畜产物标准的饲料的农场，或来自耕畜循环农业饲养的农场，完全腐熟后使用，并不得因过多使用、流失或溶解而导致环境污染。但是，即使来自喂食不符合有机、无抗生剂饲料标准的饲料的农场或未使用耕畜循环农业饲养的农场堆肥，如果满足以下所有条件就可使用：①堆肥化过程中堆肥维持在 55～75℃的温度 15 天以上，在此期间翻堆 5 次以上；②堆肥中不应包含抗生物质，有害成分含量不得超过堆肥标准的 1/2； （5）病害虫和杂草应按下述方法防除和调节：①选择适宜的作物和品种；②使用适宜的轮作体系；③机械耕作；④混作、间作和种植共生植物等能够助长作物周边天敌活动的生态系统；⑤覆草、割草和用火除草；⑥放养捕食者和寄生动物等利用天敌；⑦采用食物、农场堆肥和石粉等生物力学手段；⑧放养动物；⑨采用套子（信费洛蒙和电子诱惑套子）、篱笆、光和声音等物理控制；⑩病害虫等不能以机械物理的方法适宜防治时，使用其他指定的生产资料
亲环境无农药农产品	（1）化学肥料使用量应低于种植地推荐的成分剂量的 1/3 以下； （2）不应使用有机合成农药； （3）推荐按长期轮作计划种植； （4）使用家畜粪尿堆肥、液肥时，应完全腐熟后使用，并不得因过多使用、流失或溶解而导致环境污染； （5）病虫害和杂草的防除与调节方法，与亲环境有机农产品相同；

　　亲环境农业技术具有生态性和环保性。根据第 2 章的农业面源污染的相关内容，农业面源污染主要来源于农用化学品的过度使用和畜禽排放物的处理不当等方面。无论对农作物生产活动还是对畜禽养殖活动，亲环境农业技术都对农业面源污染源以及污染的产生全过程进行控制，是缓解并逐渐消除农业面源污染的有效技术手段。

　　2）亲环境农业技术的应用困境

　　亲环境农业技术是解决农业面源污染问题的重要技术手段，是实现亲环境农业长远发展的基础和保障。虽然亲环境农业技术对生态环境的保护有着重要的作用，但是在其研究开发、推广和应用中面临着一些困境。

　　（1）亲环境农业技术虽然社会效益巨大，但其经济收益不高，甚至可能会降低农户的经济收益。亲环境农业技术具有正外部性，在农业生产过程中加入农业技术的使用能够对生态环境产生较大的效益。然而，在我国当前所处的经济发展阶段，居民所拥有的经济效益不够大，对环境消费的能力普遍不足，这就导致了私人收益（或成本）与社会收益（或成本）的不一致。个人与社会集体的行为目标不同，导致了农户的生产行为可能会优先顾及自身经济利益，而忽略了社会效益。例如，农业生产者个体在选择使用农药时，更关心的是不同农药使用技术对获利水平的影响，因而更有可能采用高毒性、高污染农药；对社会整体而言，则会更多地关注使用农药所带来的环境影响，因而更希望农户使用无毒无污染的生物农药。

在市场经济条件下，农户是理性经济人，其所有决策都是建立在成本效益分析基础之上的，农户在追求所获利润最大化的同时，一般不会将外部成本包括在成本内，因此，农户在作出是否采用及在多大程度上采用亲环境农业技术的决策时，依据的是对亲环境农业技术所带来的经济效益的评价。也就是说，只有在农民认为亲环境农业技术能比传统技术带来更高的利润时，他才会选择使用亲环境农业技术。如果在不考虑亲环境农业技术所产生的社会效益的情况下，亲环境农业技术所带来的经济效益仍然高于常规技术，就有可能得到较为广泛的扩散和推广。从这一角度来看，农户对亲环境农业技术的可选范围不大。

（2）很多亲环境农业技术的研究开发仍不够成熟。亲环境农业技术大多是在近几十年来环境污染加剧后才被开发出来的，技术的发展现状仍不成熟，虽然对保护环境有着明显的作用，但其自身也存在着一些尚未克服的弱点，在技术应用过程中通常对技术使用者有着较高的要求。以转基因技术为例，转基因技术对病虫害有着防护作用，能够大幅减少农药的使用量，但是转基因技术对农业环境和人体健康可能存在着未知的影响。再如，转苏云金杆菌（Bacillus thuringiensis，Bt）同样可以大大减少农户的农药使用量，提高作物的抗虫效果，然而它又存在着见效缓慢等缺陷。上述缺陷所产生的影响即使不算严重，但是在农民知识水平不够、信息获取不足的情况下，这一类亲环境农业技术也容易被农户拒绝。

（3）亲环境农业技术的采用存在着风险。对于农户而言，选择使用亲环境农业技术存在着很大的风险，农户无法确定使用亲环境农业技术后农作物的品质、产量、抗性等可能发生的变化，以及气候条件变化对亲环境农业技术的应用效果的影响，也无法估计使用亲环境农业技术所需要的投入品的市场供给及可靠性等。以前面的农户技术选择行为基本假设，我国的农民，尤其是收入水平较低的农民，在技术选择决策过程中一般是风险规避者，这进一步加大了亲环境农业技术的推广难度。例如，使用害虫综合防治技术能够减少农药的使用量，但是对于农业生产过程中病虫害可能引发的减产问题，农民首先会选择保障经济收益上的安全保险，避免经济损失的发生，而不再是经济学理性经济人中假定的追求利润最大化。这就造成农民在配置投入资源的过程中可能会投入过量的农药。

（4）采用亲环境农业技术所需的经营特征与我国现行经营特征存在矛盾。高新农业技术的发展时间不长，可供选择的种类和数量还不多，远不及常规技术的种类和数量；另外，我国农户的整体知识水平不高，没有能力充分掌握亲环境农业技术的应用技巧，且我国农户的生产经营规模通常较小，比较效益偏低，这都可能使农户因为客观条件的限制而放弃采用亲环境农业技术。

5.3　农户亲环境农业技术选择行为的影响因素分析

5.3.1　农户技术选择行为的影响因素：理论框架

1）农户自身特征

农户自身特征会影响农户的技术选择行为，主要包括农户的性别、年龄、受教育程度、种植面积、家庭人口、家庭收入、非农收入比例等影响因素。相关的技术选择的实证研究证明了农户的这些特征与农户技术选择行为之间有一定的相关趋向。

一般而言，农户的年龄越小，其受教育程度越高，对先进技术的需求就越大，接受新技术的能力也越强，往往更有可能选择采纳技术，并在技术推广中起到带头作用。对于那些年龄较大的农户来说，他们对技术信息相对不敏感，往往是在其他农户使用新技术一段时间后，看到新技术能为其带来更多效益才选择采纳，一般情况下，他们的农业生产活动更加依赖于自身积累的生产经验。

相对于种植面积小的农户来说，种植面积大的农户选择使用一项新生产技术的机会成本会比较小，大规模的耕种在使用新技术时更容易形成规模经济。所以，种植面积大的农户一般情况下更有使用新技术的可能性。

另外，本书认为，家庭收入与农户技术选择行为之间也存在着某种关系。一般情况下，收入相对较高的农户更有经济实力去付出技术投入，从而进一步提高生产效益，但也存在某些特殊情形，这些农户可能会因为对目前家庭经济状况的满足感而抑制了其对新技术的需求。

2）技术使用效益

技术使用效益因素包含了六个子因素，分别是技术的适用性、技术的经济效益、技术的社会效益、技术的生态效益、技术见效速度和技术操作的复杂度。

技术的适用性是指技术在特定的自然环境、生产方式、基础设施等条件下能够适用。技术具有适用性，是农户选择一项技术的最基本条件，绝大多数农户在决定是否使用一项新技术时，首先会考虑这项技术是否能在现有的生产条件下适用，防止选择了不适用或暂时不适用的技术。

新技术是否能够被农户选中并得到推广的关键是新技术所带来的效益。一般来说，由于农户是理性经济人，农户首先考虑到的是技术的经济效益，可以用技术的使用成本和收益来衡量。其次农户才会考虑到技术的社会效益和生态效益。技术的社会效益可以用技术能否减小劳动者的劳动强度、能否改善果实的品质等指标来评价；技术的生态效益则主要用技术是否能减少环境污染等指标来反映。

见效速度快的技术更能够引起农户的关注，相对来说容易被农户所采用和扩散，如化肥、农药、优良品种等，见效速度慢的技术推广起来相对困难。此外，技术如果操作简单，农户能够很快掌握，扩散速度一般较快，而操作步骤复杂的技术则需要农户较长时间来学习、理解和消化，采用率较低，扩散速度相对较慢。

3）技术供给能力

技术供给能力对农户技术选择行为有着重要的影响。农业技术的生产供给系统，如科研单位、农业院校等，将先进的技术提供给农户，是农户选择该项技术的前提条件。新技术的研发程度依赖于与该项技术相关的投入资源的供给能力以及社会服务体系，它与国家的政策和技术扩散系统有着密切的关系。

我国的农业生产仍以分散、小规模的形式为主，在尚不存在充分发展的农民合作机构和充分发育的技术市场的情况下，农户取得农业技术的首选是通过县乡的农技站、农资公司。这些农业技术推广组织的技术推广能力和服务水平对农户的技术选择行为有着重要的影响，主要体现在技术推广主体的组织形式、技术推广方式、技术推广人员的职业水平等方面。

4）环境要素

政府的相关政策会引导农户的技术选择行为。土地和产权制度、政府对农业技术扩散组织投入的经费、对技术开发产品和投入资源实行价格政策等，都是能够影响到农户技术选择行为的政府政策。

在市场经济条件下，农户在农业生产活动中有着自主经营权，政府主要通过宏观调控、行政干预等手段影响农户的行为。对于一些优秀的农业技术，政府在银行贷款、技术指导、产品销售等方面提供支持，鼓励和推动农户选择这些技术。

对于农户而言，采用一项新技术存在着自然风险和市场风险，这在一定程度上阻碍了农户的技术选择行为。自然风险主要指各种自然灾害，市场风险则主要与产品成本投入和产品市场的供求状况相关。在现行市场环境下，农业生产所需的物资价格受到市场机制的影响，价格会出现波动现象，假种子、假农资常常会混杂在市场上。另外，在农产品销售方面，农户普遍担心农产品的销售渠道和销售价格，可能存在的农产品积压、农产品价格严重波动等市场风险会导致农户不敢贸然选择新技术。

此外，农户技术选择行为还受到社会文化因素的影响，如农户的价值观、宗教信仰、传统习惯、农村风俗文化等。农户不仅是一个经济人，也是一个社会人，因此，农户所处的社会生活环境对其思想和行为有着重要的影响，例如，一些受传统文化熏陶较深的农户会更注重现实效益，对新技术持保守态度，缺乏主动性和创造性。一般来说，农村社区、村坊邻里及农户家庭的文化和价值观，对农业技术信息在整个社会、整个村落里的传播有着很重要的影响。

5.3.2　农户亲环境农业技术选择行为的影响因素：描述性统计分析

1）样本农户的基本特征

在本章的研究中，本书选取重庆市北碚、合川、丰都和石柱的 335 个有效样本数据作为分析对象，用来研究农户亲环境农业选择行为的影响因素，如表 5-2 所示。

表 5-2　样本农户的基本特征

基本特征		丰都（$n=65$）	合川（$n=97$）	石柱（$n=57$）	北碚（$n=116$）	合计（$n=335$）
耕作性别	男性	7	21	0	6	34
	女性	11	13	5	13	42
	男女都有	47	63	52	97	259
耕作年龄	青壮年	5	11	1	5	22
	中老年	55	74	48	100	277
	都有	5	12	8	11	36
家庭人均年收入/元	≤2 000	2	5	0	3	10
	2 000～5 000	28	30	6	34	98
	5 000～10 000	28	43	42	66	179
	10 000～15 000	7	9	9	9	34
	＞15 000	0	10	0	4	14
家庭务农人口/人	1	11	13	0	12	36
	2	36	44	29	77	186
	3	12	27	23	21	83
	≥4	6	13	5	6	30
种植面积/亩	≤1	3	11	10	24	48
	1～3	13	25	37	61	136
	3～5	22	33	5	25	85
	5～8	14	21	1	5	41
	＞8	13	7	4	1	25

由表 5-2 得出结论如下。

（1）耕作性别。在 335 个样本农户中，有 34 个农户的主要耕作人性别为男性，占 10.15%；有 42 个农户的耕作性别为女性，占 12.54%；绝大多数农民家庭的农业劳动者为男性、女性皆有，占样本总数的 77.31%。

（2）耕作年龄。调查结果显示，335 个农户中，主要耕作人的年龄为青壮年的仅有 22 个，占样本总数的 6.57%；277 个样本农户的耕作年龄为中老年，占样本总数的 82.69%，另外还有 36 户家庭的农业生产者既有青壮年又有中老年，占总数的 10.75%。

（3）家庭人均年收入。从调查结果来看，所有样本农户的家庭人均年收入均值为 7580.68 元，超过一半的农户的家庭人均年收入集中在 5000~10 000 元。具体地说，家庭人均年收入低于 2000 元的有 10 个，占样本总量的 2.99%；家庭人均年收入在 2000~5000 元的有 98 个，占 29.25%,；家庭人均年收入在 5000~10 000 元的有 179 个，占 53.43%；家庭人均年收入在 10 000~15 000 元的有 34 个，占 10.15%；另外还有 14 个农户的家庭人均年收入高于 15 000，占样本总量的 4.18%。

（4）家庭务农人口。调查结果显示，335 个样本农户的家庭务农平均人口为 2.34 人，超过 80% 的农户的家庭务农人口为 2 人或 3 人。农户的家庭务农人口为 1 人的有 36 个，占样本总量的 10.75%；农户的家庭务农人口为 2 人的有 186 个，占样本总量的 55.52%；农户的家庭务农人口为 3 人的有 83 个，占 24.78%；家庭务农人口为 4 人及以上的有 30 个，占 8.96%。在四个地区中，石柱的家庭务农人口均值最大，为 2.58 人；北碚的家庭务农人口均值最小，为 2.19 人。全部样本农户的家庭务农人口的标准差为 0.8386。

（5）种植面积。调查结果显示，335 个样本农户的平均种植面积为 3.82 亩，农户的种植面积在 1~3 亩的有 136 个，占样本总量的 40.60%，另有 85 个农户的种植面积在 3~5 亩，占样本总量的 25.37%。种植面积在地区之间的差异较大，丰都的种植面积均值达到了 6.17 亩，在四个地区中最大；北碚的种植面积均值在四个地区中最小，为 2.41 亩。不同农户的种植面积相差较大，全部样本农户种植面积的标准差为 4.549。

2）不同影响因素与亲环境农业技术的需求

从样本农户总体上看，在 335 个样本农户中，有 93 个农户对亲环境农业技术有强烈的需求，很想用亲环境农业技术，占样本总量的 27.76%；有 194 个农户对亲环境农业技术有着一定的需求，可以尝试采用亲环境农业技术，占样本总量的 57.91%；另外还有 48 个农户从未考虑过选择亲环境农业技术，占总数的 14.33%。这说明，超过 80% 的农户对亲环境农业技术有着或多或少的需求。本书对调查数据进行整理归类，对可能影响农户亲环境农业技术选择行为的各影响因素进行分析。

（1）农户个人特征与亲环境农业技术的需求。表 5-3 反映的是农户个人特征与亲环境农业技术的需求之间的关系。由表 5-3 中数据可以看出，主要耕作人的性别对亲环境农业技术需求有一定的影响。在主要耕作人性别为女性的 42 个样本中，有 21.43% 的农户从未考虑过使用亲环境农业技术，而在主要耕作人性别为男性的 34 个样本中，只有 2.94% 的农户对亲环境农业无需求。这就表明，男性选择亲环境农业技术的概率要高于女性，这可能与女性的风险规避性更强有关。

表 5-3　农户个人特征与亲环境农业技术的需求之间的关系

影响因素		样本数	亲环境农业技术需求（人数）			亲环境农业技术需求（比例）		
			很想用	可以尝试	从未考虑	很想用	可以尝试	从未考虑
耕作性别	男性	34	10	23	1	29.41%	67.65%	2.94%
	女性	42	12	21	9	28.57%	50.00%	21.43%
	男女都有	259	73	149	37	28.19%	57.53%	14.28%
耕作年龄	青壮年	22	4	6	12	18.18%	27.27%	54.55%
	中老年	277	82	164	31	29.60%	59.21%	11.19%
	都有	36	7	24	5	19.44%	66.67%	13.89%

从主要耕作人的年龄来看，可以发现，耕作年龄与农户的亲环境农业技术选择存在着正相关关系，这与一般的观点完全相反。一般认为，年龄较小的农户的教育程度更高，对先进技术的需求相对较大，而年龄较大的农户对技术信息相对不敏感，一般更依赖于自身积累的生产经验，对技术需求不高。但是，从调查结果来看，超过一半的青壮年耕作者从未考虑过使用亲环境农业技术，但这一比例在中老年耕作者中只有 11.19%，中老年耕作者对亲环境农业技术有着更高的需求。这可能是受到青壮年农户所负担的更大的家庭经济压力的影响，既要养育小孩又要赡养老人，他们追求农业生产的经济效益最大化，而当前亲环境农业技术仍不成熟，在一定程度上会降低农作物产出量，在增加社会效益的同时会降低农户的经济收益，这就导致了青壮年农户规避亲环境农业技术可能带来的作物减产和利润降低，其对亲环境农业技术的需求因而低于中老年农户。

表 5-4　农户家庭及生产特征与亲环境农业技术的需求之间的关系

影响因素		样本数	亲环境农业技术需求（人数）			亲环境农业技术需求（比例）		
			很想用	可以尝试	从未考虑	很想用	可以尝试	从未考虑
家庭人均年收入/元	≤2 000	10	3	2	5	30.00%	20.00%	50.00%

影响因素		样本数	亲环境农业技术需求（人数）			亲环境农业技术需求（比例）		
			很想用	可以尝试	从未考虑	很想用	可以尝试	从未考虑
家庭人均年收入/元	2 000～5 000	98	31	48	19	31.63%	48.98%	19.39%
	5 000～10 000	179	44	114	21	24.58%	63.69%	11.73%
	10 000～15 000	34	12	19	3	35.30%	55.88%	8.82%
	>15 000	14	3	11	0	21.43%	78.57%	0.00%
家庭务农人口/人	1	36	8	24	4	22.22%	66.67%	11.11%
	2	186	49	108	29	26.35%	58.06%	15.59%
	3	83	28	46	9	33.73%	55.42%	10.85%
	≥4	30	8	16	6	26.67%	53.33%	20.00%
种植面积/亩	≤1	48	12	31	5	25.00%	64.58%	10.42%
	1～3	136	34	83	19	25.00%	61.03%	13.97%
	3～5	85	24	49	12	28.24%	57.65%	14.11%
	5～8	41	12	21	8	29.27%	51.22%	19.51%
	>8	25	11	10	4	44.00%	40.00%	16.00%

（2）农户家庭及生产特征与亲环境农业技术的需求。表5-4反映的是农户家庭及生产特征与亲环境农业技术的需求之间的关系。从家庭人均年收入来看，高收入农户总体上比低收入农户有着更高的亲环境农业技术的需求，农户家庭人均年收入高于 15 000 元的农户中全部农户都对亲环境农业技术有一定需求，而家庭人均年收入低于 2000 元的农户中从未考虑过使用该技术的比例达到了 50%。对于家庭人均年收入为 2000～5000 元的农户来说，超过 30% 的农户对亲环境农业技术有着强烈需求，但同时有 19.39% 的农户从未考虑过使用该技术，这一收入段的农户对亲环境农业技术的需求趋于两极化，部分低收入农户迫切想通过先进技术的应用来提高收入水平，改善目前的生活状况，也有部分农户由于资金条件的限制，很少考虑使用新技术。从家庭人均年收入高于 15 000 元的农户来看，绝大多数农户都对亲环境农业技术抱着可以尝试的态度，但对该技术有着强烈需求的比例并不是很高。这可能是由于高收入农户普遍对当前的生活状况感到满足，这在一定程度上抑制了他们对亲环境农业技术的需求。

家庭务农人口数量与亲环境农业技术的需求之间也存在着某种联系。对于家庭务农人口为 1 人的农户家庭而言，只有 11.11%的农户从未考虑过使用亲环境农业技术，但是对于家庭务农人口为 4 人及以上的农户家庭来说，这一比例达到了 20%。这可能是因为务农人口少的农户家庭更希望技术要素能够部分代替劳动力要素，从而达到与多个务农人口农户家庭相同的生产效益，而一些务农人口较多的农户家庭则因为劳动力要素充足而对亲环境农业技术并不热衷。

从农户的种植面积来看，种植面积的大小与亲环境农业技术的需求之间同样存在某种联系。一般认为，种植面积大的农户比种植面积小的农户更有可能选择使用新技术。但是，本书的调查结果并没有得到这一结论。对于种植面积小于 1 亩的农户来说，有 89.58%的农户对亲环境农业技术存在不同程度的需求，只有 10.42%的农户从未考虑过使用亲环境农业技术，但是 35.51%的种植面积大于 5 亩的农户从未考虑采用该技术。这可能是由于种植面积小的农户所生产出的作物大多数是用来供自己家庭食用的，他们关注自己和家人的身体健康，于是更青睐于亲环境农业技术下生产出的健康绿色农产品。而对于拥有较多种植面积的农户来说，他们所生产的产品多数用于销售并获取利润，他们更关注农产品的产量和收益，会更担心亲环境农业技术可能带来的包括减产、增加成本在内的各方面问题，所以，有较多的农户从未考虑过使用亲环境农业技术。另外，在种植面积大于 8 亩的农户中，有 44.00%的农户很想使用亲环境农业技术，对亲环境农业技术有很高的需求，这可能是因为种植面积大的农户有足够的经济条件去采纳一项技术，使用一项技术的机会成本比较小，且大规模使用技术更容易形成规模效益，他们也更希望通过使用新技术来使自己的农产品与一般农产品差别化，从而获取额外的利润。

（3）农户技术培训及评价与亲环境农业技术的需求。表 5-5 反映的是农户技术培训及评价与亲环境农业技术的需求之间的关系。从调查结果来看，农户是否参加或听说过技术培训对其亲环境农业技术的需求有着至关重要的影响。参加过农业技术培训的农户中，有 41.84%的农户对亲环境农业技术有着较为强烈的需求，有 43.87%的农户对亲环境农业技术有着一定的需求，可以尝试该技术。听说过但未参加过农业技术培训的农户中，对亲环境农业技术有着强烈需求的比例降为 24.12%，但是愿意尝试使用亲环境农业技术的比例提升到 66.33%。但是，在未听说过农业技术培训的农户中，39.47%的农户从未考虑过使用亲环境农业技术，也就是说，接近 40%的农户对亲环境农业技术没有需求，并且这部分农户中只有 10.53%很想用该技术，对该技术的需求不大。这可能是因为接受过或听说过技术培训的农户通常对先进技术有着更正面的认识，对新技术有着更高的期待，更渴求新技术能为其带来收入水平的提高和生活条件的改善，一定程度上削弱了农户的风险规避性对其技术选择行为的影响。

表 5-5　农户技术培训及评价与亲环境农业技术的需求之间的关系

影响因素		样本数	亲环境农业技术需求（人数）			亲环境农业技术需求（比例）		
			很想用	可以尝试	从未考虑	很想用	可以尝试	从未考虑
是否参加或听说过技术培训	参加过	98	41	43	14	41.84%	43.87%	14.29%
	只听说过	199	48	132	19	24.12%	66.33%	9.55%
	未听说过	38	4	19	15	10.53%	50.00%	39.47%
对技术培训的评价	很有必要	195	85	90	20	43.59%	46.15%	10.26%
	可有可无	37	1	29	7	2.70%	78.38%	18.92%
	没有必要	103	7	75	21	6.80%	72.82%	20.38%

从农户对技术培训的评价与亲环境农业技术的需求之间的关系来看，农户的亲环境农业技术的需求与其对技术培训的评价正相关。在认为技术培训很有必要的 195 个农户中，有 43.59% 的农户很想用亲环境农业技术，46.15% 的农户可以尝试使用该技术。在认为技术培训可有可无和没有必要的 140 个农户中，只有不到 10% 的农户对亲环境农业技术有着较高需求，有 39.3% 的农户从未考虑过使用亲环境农业技术，对该技术几乎没有需求。

（4）政府诱导因素与亲环境农业技术的需求。表 5-6 反映的是政府诱导因素与亲环境农业技术的需求之间的关系。在没有对农户的亲环境农业技术选择给予财政补贴的情况下，只有 27.76% 的农户对该技术有着较高的需求，57.91% 的农户对该技术有一定的需求，还有 14.33% 的农户从未考虑过使用亲环境农业技术。但是，在政府给予农户一定的财政补贴以后，农户对亲环境农业技术有着较高需求的比例提高到 39.10%，提升了 10% 以上，从未考虑过使用亲环境农业技术的比例降低到 4.78%，降幅达到将近 10%。这就表明，政府对农户的亲环境农业技术实施财政补贴等诱导措施，会显著提高农户的技术需求。

表 5-6　政府诱导因素与亲环境农业技术的需求之间的关系

补贴情形	亲环境农业技术需求（人数）			亲环境农业技术需求（比例）		
	很想用	可以尝试	从未考虑	很想用	可以尝试	从未考虑
无财政补贴	93	194	48	27.76%	57.91%	14.33%
有财政补贴	131	188	16	39.10%	56.12%	4.78%

5.3.3　农户亲环境农业技术选择行为的影响因素：计量分析

1）模型选择与设计

利用多元回归方法分析变量之间的关系或进行预测时的一个基本要求是，被解释变量应是连续定距型变量。然而，在研究农户亲环境农业技术选择行为的影响因素时，各影响因素并不全是连续定距型变量，如耕作性别、是否参加或听说过技术培训、对技术培训的评价等。本书期望通过计量模型观察到具有某特定特征的农户是否对亲环境农业技术有需求，是否会选择使用亲环境农业技术行为，即模型的被解释变量设为是否会选择亲环境农业技术（1 表示会选择，0 表示不会选择），它是一个纯粹的二值品质型变量。

对于这一类被解释变量为 0/1 二值品质型变量的经济研究问题，通常采用 Logistic 回归分析模型建模。Logistic 回归分析根据因变量取值类型的不同，又分可分为 Binary Logistic 回归分析和 Multinomial Logistic 回归分析。其中，Binary Logistic 回归模型的因变量应当是取值 1 或 0 的虚拟变量，Multinomial Logistic 回归模型中因变量可以取多个值。本书只考察农户会选择亲环境农业技术和不会选择亲环境农业技术这两种情况，因此，本书选用 Binary Logistic 回归分析模型。

Logistic 回归模型是通过对一般线性回归模型进行合理转换处理得到的。通常将事件发生定义为 $y = 1$，事件不发生定义为 $y = 0$，用 P 表示事件发生的概率，那么事件不发生的概率就是 $1-P$。Logistic 回归模型可以表示为

$$\text{Logit } P = \beta_0 + \beta_i x_i, \quad i = 1, 2, \cdots, n$$

其中，$\text{Logit } P = \ln \Omega = \ln\left(\dfrac{p}{1-p}\right)$。模型中，$\text{Logit } P$ 与解释变量之间是线性关系。P 的值为（0，1），Ω 是 P 的单调增函数，Ω 的值为（0，$+\infty$），$\text{Logit } P$ 与 Ω 也呈增长的一致性，所以，$\text{Logit } P$ 与 P 呈一致性变化，使模型易于解释。

2）变量选择与设计

本书中观察的是农户是否会选择使用亲环境农业技术，可以构建如下的二元 Logistic 回归模型：

$$\text{Logit } P = \ln\left(\frac{p}{1-p}\right) = \beta_0 + \beta_1 x_1 + \beta_2 x_2 + \cdots + \beta_n x_n + \mu$$

根据前面的分析和界定，本书将模型变量分为三类，具体内容有：①农户个人特征变量，包括主要耕作人的性别、年龄等；②农户家庭及生产特征变量，包括农户家庭人均年收入、家庭务农人口、种植面积等；③农户技术培训与评价，

包括是否参加或听说过技术培训、对技术培训的评价等。模型中各变量及其具体定义如表 5-7 所示。

表 5-7 亲环境农业技术选择行为的模型解释变量及其定义

变量名	变量定义	数据类型	预期符号
X_1	耕作性别（女性＝1，男女都有＝2，男性＝3）	定类型数据	＋
X_2	耕作年龄（青壮年＝1，都有＝2，中老年＝3）	定类型数据	＋/－
X_3	家庭人均年收入/万元	定距型数据	＋
X_4	家庭务农人口/人	定距型数据	＋/－
X_5	种植面积/亩	定距型数据	＋/－
X_6	是否参加或听说过技术培训 （未听说过＝1，听说过但未参加过＝2，参加过＝3）	定类型数据	＋
X_7	对技术培训的评价 （没有必要＝1，可有可无＝2，很有必要＝3）	定类型数据	＋

3）模型估计结果与分析

本书将调查问卷的数据进行整理，利用统计分析软件 SPSS 16.0 对所选取的七个指标进行 Binary Logistic 回归分析，采用的是条件参数估计原则下的向后筛选策略，即在回归分析的过程中，先将全部解释变量引入回归模型进行检验，再逐步剔除不显著的解释变量，直到显著性检验结束，剩下的解释变量就是最终的拟合模型变量。

表 5-8 显示的是解释变量筛选的过程和各解释变量的回归系数检验结果。根据估计和检验结果，对不同解释变量进行如下分析。

表 5-8 Logistic 回归模型估计结果

筛选步骤	解释变量	回归系数 B	标准差 S.E.	显著性概率 Sig.	Exp（B）
步骤1	X_1	1.433	0.424	0.001	4.191
	X_2	1.367	0.277	0.000	3.925
	X_3	3.537	0.771	0.000	34.373
	X_4	−0.084	0.216	0.696	0.919
	X_5	−0.045	0.054	0.402	0.956
	X_6	0.908	0.337	0.007	2.480
	X_7	0.542	0.222	0.015	1.719
	常数	−9.493	1.733	0.000	0.000

续表

筛选步骤	解释变量	回归系数 B	标准差 S.E.	显著性概率 Sig.	Exp（B）
步骤 2	X_1	1.409	0.418	0.001	4.092
	X_2	1.356	0.275	0.000	3.882
	X_3	3.564	0.765	0.000	35.293
	X_5	−0.050	0.051	0.333	0.951
	X_6	0.910	0.337	0.007	2.484
	X_7	0.539	0.222	0.015	1.714
	常数	−9.622	1.698	0.000	0.000
步骤 3	X_1	1.382	0.415	0.001	3.982
	X_2	1.373	0.274	0.000	3.945
	X_3	3.575	0.766	0.000	35.703
	X_6	0.898	0.337	0.008	2.454
	X_7	0.496	0.216	0.022	1.642
	常数	−9.693	1.702	0.000	0.000

（1）耕作性别。在最终模型中，耕作性别变量的回归系数是 1.382，与因变量正相关，并且在 5%的显著性水平上显著。这与我们的预期是一致的，对于亲环境农业技术的选择，男性农户的接受能力比女性农户强。耕作性别变量的回归系数为 1.382，这一系数值表明主要耕作人的性别对农户亲环境农业技术选择行为的影响比较大。这可能是因为相对于女性耕作人来说，男性耕作人的风险规避性偏弱，抵抗风险的能力较强，使其在亲环境农业技术的选择问题上持更为积极的态度。

（2）耕作年龄。在最终模型中，耕作年龄变量的回归系数为 1.373，与因变量正相关，且在 5%的显著性水平上显著。这表明，耕作年龄也同样是农户亲环境农业技术选择行为的重要影响因素。中老年耕作人选择亲环境农业技术的概率大于青壮年耕作人选择该技术的概率。这与一般认为的年龄较轻的农户更有可能选择新技术的结论相悖。本书认为，这可能是因为青壮年农户通常承载着更大的家庭经济责任，相对更为重视经济效益的最大化，生活压力加重了其风险规避性，迫使其在进行亲环境农业技术选择决策时作出更为保险的选择。

（3）家庭人均年收入。家庭人均年收入通过了解释变量的筛选，在最终模型的各变量中，其回归系数是最大的，为 3.575，与因变量正相关，且在 5%的显著性水平上显著。这说明农户的家庭人均年收入对农户亲环境农业技术选择行为有着很重要的影响，高收入农户通常比低收入农户更有可能选择该技术。这是因为收入水平较高的农户有足够的经济实力尝试新技术并承担亲环境农业技术可能带来的风险，而收入水平较低的农户可能无法承担该技术带来的风险和不确定性，抗风险能力弱，因而不愿意尝试该技术。

（4）家庭务农人口。家庭务农人口变量未通过显著性检验，在包含了全部解释变量的初始模型中，家庭务农人口的显著性概率为 0.696，大于 5% 的显著性水平。这表明农户的家庭务农人口不是影响农户的亲环境农业技术选择行为的主要因素。

一般认为，农户的家庭务农人口越多，农户就越有可能选择采用先进农业技术。但是，在研究中并没有得到这一结论。本书认为，这一方面是因为技术虽然能部分替代劳动力，但是对于一些务农人口较多的农户家庭而言，农业生产劳动力充足，对技术的需求度不高，另一方面，亲环境农业技术的使用可能会带来农作物产量的减少，对于务农人口较多的农户家庭来说，他们的主要生活来源在于务农，他们对农作物产量和利润的依赖导致了他们对技术的风险规避性相对较强，这也在一定程度上制约了其亲环境农业技术选择行为。

（5）种植面积。种植面积变量同样没有通过显著性检验。在变量筛选的第二步，舍去不显著的家庭务农人口变量后的模型中，种植面积的显著性概率为 0.333，大于 5% 的显著性水平。这说明，从样本数据来看，种植面积不是影响农户亲环境农业技术选择行为的重要因素。

通常情况下，种植面积大的农户的技术使用相对成本比较小，且大规模使用技术更容易产生规模效应，种植面积大的农户因而更有使用技术的可能性。但是，从样本数据的检验结果来看，并没有得到这一结论。这可能是由亲环境农业技术本身的属性所决定的，亲环境农业技术并不是一般意义上可以增产增收、提高经济效益的技术，而是一项更注重生态效益的技术。种植面积小的农户生产出的农产品可能主要供自己及家人食用，这就可能促使一部分农户为了保证食用农产品的健康无害而选择亲环境农业技术，而种植面积大的农户生产出的农产品主要用于出售和获利，亲环境农业技术可能导致的产量降低使得这些农户会有所顾虑，部分农户会为了追求利润最大化而放弃使用该技术。

（6）是否参加或听说过技术培训。在最终模型中，是否参加或听说过技术培训这一变量的回归系数为 0.898，与因变量正相关，且在 5% 的显著性水平上显著。这说明了农户是否参加或听说过技术培训对农户的亲环境农业技术选择行为有着重要的积极影响。参加过技术培训的农户可能尝试过新技术，切身体会过新技术所能带来的效益增值，因而对亲环境农业技术更有好感。而听说过技术培训的农户可能曾从其他农户处听闻使用新技术能带来的好处，因而更有可能尝试亲环境农业技术。总的来说，参加或听说过技术培训能在一定程度上削弱农户固有的风险规避性对亲环境技术选择行为的负效应。

（7）对技术培训的评价。在最终模型中，对技术培训的评价这一变量的回归系数为 0.496，与因变量正相关，且在 5%的显著性水平上显著。这表明农户对技术培训的评价对农户的亲环境农业技术选择行为有着显著的影响。认可技术培训的必要性的农户通常对农业技术有着更高的需求值和期望值，且有着更高的知识水平，对技术培训内容的接受水平更高，相应地，选择采用亲环境农业技术的概率就更高。而认为技术培训可有可无甚至没有必要的农户可能在新技术的理论知识水平和实践操作能力方面都可能存在较大不足，因而，更有可能不选择新技术，而是仍用常规生产方式进行农业生产。

综上所述，对农户亲环境农业技术选择行为有着显著影响的因素主要有：耕作性别、耕作年龄、家庭人均年收入、是否参加或听说过技术培训以及对技术培训的评价。农户是否选择亲环境农业技术是多种影响因素综合作用的结果。要想提高农户对亲环境农业技术的采纳率，应当因势利导，创造有利条件，充分调动农户对采用该技术的积极性，诱导农户作出亲环境的选择。

第6章 农户生产资料采纳行为分析

常用的农业生产资料有化学肥料、农药、农膜和农机产品等，除农机产品，基本都是化学制品，长期使用对环境和土地都有或多或少的污染。如果过量或不当使用，将会造成严重的污染，影响环境安全和人类的生命安全。

6.1 农户的化学肥料的采纳行为分析

6.1.1 化学肥料的施用及利用情况

1）化学肥料介绍

化学肥料简称化肥，是以矿物、空气和水等为主要原料，用化学和（或）物理方法人工制成的含有一种或几种农作物生长需要的营养元素的肥料。化肥的种类很多，各类化肥性质各异，但相同种类的化肥又有它的共性。根据化肥所含分元素的多少，可以将品质繁多的化肥分成单一肥料和复混肥料两大类。

（1）单一肥料。只含氮、磷、钾三种养分中一种养分的化学肥料称为单一肥料，因此，在单一肥料中按肥料中所含养分的种类，分成氮肥、磷肥、钾肥三大类。

氮肥指具有氮标明量的单一肥料。在氮肥中根据氮元素存在的形态又分为：铵态氮肥，如硫酸铵、碳酸氢铵、氨水和无水液氨；硝态氮肥，如硝酸钠、硝酸钙；铵态、硝态氮肥，如硝酸铵、硝硫酸铵；酰胺态氮肥，如尿素；氰氨态氮肥，如氰氨化钙。

磷肥是指具有磷标明量的单一肥料。根据磷肥中含磷化合物的溶解性质不同，可分为水溶性磷肥、枸溶性磷肥、难溶性磷肥。养分标明量主要属于水溶性磷的是水溶性磷肥，如过磷酸钙、重过磷酸钙；养分标明量主要属于枸溶性磷的是枸溶性磷肥，如钙镁磷肥、钢渣磷肥等；难溶性磷肥是指所含磷化合物难溶于水和弱酸的磷肥，如磷矿粉肥。

钾肥指具有钾标明量的单一肥料。钾肥品种较少，主要有氯化钾、钾镁肥、硫酸钾、碳酸钾，都属于水溶性钾肥。窑灰钾肥、钾钙肥、硅镁钾肥中除含部分水溶性钾，还含有部分枸溶性钾和难溶性钾，常称为枸溶性钾肥。

（2）复混肥料。复混肥料指含氮、磷、钾三种养分中至少两种养分标明量的肥料，由化学方法和（或）物理方法加工制成，又可进一步分为复合肥料和复混肥料两种。

复合肥料指仅由化学方法制成的复混肥料，是在制造过程中发生化学反应而形成的化合物，所以又称复合肥料，如磷酸钙、硝酸磷肥、偏磷酸钙、磷酸二氢钾、硝酸钾、偏硝酸钾等。复混肥料是由两种以上单质化肥，或一种复合肥料与一、二种单质化肥经物理加工造粒制成的肥料，称为复混肥料。复混肥料中又按其含养分种类和比例不同分成不同品种，如用尿素、过磷酸钙、氯化钾经机械混匀加工制成的含氮、磷、钾的三元复混肥料。

2）我国肥料利用体系变化及发展

科学施肥是农业生产中极其重要的技术措施，对农村发展、农业增产、农民增收、农产品质量安全都起着十分重要的作用。中国是农业古国，在肥料施用的历史上有机肥料长期占主导地位，化肥施用仅有一百多年的历史。1949～1980 年，我国农业生产主要沿用传统的耕种方式，农田主要施用有机肥料，传统的积肥方式是有机肥的主要来源。这期间我国的化肥工业刚起步，农田有机养分投入量占总养分投入的 99.73%，以后逐年下降，至 1980 年有机养分投入所占比例下降到50%左右。20 世纪 80～90 年代中期，随着化肥工业的迅速发展，有机肥料主导地位逐步削弱，农田有机养分和无机养分贡献基本相当，有机养分的投入比例为40%～50%。由于受加工处理方法、施用条件、施用数量等因素的限制，从 20 世纪 90 年代后期到现在，有机肥料投入比例逐年下降，无机养分的投入已经占绝对的主导地位，有机养分的投入比例只占 30%左右。

我国是人口大国，资源相对匮乏，人均耕地面积远低于世界平均水平，粮食增产必须提高单位面积产量，施用化肥是提高农作物产量的重要措施。据联合国粮食及农业组织研究统计，化肥对农作物增产作用占 40%～60%，如果不施化肥，农作物产量会减产 40%～50%，国家土壤肥力与肥类效益监测结果表明，施用化肥对粮食产量的贡献率平均为 57.8%。所以化肥也是近年来最基础、最重要的肥料，但如果采用不合理、不科学的施肥技术，不仅严重影响农业增产增收，还会对农产品质量安全和环境产生影响。过量施用化肥，还会导致环境污染，并引起生态系统的失调。

3）我国化肥的施用及利用情况

据国外相关机构测算，现代农业产量至少有1/4 是靠化肥获取的，而农业发达国家甚至可高达 50%～60%。我国有关部门的估算认为，1 吨化肥可增产 3 吨粮食。自20 世纪 50 年代至今，全世界化肥施用量增加了 8 倍。我国在 1980 年以前，农业生产基本以有机肥料为主，20 世纪 80 年代以后，逐步发展成为以化学肥料为主，图 6-1 反映了近 20 年来我国化肥施用量的变化情况，1992 年还不到 3000 万吨，到2011 年，已经接近 6000 万吨，在 20 年的时间里，化肥施用量差不多增长了一倍。

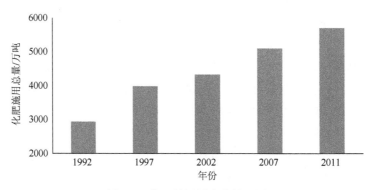

图 6-1　化肥施用量变化情况图

　　根据中华人民共和国国土资源部公布的我国总耕地面积计算得知，目前我国平均每公顷土地的化肥施用量为 460 多千克（化肥折纯量），超过发达国家公认的安全上限（225 千克/公顷）一倍，位居世界第一。在化肥施用过程中，也存在各种肥料之间结构不合理的现象。发达国家农田化肥氮、磷、钾的比例一般为 1∶0.5∶0.5，世界平均水平是 1∶0.46∶0.36，而在过去 20 年间，我国化肥施用中的比例平均约为 1∶0.33∶0.19，肥料结构极不合理，氮、磷、钾比例失调。

　　1992～2011 年我国化肥施用量如表 6-1 所示。

表 6-1　1992～2011 年我国化肥施用量　　　　　（单位：万吨）

年份	化肥施用总量	氮肥	磷肥	钾肥
1992	2930.20	1756.10	515.70	196.00
1993	3151.90	1835.10	575.10	212.30
1994	3317.90	1882.00	600.70	234.80
1995	3593.70	2021.90	632.40	268.50
1996	3827.90	2145.30	658.40	289.60
1997	3980.70	2171.70	689.10	322.00
1998	4083.70	2233.30	682.50	345.70
1999	4124.32	2180.94	697.78	365.64
2000	4146.41	2161.50	690.47	376.50
2001	4253.76	2164.11	705.73	399.57
2002	4339.39	2157.31	712.23	422.37
2003	4411.56	2149.89	713.86	438.01
2004	4636.58	2221.89	735.96	467.29
2005	4766.22	2229.29	743.84	489.45
2006	4927.69	2262.50	769.51	509.75
2007	5107.83	2297.21	773.02	533.62

续表

年份	化肥施用总量	氮肥	磷肥	钾肥
2008	5239.02	2302.88	780.08	545.20
2009	5404.40	2329.90	797.70	564.30
2010	5561.68	2353.68	805.64	586.44
2011	5704.24	2381.42	819.19	605.13

资料来源:《中国统计年鉴 2012》。

同时，我国化肥利用率极低，氮肥平均利用率只有 30%~40%，磷肥只有 10%~20%，钾肥只有 35%~50%，而发达国家的氮肥利用率一般大于 50%。一半多的肥料养分由各种途径流失，不仅造成巨大的经济损失，还导致农田土壤和大气的污染。更为严重的是过量的化肥随着降雨、灌溉和农田径流进入水体，严重污染地表和地下水，对人体健康及生态环境造成了巨大的危害。

6.1.2 化学肥料的面源污染影响

1）化肥对地表水体的污染

化肥对农业的增产作用是肯定的，但化肥的不合理和过量施用所引起的环境污染也日益严重，尤其是氮肥对地下水的污染，已引起全世界的关注。

在农业生产中不合理和过量地施用化肥，使氮、磷等营养元素很容易进入水体，造成水体人文富营养化。例如，不根据土壤养分情况和作物需要，大量施用氮肥，过剩氮素将随农田排水进入河流湖泊；旱田因地面坡度、施肥后进行强烈灌溉或遇雨水冲刷，会使氮素随地表径流而损失；水田施用氮肥、硫酸铵等铵态氮肥后，过早排水，也会使氮素随排水进入水源，导致水中营养物含量增加。最终致使水生生物的大量繁殖，水中溶解氧含量降低，从而形成厌氧条件，造成水质恶化，严重影响鱼类生存，引起鱼类大量死亡和湖泊老化。

2）化肥对地下水的影响

化肥除地表流失，还会随水流失，污染地下水。化肥中的硝酸盐和亚硝酸盐随土壤内水流移动，透过土层经淋洗损失进入地下水。例如，硝酸铵施入土壤后，很快溶解，并立即解离成铵离子和硝酸根离子，硝酸根离子因突然矿质胶体和腐殖质带大量负电荷受到排斥，很容易随水向下淋失，其淋失量随氮肥用量和灌溉量的增加而增大。大量施用磷肥，也会引起地下水中镉离子等的升高。钾肥的施用会使地下水的化学类型变得复杂化。以硝酸盐形式存在的溶解氮是地下水中最常见的污染物。因此国内外都把硝酸盐含量作为评价地下水质的主要标志。在未受污染的天然地下水中，硝酸盐的本底值含量大多小于 3.0mg/L，但在受到污染的地下水中其含量为几十到几千毫克/升。例如，在我国陕西、河南一些地区的"肥水"，其硝酸盐含量可达到 4000mg/L；硝酸盐的污染主要分布在人口密集的城市附近，此外，农业生产发达的广大农村地区硝酸盐的污染也相当广泛。氮肥是地下水硝酸盐污染的重要来源。

3）过量施用化肥对土壤的影响

长期过量而单纯地施用化肥，会使土壤酸化或碱化。土壤溶液中和土壤微团上有机、无机复合体的铵离子量增加与土壤中氢离子起代换作用，被土壤胶体吸附并代换 Ca^{2+}、Mg^{2+} 等，使土壤胶体分散、土壤理化性质恶化，土壤微生物受到不良影响，造成土壤有机质减少、肥力衰退，并直接影响农产品产量和质量。土壤的硝化作用，使土壤富有硝酸盐和亚硝酸盐，造成土壤污染，使种植的各种作物、蔬菜和牧草中硝酸盐含量大大增加，危害人类健康。在制造化肥的矿物原料及化工原料中，含有多种金属、放射性物质和其他有害成分，这些成分随施肥进入农田造成土壤污染。大量施用化肥，用地而不养地，造成土壤有机质严重缺乏。化肥无法补充有机质的缺乏，进一步影响了土壤微生物的活性，破坏了土壤的结构，降低了土壤的肥力。

4）过量施用化肥对作物品质的影响

施用化肥过多的土壤，会使谷物、蔬菜和牧草等作物中的硝酸盐含量过高，蔬菜、牧草中的硝酸盐在储藏、蒸煮及腐烂过程中，都可形成亚硝酸盐。亚硝酸盐是一种毒物，含量过多会引起人畜中毒。另外，化肥中还含有砷、镉、氟、汞、铅等对植物有害的成分，随着施用化肥而进入农田，造成植物污染。

6.1.3　化学肥料施用行为的调查案例分析

针对化肥的面源污染问题，本书选择重庆市的北碚、合川、丰都、石柱和浙江省温州进行了实地调查。调查对象为上述地区从事农业生产的农民，采用问卷的方式，通过向农民解释农业面源污染问题，询问农民的农业生产情况，同时，问卷中还涉及农民对环境状况、环境污染和环境治理等问题的看法、态度等问题。共收回有效调查问卷 453 份，其中重庆市北碚、合川、丰都、石柱分别为 120 份、98 份、65 份、57 份，浙江省温州市 113 份。

1）调查情况统计分析

实地调查发现，被调查农民的居住地多为山区和丘陵，农业生产条件恶劣，自然灾害较多，容易受暴风雨、干旱等气候条件影响；机械化水平低，几乎完全靠人工完成种植、收割；农产品收购价格较低，农民的农业生产积极性不高。

在对农作物种植情况的调查中，重庆市三个调查地点中种植的农作物主要是水稻和玉米，另外还有少数农民种植了烤烟、蔬菜、马铃薯等，主要农作物如水稻、玉米的平均种植面积为 2～3 亩，但也有少数农户种植面积超过了 10 亩，极少数的会达到 20 亩或更多。因此可以看出，重庆地区农民种植的农作物多以非经济作物为主，只有部分经济作物。非经济作物主要是为了满足家庭的生活用粮，经济作物以出售为主，但也有部分经济作物如蔬菜、茶叶等，家庭也会消费一部分，是一种典型的自给自足式的农业生产方式。

浙江省温州市的农户以种植水稻、茶叶、蔬菜等农作物为主，且茶叶和蔬菜等经济作物的种植总面积超过了水稻的种植面积，家庭平均种植面积也明显多于重庆地区。以水稻为主要作物的农户，种植面积一般在 6～8 亩，另外，种植面积在 10～20 亩的也很多，个别蔬菜、茶叶种植大户，种植面积达到了 50 亩以上。种植的农作物多以出售为主，部分由自己家庭消费。相比重庆来说，浙江省温州地区由于地处沿海，气候条件较好，且毗邻长江三角洲（简称长三角）地区，人口众多，对粮食蔬菜等的需求量大。另外，交通的发达使得农产品出售的运输距离短，运输成本低，保险效果也更好。所以，该地区的农民种植农作物的目的主要是出售，以获取经济利益为目的，这与被调查的重庆地区农业生产有本质的区别。

在主要农作物的种植地块特征上，重庆地区以坡地为主，另有少数的平地和洼地；基本靠自然降雨灌溉，有部分农作物种植地块需要人工引水灌溉；农作物秸秆很少用于直接还田，多数间作其他农作物，因此土壤肥力较差，对化学肥料的需求大。浙江温州地区的水稻种植以平地为主，水稻秸秆一般直接粉碎翻压还田，土壤肥力较好；茶叶、蔬菜等农产品的种植以坡地和洼地为主，依靠自然降水或在干旱时由人工灌溉，一般会间作其他农作物，土地利用率较高。

主要农作物的耕作方式方面，无论重庆还是浙江温州，一般都由中老年人或年轻女性耕种，这与我国目前农村的普遍情况相似，由于大量的青壮年劳动力外出打工，农业生产基本上靠留守农村的老年人或未外出打工的女性完成。由于被调查地区以山区和丘陵为主，受自然条件的限制，种植业机械化水平普及程度不高，基本靠人工完成种植、收割等工作，农业生产效率低下，导致单位劳动力的农业产出较低。

在农业生产中，由于机械化程度低，又很少有青壮年劳动力，对笨重的农家肥料用得不多，化学肥料以其便捷、容易搬运等特点成为农民的主要施肥用料。在化学肥料的施用中，又以碳铵、尿素和复合肥为主，另外也有少数的氯化钾、硫酸钾等肥料，在温州，部分种植规模较大的农户采用了配方肥。化肥的大量施用，虽然在短期内能够起到增产增收的作用，但是随着化肥的长期施用，以及过量和不合理地施用化肥，势必会造成土壤板结、地下水体污染、空气污染等严重的环境问题。虽然也有很大一部分农民深知化肥的坏处，但是基于各种各样的原因，施用化肥已经成了一个被迫的选择。因此，本书将以重庆市北碚、合川、丰都、石柱和浙江省温州的调查数据为基础，对农业生产中化肥施用的深层原因进行分析，并进一步探讨化肥施用与农村经济发展和环境保护之间的关系。

2）农业生产中化肥施用行为的原因探析

（1）经济因素。按照经济学家的观点，农民的农业生产行为具有外部性，其中农业污染行为有负外部性。农民在简单的粗放式生产模式下，他们即使了解农业污染对农产品和农业生态环境有严重的影响，但为了维持短期的收益，仍然坚持或不得不采取粗放的生产方式，结果必然是对环境造成严重的破坏。农业污染问题的负外部性是农业面源污染形成的内在经济原因。农业面源污染之所以发生，是因为农户在作生产决策的时候往往没有考虑这种会强加到其他人身上的污染成本。市场交易之外的他人不愿意承担的额外成本，则称为负外部性。

首先，农户是一般意义上的理性经济人，他们在生产中同样追求的是利益最大化，即当农户认为保护环境所付出的成本大于保护环境所获得的收益时，他们便不会采取积极措施保护环境；当他们认为保护环境所带来的收益大于为保护环境所付出的成本时才愿意主动采取保护环境的措施，这和普通意义上的理性经济人追求利益最大化目标是相同的。而更为重要的是，农户的理性是有限理性，一方面他们在追求利益最大化，另一方面由于农户的特殊文化及社会背景，他们缺乏长远的预期，尤其对于采取环保措施这样的不确定性较大的长远预期。也就是说，农户的理性更多是建立在短期收益上的。在这种情况下，农户无法预期到采取环境保护措施的长期收益而只注重环保所付出的现时成本和破坏环境而得到的短期收益，如多施化肥取得当年的丰产，因而不会采取像"少施肥为环保"这种"得不偿失"的行为，这造成了他们在化肥施用中的短期行为。而化肥对环境的影响则是长期的，这也是从经济人理性角度解释农业面源污染日益严重的原因。

在对重庆市四个地区和浙江省温州市的农户调查中发现，很多农户已经认识到环境污染的严重性，对当今社会城市环境的恶化早有耳闻，但他们对农业面源污染正在侵蚀农村这片净土并没引起该有的重视。调查结果显示，绝大多数农民认为其居住的环境污染小，环境保护不是农村和农民的事。对于化肥的面源污染问题，超过 2/3 的农民认为农业生产中肥料的过量和不合理施用会影响到土地的质量，会导致土壤板结和盐渍化等问题，但化肥对水源及空气的影响基本没有考虑，称"农业收入本身就很微薄，顾不了那么多的影响"，也有一些农户认为，"施入地下的东西，都会被作物及土地吸收，剩余的转变成了其他物质"。当问及农户是否打算减少化肥施用而对土地进行保养时，有近 70%的农户认为维持眼前的收益更为重要，"如果减少施肥量就会影响到收入"。"污染即使产生也是以后的事"，在目前这种收入状况下不是不想而是不能考虑污染问题。

其次，从农户的环保意识来看，他们对环境保护持机会主义者态度，即生态环境外部性与农户小农意识之间的矛盾。由于环境是一种不具有排他性和竞争性的公共物品，良好的生态环境并不只有进行了环境保护的人才能够享受到，而是由一定范围其至更大范围空间的人共享。所以，当环境保护需要付出成本时，农户便会产生类似"搭便车"的心理，这种心理一定程度上也助长了农户的短期行为。在问卷调查中，对于农户是否愿意采取环境保护措施的选项，有近80%的农户选择了不愿意，并表示如果自己投入环保成本而别人不投入的话就会造成自己"吃亏"。且一个农户施用的化肥量相对于所有农户施用的化肥量可以忽略不计，减少污染不是一两户农民就能解决的问题。如果所有的农户都这样想，就会造成"公地悲剧"。

最后，在市场经济条件下，农民面临自然和市场的双重风险，农户的收入水平较低，使他们承受风险的能力较弱，不愿意投资于难以很快见到收益的环境保护项目。

（2）农户的文化程度。农户的文化程度在一定程度上影响着农户施用化肥的态度。在对453个农户家庭的调查中，发现户主的文化程度以初中最多，其次为小学，最后是高中及以上。这种文化结构反映了我国广大农村的农民文化素质不高，因此，在环境保护和科学施肥等观念的宣传普及与实践上存在较大的难度。统计发现，在农业生产中基本不考虑环保的农户中有52.43%是小学文化水平，另外有41.24%的小学文化水平农户对环境保护持无所谓的态度，这部分农户在施用化肥的时候，基本不考虑环境污染和科学施肥等问题。在高中及以上文化程度的受访者中，有59.27%的人认为在不影响收入的情况下考虑环保问题，还有15.63%的人表示在生产中能兼顾到环保，对环保知识和化肥的使用知识也比较了解。值得注意的是，在初中及初中以上文化水平的农户当中，有大多数表示对化肥对土壤及水源的污染有所了解，但是在农业生产中由于涉及自身的收入和环境的外部性特征，很多农户仍然表示不得不逐年增加化肥施用量，以期望通过增产来增收。在表示农业生产中能兼顾环保的人当中有一半是高中或高中以上文化程度，也就是说随着文化程度的提高，农民对环境污染的了解也在加深，在农业生产施肥过程中也更注重科学施肥。

（3）农业技术培训因素。农民是否参加过农业技术知识的培训或者农村中是否有农技人员对农户的生产行为进行技术上的指导，是农业技术推广、实施科学种田的重要举措，因此，调查问卷中不仅设计了农户对农业技术推广等方面的问题，而且在实际调查走访中，对农户进行了深层次的了解。在调查的农户中，重庆地区有近30%的农户表示曾经参加过农业技术培训，有近60%的农户表示听说过农业技术培训，但从未参加过，还有极少部分的农户表示从未听说过农业技术培训；浙江温州地区参加过农业技术培训和听说过但未参加的农户几乎各占40%。在农业技术培训和推广方面，浙江温州地区明显要好于重庆地区。统计结果也显示，农民还是很希望参加农业技术培训的，只是因为时间、培训费用等因素的限制，部分想参加培训的农民未能参加，如果能够合理安排农业技术培训的时间，不向农民收取培训费用，并配有农技人员现场示范，绝大多数农民都会选择参加农业技术培训。同时，接受访问的农民也希望培训能够在自己村或附近的村子进行，根据当地的实际情况和自家所种植的作物与土壤情况进行实地讲解，是农民非常欢迎的，甚至有农民愿意付费接受这类培训。

但是，在调查中也发现，现有的农业技术培训对化肥不科学施用引起的环境问题涉及很少，新型肥料介绍、生物肥料使用等方面也很不足。接受过培训的某农民表示，培训过后对施肥的方法和肥料配比方面的知识了解了很多，也在农业生产中慢慢进行试用，在肥料施用量减少的情况下增产效果明显，不仅节约了农业生产开支，也提高了收入，但是对于化肥与环境污染方面的知识仍然没有深入、系统的了解。

相关资料表明，我国每年取得 6000 多项农业科技成果，遗憾的是大约有 2/3 的科技成果仅仅停留在实验室或试验田里，未能得到推广和使用。那么究竟是什么原因导致这些科技成果得不到推广和应用呢？经过对重庆市四个地区和浙江省温州市的调查，归纳起来有以下几点。

（1）农业技术推广经费投入严重不足，这是农业科技推广受阻的最大原因。在对重庆市丰都和石柱的调查中了解到，以前的农技推广站现在已经破旧不堪，很多农技员依旧是靠一把尺子、一杆秤来搞农业技术推广工作。有农技推广员说："现在农技推广工作不好做，组织讲习班出不起经费，挨家挨户效率太低，工作量也太大。所以平时只是给前来求助的农民讲一讲相关的农技知识，顾不了全镇的人。"有的农技培训站甚至变成了化肥的经销点，农技推广人员靠卖化肥赚钱补贴家用。提高农民的科学素质是实现增产增收的一个重要工作，建设社会主义新农村的核心是建设社会主义新农民。目前很多农村相当高比例有知识的年轻人都出去了，留在家里的是妇女、老人，这部分人受教育程度更低，获取信息的能力更差。

（2）农技人员知识老化，素质不高，且难以吸引优秀人才，后备人员严重不足。农业技术推广工作需要完成从科技创新的获取、消化到传播等工作，是一项创造性的工作，因此需要具备一定素质的专门人才方能胜任。当前存在的问题是农技推广人员走出去、请进来接受教育培训的机会很少，使知识老化、知识断层问题突出，很多县农技推广岗位已有十多年没有接收新的大专院校毕业生，现有在岗的人员也多为 20 世纪 80 年代前毕业的，大专以上文化程度的不足 30%，有专业技术职称的很少，很多农技推广员的知识得不到有效更新，思想比较僵化，对新技术新信息解读困难，更不要说指导实践生产，因此进行农技推广工作不适宜，满足不了现代农业发展的需要。

（3）农技推广体制不合理，工资待遇低。由于大多数县级农业主管部门管不了乡镇农技推广机构的人、财、物。所有调查的技术推广站人均年推广项目平均经费仅有 2000 元左右，其中 2/3 的农技推广站根本就没有相关经费，这在很大程

度上影响了技术推广人员的工作积极性。在调查中发现，很多以前从事农技工作
的人员都因收入不足而外出打零工补贴家用或者干脆在家待业。

（4）农村劳动力转移因素。城市化进程加快，大量农民从农村涌入城市。在
农业投入居高不下，而农产品价格又很低的情况下，大多数青壮年农民离开农村，
外出打工。使得留在农村种田的是中老年人或妇女，体力劳动力的缺失在很大程
度上导致了对化学肥料用量的增加。虽然由于农村劳动力外出对化肥施用方式的
影响难以准确估量，但是，在调查中了解到，重庆市由于在农转非政策的推动下，
很多农村家庭中的青壮年都外出打工，只留妇女和老人在家里施肥种地，这使得
很多以前精耕细作的农户不得不采取比较简单的化肥施用方式，如化肥的洒施与
浅施，很多需要深施覆土的肥料由于劳动力的生产能力缺乏而被浅施或者洒施，
有的肥料不适合与种子一起拌施，而为了节省劳力，农户则将它们拌在种子里一
起播种，造成了很多烧苗现象。由此可以看出，农村剩余劳动力外出就业虽然现
在各方面都在大力提倡，但是由劳动力的过量流出所造成的农村劳动力缺乏从而
影响到农业可持续生产的现象也不容忽视，尤其是农村劳动力过量流出对于农地
资源可持续生产性造成的影响将会在以后一段时期慢慢显现，这当中包括农地的
揉荒，粗放式经营等现象将会随之加剧。

（5）其他因素的影响。一个区域内农民在农业生产方法上有趋同效应，在施肥
行为上都有相同的习惯，如果该地区农民的施肥方法不当，在互相学习的基础上，
只会越错越远，根本得不到纠正。施肥是为了作物增产，而有的地区的农户竟把施
肥当成了晒富的象征，个别地区的农民还会互相攀比施肥量，谁家施得多谁家就是
有钱，就是有能力。另外，我国目前化肥产品市场普遍比较混乱，产品标准不一、
种类繁多、养分含量各不相同，还存在一些假冒的品牌和产品，农民受到文化程度
的限制，对于化肥产品标签上所表示的产品规格难以理解的现象普遍存在，因此在
购买化肥的时候只是看到别人买什么就买什么。化肥市场产品规格的混乱，养分含
量不一，农民难以辨认也是农户无法科学选择和施用肥料的原因之一。

3）农业中影响化肥施用因素的回归分析

前面从理论上分析了农民施化肥的原因，接下来本书用实地调查数据，建立
回归模型，分析农业中影响化肥施用的因素及相关因素影响程度的大小。由于农
业生产及农户种植品种的多样性，无法对每个农户所有的农业生产行为进行调查，
因此，在调查中，主要选择了农户某一主要种植品种的种植情况进行调查统计。
另外，考虑实证分析数据的量化性以及计量经济学对分析数据的相关要求，不可
能将每个影响变量都纳入分析体系，本书只选择影响大、具有代表性的变量进行
回归分析。

（1）模型建立与变量选取。假设农户以期望净收益最大化为行为准则，对生
产某种农作物而言，农户自己可以自由地决定施用肥料的多少，其行为准则受到

理性经济人制约，即施肥的目的是达到期望净收益最大化。根据前述分析和生活常识，农户期望净收益最大化及化肥施用量会受到农户户主基本特征、农户家庭及生产特征、商品交易特征、农户的科学施肥能力等因素的影响。因此，建立农户化肥施用量的影响因素模型为

$$FER = f(PER，FAM，TRA，CAP) + \varepsilon$$

其中，因变量 FER 是农户单位播种面积的化肥施用量；PER 是农户户主基本特征；FAM 是农户家庭及生产特征；TRA 是商品交易特征；CAP 是农户的科学施肥能力特征；ε 是随机扰动项，反映无法关注到的其他因素。

农户户主基本特征（PER），主要包括户主年龄、文化程度。农户的年龄越大所拥有的农业生产经验越多，且年龄越大越不易接受先进的施肥理念，因此年龄越大的农户越倾向于按习惯多施肥。受教育年限对农户施肥量有负向影响，农户受教育年限越多，接受新事物的能力越强，采用科学施肥方式的意愿也越强，因而可能会采用相对较少的化肥施用量。

农户家庭及生产特征（FAM），主要包括家庭年收入、主要劳动力性别、从事农业生产人口占家庭总人口的比例、土地肥力以及是否采用有机肥等。劳动类型是指家庭劳动力是否以农业劳动为主，该变量对化肥施用量的影响方向难以确定。家庭收入对化肥施用量的影响方向难以确定，一方面对于较高收入家庭而言，化肥施用成本无论绝对值还是相对值均显得较小，因此收入较高的农户有可能多施化肥；另一方面，如果该收入中种植业收入比例很小，说明农民对种植业依赖性不强，多施化肥增产动力不强，因而可能减少化肥施用量。主要劳动力为女性的家庭，由于体力劳动有限，有可能多采用简单易行的化学肥料，而有男劳动力的家庭可能会用有机肥料。家庭里从事农业生产的人口越多，越有可能对土地精耕细作，在肥料选择上，也会化学肥料和有机肥料搭配使用。一般而言土地肥力较差的农户倾向于多施肥以弥补土地贫瘠缺陷。有机肥和氮肥可以互相替代，因此施用有机肥用户可能倾向于少施化肥。

商品交易特征（TRA），主要包括化肥价格和农作物的商品率。化肥价格在全国范围内基本是一样的，而且在一定时期内是固定不变的，所以可以不必考虑。农产品商品率是指农作物的出售比例，商品率低是指大部分农作物用于自我消费而非销售，从农村当前实际来看，商品率很低的农户一般拥有的土地面积较少，易对稻田精细管理并施用有机肥，因此倾向于少施肥。商品率很高的农户一般生产规模较大，如一些种植大户，该类农户成本收益意识和接受新技术的能力均较强，往往倾向于按照现代化农产品生产方式实施精确施肥，从而导致化肥施用量减少。综上，商品率对农户施肥量影响方向难以确定，但该变量平方项可能对农户施肥量有负向影响。

农户的科学施肥能力特征（CAP），主要是指农户能否理解化肥使用说明书、

是否参加过农业技术培训以及是否采用过测土配方施肥技术。一般认为农户科学施肥能力越高，倾向于精确施肥的可能性越高，因此假设该特征对农户施肥量有负向影响。为了减少化肥过量施用对社会环境所产生的负面影响，政府有责任指导和推动农户少施化肥，对农户进行科学施肥知识培训以及推广测土配方施肥技术，且前者是后者的一个重要辅助政策。在此假设参加过农业技术知识培训的农户和采用配方肥技术的农户会对化肥施用量有负向影响。具体的主要变量及其相关的解释说明如表 6-2 所示。

表 6-2　主要研究变量及操作性说明

变量名称	变量定义
被解释变量：	
农户化肥施用量（FER）	农户化肥施用总量
解释变量：	
1. 农户户主基本特征（PER）	
年龄（PER_1）	青壮年 = 1，中老年 = 0
文化程度（PER_2）	小学 = 1，初中 = 2，高中 = 3
2. 农户家庭及生产特征（FAM）	
家庭年收入（FAM_1）	家庭年总收入
主要劳动力性别（FAM_2）	性别为男取 1，其他取 0
农业生产人口占家庭总人口的比例（FAM_3）	从事农业生产人口/家庭总人口
土地肥力（FAM_4）	土地肥力差取 1，其他取 0
是否采用有机肥（FAM_5）	采用取 1，未采用取 0
3. 商品交易特征（TRA）	农产品售出量/农产品总产量
4. 农户的科学施肥能力特征（CAP）	
能否理解化肥使用说明书（CAP_1）	能全面理解取 1，其他取 0
是否参加过农业技术培训（CAP_2）	参加取 1，其他取 0
是否采用过测土配方施肥技术（CAP_3）	采用取 1，未采用取 0

由于样本中所涉及的虚拟变量较多，有必要对各虚拟变量所代表数据的基本特征进行统计分析，如表 6-3 所示。

表 6-3　样本所涉及的虚拟变量基本特征

变量名称	分类情况	重庆		浙江	
		频数	所占比例/%	频数	所占比例/%
户主年龄	青壮年 = 1	26	7.65	29	25.66
	中老年 = 0	314	92.35	84	74.34

变量名称	分类情况	重庆		浙江	
		频数	所占比例/%	频数	所占比例/%
主要劳动力性别	性别为男=1	37	10.88	94	83.19
	其他=0	303	89.12	19	16.81
土地肥力	土地肥力差=1	304	89.41	87	76.99
	其他=0	36	10.59	26	23.01
是否采用有机肥	采用有机肥=1	149	43.82	21	18.58
	未采用有机肥=0	191	56.18	92	81.42
能否理解化肥使用说明书	能全面理解=1	317	93.24	86	76.11
	其他=0	23	6.76	27	23.89
是否参加过农业技术培训	参加过=1	99	29.12	43	38.05
	其他=0	241	70.88	70	61.95
是否采用过测土配方施肥技术	采用=1	53	15.59	5	4.42
	未采用=0	287	84.41	108	95.58

在虚拟变量部分：无论重庆还是浙江地区，从事农业生产的大多是中老年人，这与我国劳动力人口向城市转移的现实相符；在主要劳动力性别方面，重庆地区从事农业生产的以女性劳动力为主，而浙江地区刚好相反，以男性为主；两地接受调查的农户都认为所种土地肥力较差，这一方面可能是农户保守的回答所致，另一方面是本书调查局限在重庆和浙江温州市，这两个地区以丘陵和山区地形为主，土壤肥力确实较差；在有机肥的采用方面，重庆地区有 43.82% 的农户有采用，浙江地区的比例更少，仅有 18.58%，从这里也可以看出现在农民施肥主要是以化学肥料为主；在科学施肥能力特征方面，绝大多数农户对化肥的使用说明书还是能够完全理解的，但是在参加农业技术培训方面明显不够，这既有农民自身的原因，更重要的是农技推广人员缺乏、农技培训组织不合理等因素导致的，因此政府应该加大农业技术培训力度，尽快将最新的农业科技成果向农户推广；另外，测土配方施肥技术作为一种新型的施肥技术，它按照土壤的性质和作物的需求确定施肥的品种数量，能够使所施肥料得到最大程度的利用，可以避免化学肥料对土壤环境和水体的污染损害，但遗憾的是，由于种种原因，该技术并没有得到广泛的使用，在所调查的重庆和浙江温州地区仅有极少数农民采用过该施肥技术。

（2）回归结果及分析。表 6-4 的回归结果显示，重庆地区和浙江温州地区对化肥施用的影响因素还是有差别的，其中在重庆地区，只有农户户主年龄（PER_1）、户主文化特征（PER_2）、主要劳动力性别（FAM_2）和土地肥力（FAM_4）四个解释变量通过了显著性检验，而在浙江地区通过显著性检验的变量有五个，分别是农户户主年龄（PER₁）、户主文化特征（PER₂）、家庭年收入（FAM₁）、土地肥力（FAM₄）和商品交易特征（TRA）。没有通过显著性检验的变量，一方面可能与调查样本量太小，没有真实反映农户化肥施用情况有关，另一方面可能是因为该变量确实对化肥施用量没有影响。虽然如此，但依然可以从回归系数的正负号大致判断这些因素对化肥施用多少的影响方向，以便对化肥引起的面源污染问题进行更深入的了解并有效防治。

表 6-4　化肥施用的影响因素回归结果

变量	重庆		浙江	
	系数	t 值	系数	t 值
常数	337.752***	3.49	4.14	0.05
PER₁	−130.194**	2.28	−74.102*	−1.85
PER₂	−112.326***	−5.26	52.233**	2.24
FAM₁	0.001	−0.31	0.002**	2.10
FAM₂	−101.425**	−2.21	−21.100	−0.42
FAM₃	64.053	0.88	25.179	0.38
FAM₄	152.515***	3.01	79.414**	1.99
FAM₅	−14.523	−0.50	−19.361	−0.49
TRA	−9.622	−0.26	148.090*	1.92
CAP₁	17.878	0.32	75.275	1.70
CAP₂	3.325	0.10	−33.235	−0.82
CAP₃	−59.477	−1.19	−22.728	−0.22
样本数	340		113	
Adjusted R^2	0.12		0.24	
F 值	4.13		2.68	

注：***、**、* 分别表示在 1%、5%、10% 水平上显著。

在通过显著性检验的变量中，户主年龄（PER₁）的符号为负，表明年纪越大，化肥施用量越大，说明以中老年为主的农业生产者，由于体力劳动有限，无力搬运笨重的有机肥料，通常用较多的化学肥料施肥。同时，老年人很难接受新的观念和思想，通常按自己的习惯从事农业生产活动，因此，在化肥施用上，也是凭经验和惯例施用，很少会考虑采用新的施肥技术或改善施肥结构等。户主文化特征（PER₂）对施肥的影响在重庆和浙江地区表现出了两种不同的效应，重庆地区是负向影响，而浙江地区是正向影响，这可能与两个地方的社会观念不一致相关。家庭年收入（FAM₁）在重庆地区对化肥施用的影响不显著，在浙江地区有显著的正向影响。重庆是贫穷落后地区，有些地方特别是山区，老百姓对土地的依赖性还很重，必须要保证土地有一定的产出，因此虽然在家庭经济条件不好的情况下，可能也要花钱购买化肥，以保证粮食作物有好的收成。而浙江温州地区地处沿海，经济发达，农民收入水平相对较高，因此对于化肥的投入没有太大的负担，甚至有些农民把投入化肥的多少作为晒富的标志，所以导致越有钱的家庭，农业生产中投入的肥料越多。土地肥力（FAM_4）显著正向影响化肥施用量，表明土地肥力越差，化肥施用越多，这很容易导致化肥的过量施用，进而引起土壤板结，土地肥力更差，陷入一个恶性循环的状态。另外，重庆地区的劳动力性别（FAM_2）显著负向影响化肥施用量，表明在女性劳动力为主的家庭，化肥施用也较多。浙江地区商品交易特征（TRA）显著正向影响化肥施用量，说明在该地区，农产品出售得越多，农户施用的化肥也越多，这主要是由以下因素导致的：第一，农产品商品率较低的农户以自我消费为主，化肥施用量较低，随着商品率的提高，农户为提高产量倾向于多施化肥；第二，农产品存在市场准入困难，农产品收购机构对产品的外表、个头大小会有一定要求，而化肥、农药可以使农产品达到上述要求，因此，农户为了能更方便地出售相关农产品，会大量施用化肥；第三，农户一般也会认识到靠化肥生长的庄稼对身体会有不好的影响，因此在自我消费的农作物中，一般以施有机肥为主，而在出售的农作物中，化肥施用量则相对较多。

6.2 农户的农药采纳行为分析

6.2.1 农药使用量的变化趋势及区域分布特征

1）农药介绍

农药是指在农业生产中，为保障、促进植物和农作物的成长，所使用的杀虫、杀菌、杀灭有害动物（或杂草）的一类药物的统称。根据农药的原料来源可分为有机农药、无机农药、植物性农药、微生物农药。此外，还有昆虫激素，根据加工剂型可分为粉剂、可湿性粉剂、可溶性粉剂、乳剂、乳油、浓乳剂、乳膏、糊剂等。大多数是液体或固体，少数是气体。目前全世界已注册登记投入使用的农药品种有600多种（有效成分），结合中国作物种植结构特点及病虫草害等发生的态势，我国农药的使用品种主要是杀虫剂、杀菌剂、除草剂和生长调节剂。

现代农业生产离不开农药的使用，据王律先于1999年的统计，在中国每使用1元钱的农药，农业生产可获益8～16元。由此可见，农药对中国社会和经济的发展具有十分巨大的贡献。但同时，农药又是不利于环境保护的有毒化学物质，因此在这样一个农药生产和使用大国，存在农药污染问题是不可避免的，重要的是人们在充分肯定农药的正面作用的同时，如何正确认识农药污染带来的负面影响，并通过适当的对策措施来防治农药污染，使其造成的损失降低到最低限度。

2）农药使用量的变化趋势

中国是世界上发现和使用农药最早的国家之一，有着十分悠久的历史。中国农药使用量居世界第一，近 20 多年来，各种制剂农药的使用量每年基本稳定在 120 万～130 万吨。目前已注册登记的农药品种有 600 多种（有效成分），中国作物种植结构特点及病虫草害等发生的趋势，决定了中国农药的使用品种的结构组成，其中一半以上是杀虫剂，其次是用量约占农药使用总量 1/4 的杀菌剂，再次为除草剂，另外也有很少部分的植物生长调节剂。值得注意的是，高毒有机磷农药品种用量占杀虫剂用量的 70%，是在农药生产和使用过程中屡发农药中毒事件的主要原因。因此，对该类农药在某些作物上的使用进行了限制性规定。

3）农药使用量的区域分布特征

我国地域辽阔，不同地区因土壤和自然条件不同，其农业种植结构及耕作方式各异，因此，农药使用状况也呈区域分布特征。一般来说，在经济较为发达及主要的粮、棉、菜、果等农产品产区农药使用量相对较大。表 6-5 是全国各地区 2009 年和 2010 年农药使用量分布情况，年平均农药使用量在 5 万吨以上的地区有 15 个，分别是山东、湖北、河南、湖南、安徽、广东、江西、江苏、河北、黑龙江、浙江、广西、四川、辽宁和福建，均为我国主要的农副产品产区；年平均用量在 1 万～5 万吨的地区有 10 个，依次为海南、云南、吉林、甘肃、山西、内蒙古、重庆、新疆、陕西和贵州；其他 6 个地区农药年平均使用量在 1 万吨以下，分别是上海、北京、天津、宁夏、青海和西藏。从总体上看，我国农药使用仍主要集中在华东、华南、华中和华北等农产品产量较大、品种较为丰富的农业大省和经济大省。用量在 5 万吨以上的 15 个地区的农药使用量占全国农药总用量的 80%多，而耕地面积只占全国耕地总面积的 60%左右，农作物播种面积占全国的 60%左右。

表 6-5　2009～2010 年各地区农药使用量　　　　（单位：吨）

地区	2009 年	2010 年	两年平均值
山东	169 043	164 924	166 984
湖北	138 902	139 969	139 436
河南	121 409	124 867	123 138
湖南	115 352	118 762	117 057
安徽	110 423	116 645	113 534
广东	103 716	104 382	104 049
江西	97 593	106 530	102 062

续表

地区	2009 年	2010 年	两年平均值
江苏	92 305	90 126	91 216
河北	86 486	84 615	85 551
黑龙江	66 843	73 755	70 299
浙江	65 454	65 075	65 265
广西	62 182	64 460	63 321
四川	61 891	62 184	62 038
辽宁	54 088	69 375	61 732
福建	57 844	58 238	58 041
海南	46 812	45 502	46 157
云南	42 567	46 191	44 379
吉林	42 374	42 784	42 579
甘肃	39 906	44 565	42 236
山西	25 310	26 107	25 709
内蒙古	22 329	24 302	23 316
重庆	22 004	20 854	21 429
新疆	18 142	18 192	18 167
陕西	13 149	12 408	12 779
贵州	12 464	12 938	12 701
上海	7 289	7 038	7 164
北京	3 981	3 972	3 977
天津	3 805	3 721	3 763
宁夏	2 389	2 640	2 515
青海	2 026	2 062	2 044
西藏	921	1 036	979

资料来源:《中国农村统计年鉴 2011》。

6.2.2 农药的污染途径及污染影响

1)农药的污染途径

中国虽然是世界上农药生产和使用大国,但是对农药的管理起步较晚,直到1997 年《农药管理条例》的颁布,才标志着我国进入依法管理农药的时代。农药的长期使用,对环境造成了巨大的污染和损害。

(1)农药对土壤的污染。万物土中生,所以,土壤环境对人类生存意义重大。土壤作为农药在环境中的储藏库和集散地,喷洒的农药大部分残留在土壤环境介质中。农药对土壤的污染，与所用农药的基本理化性质、用药地区的自然环境条件以及农药的使用历史等密切相关。不同的农药，其基本理化性质不同，在土壤中的降解速率也不一样，从而导致了其在土壤中的残留时间也不相同。一般来说，农药在土壤里的降解速率越慢，残留期就越长，就越容易导致对土壤环境质量的影响；用药地区的自然环境条件如土壤性质，土壤环境中的微生物种类、数量，气候条件中的光照、降水以及农业耕作、栽培等众多因素都影响着农药在土壤中的残留；另外，农药使用历史的长短也决定了某一地区土壤受农药污染的类型与程度。

（2）农药对水环境的污染。农药对水体的污染主要来自于以下几个途径：直接向水体施药；农田使用的农药随雨水或灌溉水向水体的迁移；农药生产、加工企业废水的排放；大气中的残留农药随降雨进入水体；农药使用过程中，雾滴或粉尘微粒随风漂移沉降进入水体以及施药工具和器械的清洗等。一般来说，受农药污染最严重的是农田水，据测算，质量浓度最高时可达到几十毫克/升数量级。随着农药在水体中的迁移扩散，从田沟水至河流水，污染程度逐步减弱，但污染范围逐渐扩大，其质量浓度通常在微克/升到毫克/升数量级；自来水与深层地下水，经过净化处理或土壤的吸附作用，污染程度减轻，其质量浓度通常在纳克/升到微克/升数量级，海水因其巨大的水域的稀释作用，污染最轻，其质量浓度通常在纳克/升以下，不同水体遭受农药污染程度的次序依次为：海水＜深层地下水＜自来水＜河流水＜浅层地下水＜塘水＜径流水＜田沟水＜农田水。

地表水中的残留农药，可以发生挥发、迁移、光解、水解、水生生物代谢、吸收、富集和被水域底泥吸附等一系列物理化学生物学过程，水解是水体中残留农药降解消失的一个重要途径。与地表水体不同，农药在地下水中的消失速率就缓慢得多，因为地下水埋于地下，不仅水温低，微生物数量少、活性弱，而且缺乏阳光的直接照射，如涕灭威农药，在自然地表水体中其降解半衰期一般在两个月左右，但当其进入酸性地下水后，其降解半衰期可长达数年之久。

（3）农药对大气质量的污染。农药对大气造成的污染程度主要取决于使用农药的品种、数量级及其所处的大气环境密闭状况和介质温度。在一个封闭的空间范围内，大气中的农药残留可以达到很高的浓度水平。例如，用于仓储粮食、温室以及果树苗木灭虫杀菌的四氯化碳、氯化苦、溴甲烷、二氯硝基乙烷等熏蒸剂类农药，其用量通常在几至数十克/立方米，这类农药的蒸气压大，因而均具有极高的挥发性能，使用后很快就挥发殆尽，弥漫于整个密闭的空气中，致使农药残留浓度一定时间内可达到几千毫克/立方米，即使它会不断地降解消失或被粮食、温室作物、苗木和墙壁灯吸附，在通风透气前，空气中的农药浓度一般可保持在数十至几百毫克/立方米。另外，农药生产加工企业的生产车间、产区内以及废气排放口周围，大气中的农药残留通常也较高，随生产农药的品种，农药生产、加工、处理工艺水平的先进程度，生产条件以及企业管理水平的不同而存在较大的差异，浓度低的小于 1mg/m³，高的则可达到几十甚至近百毫克/立方米，一般在 10mg/m³ 以内。

农药生产过程中使用的农药，有一部分将通过挥发作用进入大气中。各种农药通过挥发作用而损失的量，因使用农药的品种、剂型、所采用的施药方式以及用药时的自然环境与气候条件（如风速、气温等）的不同而不一样。例如，在有风时进行飞机喷雾或喷粉时，其损失率可达到 70% 以上，而土壤施颗粒剂类农药时，其挥发损失率几乎可以忽略不计。一般情况下农药的挥发存在以下的规律。对于不同品种的农药：农药的蒸气压越高，其挥发能力越强，通过挥发作用进入大气的农药量也越大。对于同种农药的不同剂型：烟剂＞粉剂与水剂＞乳油剂＞颗粒剂。施药方式：飞机喷雾＞地面喷雾＞地面泼浇＞地面撒肥＞条施或穴施。自然环境与气候条件：风速越大，气温越高，挥发量也越大。

大气中农药残留浓度与距施药地区的距离及使用后的时间关系极大，距离越远，时间越长，浓度越低，反之则越高。通常农田上方空气中的农药浓度在农药使用后的 1～2 天最高，因此，为防止污染中毒，在使用农药的农田内，有些国家制定了在一定时期内禁止人员再进入的规定。在农药生产、加工与使用以外的地区，大气农药残留一般含量均很低，通常都在纳克/立方米数量级水平以下。

（4）农药对农产品的污染。我国农作物种类繁多，农药使用面广量大。据统计，目前使用农药最多的作物是蔬菜、果树和粮食作物（水稻、小麦）。其中占农作物总播种面积不到 10% 的蔬菜农药销售量占总量的比例达到 23%，其次是水稻、小麦和果树等。虽然茶园总面积仅为粮食播种面积的 1%，但农药销售量占到 1.4%。

农药对农产品的污染大致分为直接污染和间接污染两类。直接污染是指农药直接使用于农作物的食用部位，农药附着和渗入内部，从而致使农产品中农药残留超标。间接污染是指农药不直接使用于农作物的食用部位，而是由作物从土壤和空气中吸收或渗入茎、叶的农药随体液在作物体内传导，从而使农产品内农药富集而超标。

（5）农药企业"三废"排放对周围生态环境的污染。农药企业在生产、加工过程中的废气、废水和固体废弃物未达标排放进入环境，造成周围大气、水和土壤污染或生态环境破坏情况比较严重。我国现有农药企业 2600 多家，农药企业一般规模小、生产技术落后、管理水平低，一方面使我国农药质量还不能令人满意，我国农药原药含量在 95% 以上的产品仅占 50% 左右，而国外则绝大部分在 95% 以上，有的甚至达到 98%～99%；另一方面，农药产品质量不高带来的是原料浪费、污染物产生量增加，再加上我国农药生产企业环境保护意识薄弱，农药生产和加工过程中环境污染十分严重，往往是一个生产企业污染一条河、一片田，使植物不能生长，严重破坏周围农业生态环境，而目前我国尤其缺少严格的农药企业排放标准，造成对农药企业监管环境力度不够，执法不严。

2）农药的污染影响

化学农药对人体的污染影响包括两方面：一是人类在生产、运输、储藏和使用农药过程中对人体造成直接毒害，引起中毒或死亡；二是间接毒害，人类通过食物链受害。农药在喷洒以后，通过降雨径流、淋失及灌溉回归水等途径污染水体。农药的淋失受土壤质地、土壤温度、降雨因素的影响。土壤质地影响土壤对农药的吸附系数及农药的迁移速率；土壤温度影响农药的降解速率；水是农药迁移的载体，所以降雨对农药的淋失影响显著。因此，喷施农药要考虑天气因素和农田的排灌水，以免造成水体污染。

农药使用后通过在食物链上的传递与富集，使处于食物链高位的生命体遭受更大的毒害风险。我国自 1983 年开始停用有机氯农药以来，出现了一大批取代有机氯的有机磷与氨基甲酸酯类取代农药。这类农药大部分属剧毒药品，虽然在环境中降解快、残留期短，但是由于其毒性大，触杀面广，所以引起的中毒伤亡事故非常突出。1995～1996 年黑龙江、江苏、广东等地农药中毒事件的统计调查发现，共发生 247 349 例农药中毒案件，致死 24 612 人，死亡率 9.95%。

另外农药的大量使用与滥用，使农产品中农药残留量超标，影响我国的国际信誉和对外贸易。我国出口的农副产品中由于农药残留量超标，屡屡发生被拒收、扣留、索赔、撤销合同等事件。例如，茶叶中双对氯苯基三氯乙烷超标，蜂蜜中含有杀虫醚，苹果汁中含有甲胺磷，冻猪肉、冻兔、冻鸡中农药残留量超标等。

6.2.3 农药的使用行为的实地调查案例分析

在对重庆市北碚、合川、丰都和石柱的调查中发现，农药在农业生产中的使用量很大，而且农民对如何使用农药、农药喷洒量的多少并没有清楚的认识，大多凭经验使用，这极易引起农药的污染。

1）农药使用调查情况统计分析

（1）农药喷洒次数。平均来看，重庆地区的农户平均每年对主要农作物喷洒农药 1.09 次，施用除草剂 0.99 次；浙江温州地区的农户平均每年对主要农作物喷洒农药 2.99 次，施用除草剂 0.82 次，如图 6-2 所示。在除草剂的使用上两地基本相当，但浙江温州地区每年的农药喷洒次数明显高于重庆地区。浙江温州地区由于地处长三角地区，大量种植蔬菜和茶叶等经济作物，而且温棚式的生产方式使其一年都可以循环种植，因此，喷洒农药的次数也就明显增多。而本书所调查的重庆中，丰都和石柱都是远离城市的山区，农业生产主要是一种自给自足的状态，农户普遍种植的农作物一般为水稻、玉米，另外会有少量的蔬菜和其他经济作物的种植，基本上是每年种植一季，因此，对农药的喷洒次数相对较少。

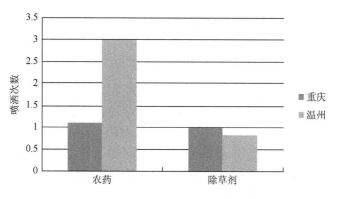

图 6-2　农户生产中的农药及除草剂喷洒次数

（2）使用农药的类型。在对重庆市北碚、合川、丰都和石柱的调查中发现，大量使用绿色农药的比例为 28.24%，少量使用绿色农药的比例为 45.29%。浙江温州地区的样本农户中，大量使用绿色农药的比例为 15.93%，少量使用绿色农药的比例为 63.72%。值得注意的是，样本农户中少量或没有使用高毒农药的比例达到了 95%，重庆市和浙江温州的农户使用绿色农药的比例分别达到 73.53% 和79.65%，但是大量使用绿色农药的比例偏低，这表明绿色农药的推广工作取得了一定的成效，农户开始逐步减少高毒农药的用量，尝试使用绿色农药，但是多数农户仍持观望态度，处于少量使用阶段，如表 6-6 所示。

表 6-6　农户生产中农药使用类型的选择

	重庆			温州		
	大量使用	少量使用	没有使用	大量使用	少量使用	没有使用
绿色农药（频数）	96	154	90	18	72	23
绿色农药（比例/%）	28.24	45.29	26.47	15.93	63.72	20.35
高毒农药（频数）	19	180	141	4	48	61
高毒农药（比例/%）	5.59	52.94	41.47	3.54	42.48	53.98

（3）农药使用是否考虑自家食用。从问卷调查结果来看，多数农户在农业生产中选择农药的种类和数量时会考虑农产品的用途，当所生产的农产品用于自家食用时，更偏向于采用绿色农药，且使用更少的农药，如表 6-7 所示，在重庆和浙江温州这一比例分别达到了 40.29% 和 38.05%。这从侧面反映了越来越多的农户意识到农药对粮食安全的危害，所以在生产自家食用的农产品时会采用更为安全、健康的生产方式。在重庆地区，农户在农业生产中使用农药时，不考虑自食

因素，对于自食和出售的农产品都采用相同的生产方式的比例为 26.47%，温州的比例为 38.94%。

表 6-7　农户生产中农药施用是否考虑自家食用

	重庆			温州		
	不考虑，自食和出售一样	考虑，自食的更加绿色	没有比较	不考虑，自食和出售一样	考虑，自食的更加绿色	没有比较
频数	90	137	113	44	43	26
比例/%	26.47	40.29	33.24	38.94	38.05	23.01

（4）农资销售点。从调查结果来看，我国农村村落中一般都设置农资销售点，如表 6-8 所示。其中，重庆样本农户所在村落有 1 个农资销售点的比例为 55.88%，有 2 个销售点的比例为 31.47%，有 3 个及以上的比例为 12.65%。浙江温州样本农户所在村落有 1 个农资销售点的占 67.26%，有 2 个销售点的占 28.32%，3 个及以上的占 4.42%。

表 6-8　农户所在村落的农资销售点数量

	重庆			温州		
	1 个	2 个	3 个及以上	1 个	2 个	3 个及以上
频数	190	107	42	76	32	5
比例/%	55.88	31.47	12.65	67.26	28.32	4.42

（5）农资价格评价。从农户对近几年农资价格的评价情况来看（表 6-9），重庆与浙江温州的差异不大。不论重庆还是浙江温州，只有约 1/10 的农户认为不贵，完全能承受农资的价格，超过 40% 的农户觉得近几年的农资价格偏高。这可能与绝大多数农户所在村落仅有 1 个销售点，缺乏有效的农资市场竞争机制有一定的关系。

表 6-9　农户对近几年农资价格的评价情况

	重庆			温州		
	不贵	基本能接受	偏贵	不贵	基本能接受	偏贵
频数	37	164	139	13	48	52
比例/%	10.88	48.24	40.88	11.50	42.48	46.02

（6）对农药使用的认知。从问卷调查的结果（表 6-10）发现，绝大多数农户

对农药的使用成效有了更为客观的认知，70%左右的农户认为使用农药并不必然有利于农作物的成长。但这里仍应注意，重庆市和浙江温州分别有 7.06%和 15.04%的农户并不了解使用农药是否能促进农作物的生长，这说明农业生产知识有待进一步普及。

表 6-10　农户对农药使用效果的认知情况（农药能否促使农作物较快较好生长）

	重庆			温州		
	能	不能	不清楚	能	不能	不清楚
频数	68	248	24	18	78	17
比例/%	20.00	72.94	7.06	15.93	69.03	15.04

在农户对农药使用危害的认知状况方面，绝大多数农户认为使用农药会带来污染，对农业生产环境和粮食质量造成影响，如表 6-11 所示。重庆市超过 91%的样本农户认为农药会对土壤、空气、水体的质量产生影响，温州的这一比例更是达到 95%以上。并且，温州几乎所有样本农户认为农药会影响农产品质量，重庆市同样达到 95%左右。

表 6-11　农户对农药使用危害的认知情况

	重庆			温州		
	严重影响	有影响，但不严重	没有影响	严重影响	有影响，但不严重	没有影响
土壤、空气、水体的质量（频数）	89	221	30	21	87	5
土壤、空气、水体的质量（比例/%）	26.18	65.00	8.82	18.58	76.99	4.43
农产品质量（频数）	96	225	19	26	85	2
农产品质量（比例/%）	28.23	66.18	5.59	23.01	75.22	1.77

虽然农户认为农药的使用会污染农业生产环境，影响农产品质量，但是绝大多数农户并不认为现在的农药已经使用过量，如表 6-12 所示，重庆市和浙江温州农户认为已经过量的分别只有 38.82%和 17.70%。除了约有一半的农户认为农药使用没有过量，浙江温州有 38.05%的农户并不了解合适的农药使用量，不清楚当前的农药是否过量，远高于重庆的 5.00%。这表明农户对农药使用量的认知情况存在地域差异，可能与不同地区的相关知识普及和信息传播有关。

表 6-12 农户对农药施用量的认知情况（当前农业生产中农药施用是否过量）

	重庆			温州		
	已过量	没有过量	不清楚	已过量	没有过量	不清楚
频数	132	191	17	20	50	43
比例/%	38.82	56.18	5.00	17.70	44.25	38.05

2）农业中影响农药使用因素的回归分析

前面利用实地调查数据，对重庆市和浙江温州的农药使用情况进行了统计分析，直观反映了当前农药使用的相关状况。下面将利用调查统计数据，建立回归模型，实证分析农药使用的影响因素及其影响程度。

（1）模型建立与变量选取。在农户行为有限理性的假说下，农户行为会受到多种因素的制约。农户使用农药的行为，在追求尽可能高的经济收益的同时，受到农户户主基本特征、农户家庭及生产特征、商品交易特征、农户的科学施药能力特征、农户对农药残留的认知情况、农药购买地和价格情况等多方面因素的影响。因此，建立农户农药使用量的影响因素模型为

$$SP = f(PER，FAM，TRA，CAP，RE，BP) + \varepsilon$$

其中，因变量 SP 是农户农药使用量；PER 是农户户主基本特征；FAM 是农户家庭及生产特征；TRA 是商品交易特征；CAP 是农户的科学施药能力特征；RE 是农户对农药残留的认知情况；BP 是农药购买地和价格情况；ε 是随机扰动项。

农户户主基本特征（PER），主要包括户主的年龄和文化程度。一方面，农药在一定程度上能消除病虫害，增加农作物产量，年龄小的农户可能迫于生计压力更关注农作物产量，从而加大农药的使用量。另一方面，年龄大的农户在农业生产活动中一般更依赖于生产经验，不容易接受新的施药理念，且体力劳动能力相对偏弱，也可能加重施药量。一般认为，农户文化程度越高，接受新理念和新技术的能力越强，科学施药的意愿也越强，可能会采用适量的农药量。

农户家庭及生产特征（FAM），主要包括家庭年收入、主要劳动力性别、从事农业生产人口占家庭总人口的比例。家庭年收入对农药使用量的影响方向具有不确定性，一方面，收入高的农户家庭基本不存在农药成本的负担，更有可能使用更多的农药；另一方面，收入高的农户家庭往往种植业收入比例较小，农业增产动力不强，可能会采用较小的农药使用量。主要劳动力性别为女性的家庭，可能会采用多施农药来弥补体力劳动能力的欠缺。另外，从事农业生产人口比例高的家庭更依赖于农业耕作成果，在选择农药时可能会偏向于增大作物产量的农药使用方式。

商品交易特征（TRA），主要通过农作物的商品率来考量。考虑到农药对农作

物质量和安全的影响，商品率低的农户生产的作物多用于自家食用，可能会采用更少的农药量。但是，商品率高的农户农业生产规模大，往往有更强的成本收益意识和先进的技术接受能力，从而导致农药用量减少。因此，农作物的商品率对农药使用量的影响方向难以确定。

农户的科学施药能力特征（CAP），主要包括农户能否理解农药使用说明书、是否参加过农业技术培训。农户对农药使用说明书的理解程度越强，就越能客观地认识农药的作用和潜在的危害，但是对农药使用量的影响方向不能确定。一般来说，参加过农业技术培训的农户有更强的科学施药意识，更有可能依赖于先进的技术而不是增加农药使用量来提高农作物的质量和产量，因此，假设参加过农业技术培训会对农药使用量产生负向影响。

农户对农药残留的认知（RE），主要包括农户对农业生产中过多使用农药是否会影响土壤、空气和水的质量，是否会损害农产品质量，农药是否能促进农作物生产的认知程度。一般来说，认为农业生产中过多使用农药会对农业环境和农产品质量产生影响的农户会采用更少的农药量，认为农药能促进农作物生长的农户更可能采用较高的农药量。

农药购买地和价格情况（BP），主要包括农户所在村的农资销售点数量、农户对农药价格的承受程度。如果农户所在村的农资销售点较多，农户购买农资更为方便，在一定程度上可能会增加农户购买农药的可能性。当农户认为当前的农药价格不算贵，完全能承受农药成本时，一般更有可能购买和使用农药。具体的主要变量及相关的解释说明如表 6-13 所示。

表 6-13　主要研究变量及操作性说明

变量名称	变量定义
被解释变量：	
农户农药使用量（SP）	农户农药使用次数
解释变量：	
1. 农户户主基本特征（PER）	
年龄（PER_1）	青壮年 = 1，中老年 = 0
文化程度（PER_2）	小学 = 1，初中 = 2，高中 = 3
2. 农户家庭及生产特征（FAM）	
家庭年收入（FAM_1）	家庭年总收入
主要劳动力性别（FAM_2）	性别为男取 1，其他取 0
从事农业生产人口占家庭总人口的比例（FAM_3）	从事农业生产人口/家庭总人口
3. 商品交易特征（TRA）	农产品售出量/农产品总产量

续表

变量名称	变量定义
4. 农户的科学施药能力特征（CAP）	
农户能否理解农药使用说明书（CAP_1）	能全面理解取 1，其他取 0
是否参加过农业技术培训（CAP_2）	参加过取 1，其他取 0
5. 农户对农药残留的认知（RE）	了解取 1，不了解取 0
农业生产中过多使用农药会影响土壤、空气和水的质量（RE_1）	会取 1，不会取 0
农业生产中过多使用农药会损害农产品质量（RE_2）	会取 1，不会取 0
农药能促进农作物生长（RE_3）	能取 1，不能取 0
6. 农药购买地和价格情况（BP）	
农户所在村的农资销售点数量（BP_1）	几个
农户对农药价格的承受程度（BP_2）	可以取 1，太贵取 0

样本中所涉及的虚拟变量较多，因此有必要对各虚拟变量所代表数据的基本特征进行统计分析，如表 6-14 所示。

表 6-14　样本所涉及虚拟变量的基本特征

变量名称	分类情况	重庆		浙江	
		频数	所占比例/%	频数	所占比例/%
户主年龄	青壮年 = 1	26	7.65	29	25.66
	中老年 = 0	314	92.35	84	74.34
主要劳动力性别	男 = 1	37	10.88	94	83.19
	其他 = 0	303	89.12	19	16.81
农户能否理解化肥使用说明书	能全面理解 = 1	317	93.24	86	76.11
	其他 = 0	23	6.76	27	23.89
是否参加农业技术培训	参加过 = 1	99	29.12	43	38.05
	其他 = 0	241	70.88	70	61.95
农业生产中过多使用农药会影响土壤、空气和水的质量	会 = 1	310	91.18	108	95.58
	不会 = 0	30	8.82	5	4.42
农业生产中过多使用农药会损害农产品质量	会 = 1	321	94.41	111	98.23
	不会 = 0	19	5.59	2	1.77

续表

变量名称	分类情况	重庆		浙江	
		频数	所占比例/%	频数	所占比例/%
农药能促进农作物生长	能 = 1	68	20.00	18	15.93
	不能 = 0	272	80.00	95	84.07
农户对农药价格的承受程度	可以 = 1	201	59.12	61	53.98
	太贵 = 0	139	40.88	52	46.02

从虚拟变量的统计结果来看，除了前面已经得到的结论，还能发现绝大多数农户已经认识到使用农药的负面影响，超过90%的农户认为过多使用农药会对土壤、空气和水的质量以及农产品的质量产生影响，并且农户对农药的效用也有了更为客观的了解，并不认为农药必然能促进农作物生长。另外，随着我国农村居民生活水平的显著提高，越来越多的农户能够承受包括农药在内的农资的价格水平，但值得注意的是，无论重庆地区还是浙江温州地区，仍有超过40%的农户认为当前的农药价格偏高。

（2）回归结果及分析。表6-15的回归结果显示，影响重庆地区和浙江温州地区农户的农药使用量的因素存在较大差别。在重庆地区农户农药使用的影响因素回归结果中，农户户主年龄（PER_1）、户主文化特征（PER_2）、是否参加过农业技术培训（CAP_2）、对农药能促进作物生长的认知（RE_3）这四个解释变量通过了显著性检验，而对于浙江地区，通过显著性检验的变量同样有四个，分别为农户户主年龄（PER_1）、户主文化特征（PER_2）、主要劳动力性别（FAM_2）、商品交易特征（TRA）。其他变量没有通过显著性检验，可能是由于样本量偏小，回归结果不够准确，也可能是因为该变量对农药使用量的影响确实不明显，但从回归结果各变量的系数符号可以大致判断不同地区的这些因素对农药使用量的正负影响。

表 6-15　农药使用的影响因素回归结果

变量	重庆		浙江	
	系数	t 值	系数	t 值
常数	2.292***	5.10	2.121	0.92
PER_1	0.565**	2.50	−1.047*	−1.88
PER_2	−0.785***	−9.02	0.646**	2.03
FAM_1	-4.062×10^{-6}	−1.00	8.969×10^{-6}	0.96
FAM_2	0.159	0.87	−3.036***	−3.71
FAM_3	0.309	1.08	1.115	1.14

续表

变量	重庆		浙江	
	系数	t 值	系数	t 值
TRA	−0.083	−0.58	−1.688*	−1.79
CAP_1	0.371	1.54	0.802	1.44
CAP_2	−0.354***	−2.79	0.464	0.95
RE_1	−0.266	−1.03	1.029	0.80
RE_2	0.191	0.64	−0.017	−0.01
RE_3	0.289**	2.08	0.504	0.86
BP_1	0.101	1.20	0.565	1.22
BP_2	0.023	0.19	0.318	0.65
样本数	340		113	
Adjusted-R^2	0.25		0.27	
F 值	9.63		3.24	

注：***、**、*分别表示在 1%、5%、10%水平上显著。

在通过显著性检验的变量中，在重庆地区和浙江温州地区，农户户主年龄（PER_1）和户主文化程度（PER_2）对农药使用量表现出不同的影响方向。在重庆地区，户主年龄大的家庭会使用更多的农药，这可能是因为中老年农业生产者体力劳动能力相对有限，更倾向于通过使用更多农药来弥补劳动能力的欠缺，且年龄大的农户接受先进种植理念的能力相对偏弱，很少会考虑农药的危害性而减少农药用量或选择绿色农药。在浙江温州地区，年龄较小的农户更倾向于使用更多的农药，这可能是因为在温州地区，年轻的农户往往需要承担更重的家庭经济压力，对农作物的产量期望更高更迫切，所以会加重农作物的农药用量。在重庆地区，文化程度高的户主会选择采用更低的农药使用量，而在浙江温州则相反，文化程度高的户主倾向于在农业生产活动中使用更多的农药，这可能与两个地区不同的社会观念相关。主要劳动力性别（FAM_2）在重庆地区对农药使用量的影响不显著，在浙江温州地区则表现出显著的负向影响，即主要劳动力性别不是男性时，农户会使用更多的农药，这可能与女性农业生产者的体力相对偏弱有关。浙江温州地区的商品交易特征（TRA）与农户农药使用量呈现负相关，即农产品出售比例高的农户会采用更低的农药使用量。这一方面是因为农作物商品率高的农户往往对农产品销售额有着更大的依赖性，因而有着更强的成本意识，会通过降低农药等农资成本来提高农产品的利润；另一方面，这些农户通常更愿意了解和接受新的农业知识与技术，采用先进的作物种植方式，即使减少农药的喷洒次数和喷洒量也能获得较高的农产品产量与质量。农药使用量在重庆地区表现为与农户是否参加过农业技术培训（CAP$_2$）负相关，表明参加过农业技术培训的农户有着更强的科学施药能力，对先进农业生产技术以及农药的正负效应的了解更为深入，往往会选择减少农药的使用量。这一因素在浙江温州地区并不显著，可能是与该地区农业技术培训的内容、方式有关，在实际农业技术培训中应充分考虑到不同层次的农户的理解能力，以及技术方法的可操作性。另外，在重庆地区，认为使用农药能促进农作物生产（RE$_3$）的农户为了寻求更高的作物产量，获得更高的农业生产利润，会采用更高的农药用量，这就要求政府及相关部门在农业科学知识普及过程中对不同农药的效用及其负面影响进行更为具体、直观的宣传，促使农户对农药引起的农业面源污染的认识更为系统和深入。

6.3　农户的农膜采纳行为分析

6.3.1　我国农膜使用现状

1）农膜介绍

农膜是农业生产中用于防止植物水分流失等措施的一种制品，随着科学技术的进步，农业生产对农用薄膜的要求越来越高，各种新型薄膜不断出现。在经济发达的国家，农膜的用量占所有农用高聚物制品总量的 50%以上。常用的农用高聚物主要有聚氯乙烯和聚乙烯、聚丙烯、不饱和聚酯树等。

2）农膜的使用情况

中国是世界上生产和使用农膜最多的国家，农膜的产销量占全世界产销总量的 63%。2005 年中国农膜产量已达 130 多万吨，设施栽培作物种植面积达 210 多万公顷，塑料温室面积达 166 万公顷。2009 年，我国农膜产量 119.4 万吨，同比增长 18.4%，农膜购买量 207.9 万吨。其中，棚膜用量 102.3 万吨，覆盖面积 5020万亩，地膜用量 105.6 万吨，覆盖面积 3.1 亿亩。2010 年农膜产量超过 145 万吨，消费量超过 240 万吨。覆盖地膜对中国的"米袋子"和"菜篮子"工程作出了重要贡献。随着中国设施农业的发展，农膜的应用领域还在继续拓宽，其延伸利用后，催生了新的经济增长点。

3）使用现状

如表 6-16 所示，在对 2009～2011 年农膜的使用数量求平均值后，可以看出，山东、新疆、河南、辽宁、甘肃、河北、四川、江苏八个地区的年均用量最多，平均每年超过 10 万吨，比其他地区的年使用总量还多，其中山东省更是达到318 375 吨，农膜使用量非常大。在地膜使用上，新疆、山东、四川、甘肃、河南、云南、河北、湖南八个地区的年均使用量最多，年均使用量在 5 万吨以上，也超过了其他地区年均使用量的总和。

表 6-16　2009～2011 年各地区农膜使用量　　　　（单位：吨）

	农膜				地膜			
	2009 年	2010 年	2011 年	三年均值	2009 年	2010 年	2011 年	三年均值
北京	13 055	13 539	13 268	13 287	4 300	4 344	3 728	4 124
天津	12 640	12 009	12 568	12 406	5 891	5 730	5 696	5 772
河北	118 919	118 619	123 785	120 441	63 853	63 996	65 900	64 583
山西	41 534	38 866	41 531	40 644	30 645	27 341	29 483	29 156
内蒙古	51 136	60 558	60 660	57 451	41 608	48 169	48 622	46 133
辽宁	123 338	125 382	143 348	130 689	30 406	36 367	38 110	34 961
吉林	51 980	52 552	57 069	53 867	18 530	19 432	25 517	21 160
黑龙江	64 567	69 377	75 589	69 844	25 808	28 337	29 888	28 011
上海	20 389	21 128	20 489	20 669	6 865	6 577	6 167	6 536
江苏	94 252	100 194	106 440	100 295	37 491	39 034	41 904	39 476
浙江	54 402	55 426	58 416	56 081	25 347	25 775	26 580	25 901
安徽	76 678	80 721	86 114	81 171	36 628	37 349	39 231	37 736
福建	58 350	57 053	57 814	57 739	26 135	26 561	27 261	26 652
江西	43 719	45 491	47 710	45 640	25 866	26 539	27 340	26 582
山东	313 844	322 965	318 317	318 375	138 448	138 901	138 669	138 673
河南	141 354	146 979	151 616	146 650	67 016	68 725	73 364	69 702
湖北	61 300	63 768	65 044	63 371	34 937	36 226	36 838	36 000
湖南	71 353	73 173	73 729	72 752	50 837	51 083	50 131	50 684
广东	40 594	42 116	44 035	42 248	20 536	20 579	22 606	21 240
广西	33 263	35 119	37 403	35 262	25 082	26 501	28 184	26 589
海南	14 756	16 075	19 387	16 739	8 551	9 317	10 342	9 403
重庆	34 712	36 602	39 332	36 882	19 366	19 416	20 673	19 818
四川	109 217	114 161	122 227	115 202	75 501	79 309	84 716	79 842
贵州	46 470	36 174	40 857	41 167	20 627	22 298	24 943	22 623
云南	81 354	85 690	91 229	86 091	63 491	67 751	73 009	68 084
西藏	441	852	1 032	775	417	734	739	630
陕西	34 971	36 811	37 912	36 565	21 446	19 547	19 894	20 296
甘肃	98 483	123 712	143 989	122 061	60 034	73 968	76 063	70 022
青海	2 114	3 113	5 406	3 544	1 277	2 425	4 149	2 617
宁夏	12 232	14 053	15 244	13 843	6 587	7 970	9 007	7 855
新疆	158 280	170 713	182 977	170 657	134 408	143 455	156 091	144 651

资料来源：历年《中国农村统计年鉴》。

农膜使用量较大的地区都是我国的农业大省，而且属于平原地带，农业生产较发达，另外，大多地处北方或高原地区，低温天气较多。农户为了农作物的生长需要大量的地膜覆盖以保持土温，大量的大棚耗用了较多的塑料薄膜。而农膜使用较少的地区，一般都是农业生产并不发达的地区。因此，可以看出，基于我国的气候和天气条件，为保证粮食的供给，农业生产确实需要大量的农膜。但是，在农膜使用过程中，对废弃农膜或地膜的回收问题应该引起关注，以防造成大量的白色污染。

6.3.2　农膜使用中存在的问题

然而，农膜的大量使用，也给农业的可持续发展带来了危害，给农民带来诸多烦恼。废旧农膜被风一吹四处飘荡，由于太薄，用手捡拾也很困难。大量的农膜被撕破后留在了地里，漫山遍野都是白茫茫一片，耕地时走不了多远犁铧就被缠住走不动了。农膜残留在田间百年不腐烂，会造成土壤板结、通透性变差、地力下降，影响农作物对水分、养分的吸收利用，不同程度地抑制农作物的生长发育。资料显示，当一亩地土壤含残膜达 3.9kg 时，将导致农作物减产 11%～23%。为了解决这个问题，有些农民将农膜直接焚烧，有些农民将废旧农膜当成生火做饭的燃料，这样一来，就带来了严重的环境问题。废旧农膜燃烧产生的二噁英有毒物质毒性极强，且在自然界中滞留时间很长，甚至可以在第七代人体中检测出来，通过呼吸和食物链进入人体后，其可能导致生殖系统、呼吸系统、神经系统等癌变或畸形，甚至死亡。据估算，我国每年产生的废旧农膜总量达到 200 万吨，数字令人触目惊心。

（1）农膜质量较差。我国国产农膜强度低，耐用性较差，使用寿命较短，其主要原因是农膜的溶解指数偏高。国外制作棚膜的树脂溶解指数一般为 0.5～1g/10min，而国内用料大多为 2.6～3.4g/10min，甚至有的高达 7g/10min，一些不宜用作农膜的树脂，如耐老化性差的高密度聚乙烯，也被用作农膜原料，其用量占农膜用量的 1/5。这些劣质农膜易破碎，不易清除，是造成残膜污染的重要原因。

（2）残膜的环境管理薄弱。残膜的清除率低：第一，残膜收购价格太低甚至没有收购点，不能调动农民清理残膜的积极性；第二，残膜质量差，再利用水平低，农民一般只清理大张的残膜，而忽视了小块的；第三，清膜方式主要依靠人工，在劳动力不足的情况下残膜基本不会被清除。

（3）法规体系不健全。我国目前并没有建立农膜环境管理方面的法规以及农膜残留标准，土壤残膜污染实际上处于放任自流的状态。而其他国家基本都有这方面的法律规定，如日本法律就明确规定，不论使用何种农膜，农作物收割后不允许有农膜存在，否则将被罚款。

（4）农膜污染面积扩大，污染量增加。我国农膜年产量达百万吨，且以每年10%的速度递增。随着农膜产量的增加，使用面积也在大幅扩展，现已突破亿亩。无论薄膜还是超薄膜，无论覆盖何种作物，所有覆膜土壤均有残膜。据统计，我国每年农膜残量高达 35 万吨，残膜率达 42%，几乎有近一半的农膜残留在土壤中，这对土地和地下水质是一个极大的隐患。

6.3.3　农膜使用行为的调查案例分析

1）农用生产中的地膜覆盖比率

在对重庆市北碚、合川、丰都和石柱的调查中发现，地膜在农业生产中的使用量较大，占 37%，而温州只占 17%，如图 6-3 所示。可见地膜使用量存在着较大的地区差异，经济发达地区的地膜使用量相对较低。

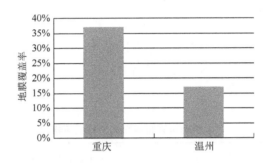

图 6-3　农户生产中地膜覆盖率

2）农用地膜的使用类型

从表 6-17 中可以发现农用地膜的使用类型情况，无论重庆还是温州地区，农用地膜都以薄地膜为主，重庆占比为 76%，温州为 59%。加厚地膜的比例均较小，均占 18%，而新型分解地膜温州比重庆的占比高很多，温州占 24%，而重庆只占 6%。

表 6-17　农用地膜的使用类型　　　　　　（单位：%）

农用地膜的使用类型比例	薄地膜	加厚地膜	新型分解地膜
重庆	76	18	6
温州	59	18	24

3）对可降解地膜的了解与使用情况

这里对可降解地膜的了解与使用情况进行了调查（表 6-18），发现重庆地区了解但未使用的占34%，不了解的比例为60%，现在在使用的比例很低，可以看到60%的人都不了解，当然不会使用，而34%的虽然了解，可是考虑价格的因素，也选择了未使用。而温州不了解的只占24%，不了解的比例明显要低一些，现在在使用的比例也高一些。

表6-18　农户对可降解地膜的了解与使用　　　　　　（单位：%）

对可降解地膜的了解与使用比例	现在在使用	了解但未使用	不了解
重庆	6	34	60
温州	24	52	24

4）对可降解地膜的价格的不接受程度

从农户对可降解地膜的价格的不接受程度（表6-19）可以发现，如果可降解地膜的价格只比普通地膜高10%，那么大多数人就不接受，重庆的比例高达72%，温州的比例高达47%。重庆地区只有13%的农户填写如果高30%以上不使用，也就是13%的农户认为价格高于30%以下可以接受。温州地区有23%的农户认为价格高于30%以下可以接受，这可能是温州地区的农户富裕程度高一些，同时环境保护意思要强一些的缘故。

表6-19　农户对可降解地膜的价格的不接受程度　　　　　（单位：%）

可降解膜的价格不接受程度比例	比普通地膜高10%	比普通地膜高20%	比普通地膜高30%
重庆	72	15	13
温州	47	30	23

第7章 农户生产的废弃物处置行为分析

7.1 我国农户生产废弃物的处置行为分析

7.1.1 农户的秸秆处置行为分析

1. 农作物秸秆的面源污染

1）农作物秸秆资源量

农作物秸秆是农业生产过程中产生的副产品，却是一种宝贵的资源，具有巨大的潜在利用价值。除了通过秸秆还田、养畜及作为培育花卉苗木和食用菌的基料等方式用于农业生产，秸秆还是编织手工艺品、加工新型材料和开发生物质能源的重要原料。据联合国粮食及农业组织统计，2010年，我国水稻、小麦、玉米、大豆和油菜籽的产量分别为19 721万吨、11 518万吨、17 754万吨、1508万吨和1308万吨，占世界总产量的比例依次为29.3%、17.7%、21.0%、5.8%和22.1%，其中，水稻、小麦和油菜籽产量的世界排名均为第一位，玉米第二位，大豆第四位，因此，我国农作物秸秆资源十分丰富。

估算我国农作物的秸秆资源数量是综合利用秸秆资源的基础。从现有的研究成果来看，学者采用不同方法对我国秸秆资源量进行了大量的研究，但计算结果存在很大差异。秸秆资源量的估算方法主要有草谷比法、副产品比重法、收获指数法。我国估算秸秆资源数量较为普遍的方法是将主要农作物秸秆产量直接视为秸秆总产量。例如，农业部《农业生物质能产业发展规划（2007—2015年）》根据2005年全国主要农作物产量，按草谷比法计算出秸秆产量约6亿吨。事实上，各项非主要农作物所产生的秸秆量是非常巨大的，为了更为精确地估算出我国秸秆资源的总量和可收集利用量，本书对2011年全国各种农作物秸秆产量和可收集利用量进行估算。

（1）我国农作物秸秆总量估算。本书采用草谷比法对2011年全国各种农作物秸秆产量进行估算。草谷比是指农作物地上茎秆产量与经济产量之比，也称为农作物副产品与主产品之比。它是评价农作物产出效率的重要指标。

在各种农作物经济产量和草谷比已知的条件下，农作物秸秆资源总量的估算公式为

$$A = \sum_{i=1}^{n} (A_i \times S_i)$$

其中，A 是农作物秸秆资源总量；A_i 是第 i 种农作物的经济产量；S_i 是第 i 种农作物的草谷比。

表 7-1 反映的是 2011 年我国各种农作物秸秆资源量和折标能源量。根据估算结果，谷物秸秆产生量为 58 621.51 万吨，占秸秆资源总量的 72.45%；豆类作物秸秆量为 3237.40 万吨，占秸秆总量的 4%；薯类作物藤蔓量为 1636.55 万吨，占秸秆总量的 2.04%；油料作物秸秆量为 4210.74 万吨，占秸秆总量的 5.20%；仅谷物、蔬菜、油料作物所产生的秸秆量就可取代标准煤 34 199.09 万吨。

表 7-1　2011 年我国各种农作物秸秆资源量和折标能源量

农作物种类	经济产量/万吨	草谷比	秸秆资源量/万吨	折标能源系数/（千焦标准煤/千克）	折标能源量/万吨标准煤
谷物	**51 939.4**		**58 621.51**		**28 697.23**
稻谷	20 100.1	0.9	18 090.09	0.429	7 760.65
小麦	11 740.1	1.4	16 083.94	0.5	8 041.97
玉米	19 278.1	1.2	23 133.72	0.529	12 237.74
谷子	156.7	1.6	250.72	0.5	125.36
高粱	205.1	1.6	328.16	0.5	164.08
其他谷物	459.3	1.6	734.88	0.5	367.44
豆类	**1 908.4**		**3 237.40**		**1 757.91**
大豆	1 448.5	1.6	2 317.60	0.543	1 258.46
杂豆	459.9	2.0	919.80	0.543	499.45
薯类	**3 273.1**	**0.5**	**1 636.55**	**0.429**	**702.08**
油料作物	**3 306.8**		**4 210.74**		**2 105.37**
花生	1 604.6	0.8	1 283.68	0.5	641.84
油菜籽	1 342.6	1.5	2 013.90	0.5	1 006.95
芝麻	60.5	2.2	133.10	0.5	66.55
胡麻籽	35.9	2.4	86.16	0.5	43.08
向日葵	231.3	3.0	693.90	0.5	346.95
棉花	**658.9**	**3.4**	**2 240.26**	**0.543**	**1 216.46**
麻类	**29.6**	**1.7**	**50.32**	**0.5**	**25.16**

续表

农作物种类	经济产量/万吨	草谷比	秸秆资源量/万吨	折标能源系数/（千焦标准煤/千克）	折标能源量/万吨标准煤
糖料	**12 516.5**		**3 626.18**		**1 813.09**
甘蔗	11 443.4	0.3	3 433.02	0.5	1 716.51
甜菜	1 073.1	0.18	193.16	0.5	96.58
烟叶	**313.2**	**1.6**	**501.12**	**0.5**	**250.56**
蔬菜	**67 929.7**	**0.1**	**6 792.97**	**0.5**	**3 396.49**
合计	**141 875.6**		**80 917.05**		**39 964.35**

注：数据来源于《中国农村统计年鉴 2012》。折标能源系数取自《中国能源年鉴 2012》。

（2）我国农作物秸秆资源可收集利用量估算。农作物秸秆资源可收集利用量是指在现实耕作管理尤其是农作物收获管理条件下，具有可收集性和可利用性的秸秆资源的最大值。在估算农作物秸秆资源的可收集利用量时，一般不考虑秸秆需求对秸秆可收集利用量的影响和秸秆综合利用的技术可行性，即秸秆资源可收集利用量包含所有可以收集、可以利用的秸秆资源量。秸秆资源可收集利用系数是指可收集和利用的秸秆重量占农作物茎秆产量即秸秆总产量的比例，主要根据作物收割留茬高度占株高的比例和秸秆枝叶脱落率来估算。

在秸秆资源总量和可收集利用系数确定的条件下，可以根据式（7-1）估算秸秆资源的可收集利用量：

$$A_g = \sum_{j=1}^{n}(A_j \times I_j) \tag{7-1}$$

其中，A_g 是秸秆资源的可收集利用量；A_j 是第 j 种农作物秸秆的总产量；I_j 是第 j 种农作物秸秆的可收集利用系数。

根据前面所估算的 2011 年我国各种农作物秸秆资源量，以及王亚静等学者所估算出的秸秆资源可收集利用系数，可以计算出我国农作物秸秆资源的可收集利用总量。表 7-2 反映了 2011 年我国各种农作物秸秆可收集利用量的估算结果。2011 年我国农作物秸秆的可收集利用总量为 66 170.97 万吨，其中，谷物秸秆的可收集利用量为 48 655.85 万吨，占可收集利用总量的 73.53%；蔬菜藤蔓及残余物的可收集利用量为 4075.78 万吨，占总量的 6.16%；油料作物秸秆的可收集利用量为 3579.13 万吨，占总量的 5.41%；豆类作物秸秆、薯类藤蔓、棉秆、麻秆、糖料作物副产品和烟秆的可收集利用量分别为 2848.91 万吨、1309.24 万吨、2016.23 万吨、43.78 万吨、3191.04 万吨和 451.01 万吨。

表 7-2　2011 年我国各种农作物秸秆可收集利用量

秸秆类别	秸秆资源量/万吨	可收集利用系数	可收集利用量/万吨
谷物秸秆	58 621.51	0.83	48 655.85
豆类作物秸秆	3 237.40	0.88	2 848.91
薯类藤蔓	1 636.55	0.80	1 309.24
油料作物秸秆	4 210.74	0.85	3 579.13
棉秆	2 240.26	0.90	2 016.23
麻秆	50.32	0.87	43.78
糖料作物副产品	3 626.18	0.88	3 191.04
烟秆	501.12	0.90	451.01
蔬菜藤蔓及残余物	6 792.97	0.60	4 075.78
合计	80 917.05		66 170.97

2）农作物秸秆的面源污染

目前，由于农村劳动力短缺、农民环境保护意识淡薄等因素，我国秸秆资源的综合开发利用相对滞后，不仅造成秸秆资源的极大浪费，甚至由于处理方式不当（如秸秆露天焚烧）而带来巨大的危害。农作物秸秆所产生的面源污染主要表现在大气和水体污染与农田生态系统破坏两个方面。

为引导和规范农民合理利用秸秆，避免资源浪费和环境污染，各级政府出台了一系列政策。然而，政策实施并未达到预期目标，实际情况不尽如人意，露天焚烧或者随意丢弃现象随处可见，仍有 53.62%的农户选择露天焚烧秸秆（钱忠好和崔红梅，2010）。朱启荣（2008）对 2007 年济南郊区秸秆焚烧的调查显示，有 62.7%的农户有焚烧秸秆的意愿；2008 年在河南省开封县杜良乡的调查表明，冬小麦秸秆的焚烧比例为 40%（马骥，2009）；2008 年，四川省仅有 33.8%的秸秆资源被循环利用（Gao et al.，2010），江苏省秸秆资源的综合利用率为 59%（江苏省发展和改革委员会和江苏省农业委员会，2009）。

（1）大气和水体污染。农作物秸秆中含有 N、P、K、C 和 S 等元素，研究表明，秸秆焚烧，尤其是刚收割尚未干透的秸秆，经过不完全燃烧会释放大量的 SO_2、CO、NO_x、挥发性有机化合物（volatile organic compounds，VOC）等有毒有害气体及固体颗粒物，在阳光的作用下还可能产生二次污染物如臭氧等，形成大气污染。秸秆大量焚烧，特别是夏收、秋收时期，焚烧后产生的固体颗粒物易与空气中的水分结合形成雾霾，在短时间内造成空气污染加剧，在气压低、湿度大、静风状态下扩散条件不好，雾霾现象更为明显。这一方面会对民用航空航班、铁路交通、高速公路的安全构成威胁，另一方面也会危害人们的身体健康。与此同时，秸秆焚烧后的草木灰有机质还会在淋溶、地表径流等作用下大量流失，造成水体污染。

本书将对 2011 年我国农作物的秸秆焚烧量和污染物排放量进行估算。在秸秆资源总量、秸秆露天燃烧比例、秸秆露天燃烧效率和污染物的排放因子已知的条件下，可以用式（7-2）估算秸秆露天燃烧的各种污染物排放量：

$$Q_m = \sum (A \times B \times F \times EF_m) \qquad (7\text{-}2)$$

其中，Q_m 是第 m 种污染物排放量；A 是秸秆资源总量；B 是秸秆露天燃烧比例，F 是秸秆露天燃烧效率，EF_m 是第 m 种污染物的排放因子。

王书肖和张楚莹（2008）通过问卷调查，结合分层抽样和相关统计方法确定我国各个地区秸秆的露天燃烧比例，我国农作物秸秆露天燃烧比例约为 18.59%；他们通过实地测量，测得我国平均秸秆燃烧效率为 80%。本书综合各学者的实测数据，确定秸秆露天燃烧情况下各种污染物的排放因子。

表 7-3 反映 2011 年我国农作物秸秆焚烧量。2011 年我国秸秆焚烧总量的估算值为 15 042.48 万吨，秸秆有效焚烧量为 12 033.98 万吨。表 7-4 反映 2011 年我国农作物秸秆污染物排放量。其中，PM2.5 的排放量为 2 439 288 吨，SO_2 的排放量为 67 390 吨，氮氧化物的排放量为 405 545 吨。

表 7-3 2011 年我国农作物秸秆焚烧量

秸秆资源量/万吨	燃烧比例/%	秸秆焚烧量/万吨	燃烧效率/%	秸秆有效焚烧量/万吨
80 917.05	18.59	15 042.48	80	12 033.98

表 7-4 2011 年我国农作物秸秆污染物排放量

污染物种类	PM2.5	SO_2	NO_x	CO	CO_2	CH_4	BC	OC	NH_3	NMVOC
排放因子/(千克/吨)	20.27	0.56	3.37	68.33	1 445	3.5	0.46	4.49	0.78	8.17
排放量/吨	2 439 288	67 390	405 545	8 222 821	173 891 053	421 189	55 356	540 326	93 865	983 176

（2）农田生态系统破坏。焚烧秸秆在造成资源浪费、大气和水体污染、妨碍交通的同时，还会直接破坏农田生态系统，使土壤有机质含量显著下降，土壤微生物数量明显减少，导致土壤肥力下降、农田板结化，还可能致使一些病虫害严重化。

第一，降低土壤肥力，导致耕地贫瘠化。秸秆焚烧后，秸秆中含有的 N、P、S 等元素大部分以挥发性物质的形式进入大气，只有 K 等阳离子元素保留在土壤中，营养元素严重损失。另外，土壤有机质在高温状态下极易损失，因此，秸秆焚烧一方面会导致秸秆中本身所含的有机质全部损失，另一方面还会导致土壤中的有机质损失，使土壤肥力下降。

第二，破坏农田生物群落，减小土壤生物密度和多样性指数。土壤生物是重要的土壤分解者，对于生态系统的物质循环和能量流动以及形成土壤肥力与改良土壤均起着重要作用，而焚烧秸秆将直接导致土壤表层的部分土壤动物死亡，从而引起土壤性能的退化。根据解爱华和付荣恕（2006）的相关研究结果，焚烧秸秆对农田生物群落产生了多方面的影响，如对农田土壤生物的群落组成和数量分布造成明显的不利影响，促使农田生物数量高峰期明显延后，显著降低土壤动物群落的密度和多样性指数等。

第三，杀灭土壤中的微生物，导致土壤板结化。在土壤生态系统中，微生物是土壤中有机质的分解者，能够加速土壤养分的释放，促进植物的生长，改善土壤结构和理化性质。大多数土壤微生物的活性在 15～40℃ 达到最强，而土壤表层在过火之后，地下 5cm 处的温度可达 65～90℃，显著影响土壤微生物的活性。

第四，蒸发土壤水分，破坏耕地墒情。根据相关测算结果，焚烧秸秆会导致耕地表层土壤的水分含量严重降低，墒情因而大大减弱。这对于我国北方农区，尤其是旱作农业地区的后茬农作物的抢墒播种产生了一定的影响。

第五，阻碍后茬作物生长，降低作物质量和产量。焚烧秸秆会改变土壤的物理环境和养分供应状况，不利于后茬作物的生长，从而降低农作物的质量和产量。根据刘天学等（2004）的研究成果，生长在焚烧过秸秆的土壤中的玉米和大豆幼苗，其苗高、苗体积、苗鲜重、苗干重、胚乳鲜重以及子叶鲜重等均有所减少，胚乳干重以及子叶干重则显著增加，这表明秸秆焚烧后的土壤导致玉米和大豆幼苗胚乳中有机物的转化率下降，阻碍了幼苗的生长。

2. 农作物秸秆的处理处置及资源化利用现状分析

从资源经济学的角度来看，农业废弃物是某种物质和能量的载体，是一种特殊形态的农业资源，蕴涵着丰富的能源和营养物质。对于农作物秸秆而言，存在着"用则利，弃则害"的现实状况。我国对秸秆的利用处理已有较长的历史，目前农作物秸秆的处理利用方式主要有肥料化、饲料化、燃料化、基料化、材料化等。

1) 农作物秸秆的肥料化

农作物秸秆本身就是一种肥料，含有 N、P、K、C、Ca、Mg 等元素。在秸秆还田之后，秸秆中富集的营养物质进入土壤，能够增加土壤肥力，改良土壤性能，固碳减排，促进土壤中物质的生物循环，残留在土壤中的腐殖质还能够有效降低土壤容重，增加土壤孔隙度，提高土壤的蓄水能力。农作物秸秆的肥料化主要有秸秆直接还田和秸秆间接还田两种类型，其中，直接还田包括粉碎还田、高茬还田、整株还田等，间接还田包括堆沤还田、过腹还田等。20 世纪 70 年代以来，全国各地进行了大量的秸秆还田研究和生产应用实践，利用简易高效的还田方式和集成秸秆还田机械，并结合开发先进的相关生物制剂，目前这些研究和实践取得了良好的成绩。小麦高留茬秸秆全程覆盖耕作技术、华北夏玉米免耕覆盖耕作技术以及机械化免耕覆盖技术、旱地玉米整秸秆全程覆盖耕作技术、渭北高原小麦秆全程覆盖耕作技术、南方稻草直接还田利用模式等，都为我国秸秆还田技术的大面积推广和应用打下了基础。

当前，我国已经大面积推广了稻田保护性耕作、少耕和翻耕秸秆翻压还田、作物秸秆翻压还田和作物秸秆覆盖还田、稻草覆盖免耕种植油菜、早稻稻草覆盖免耕种植晚稻、晚稻稻草覆盖免耕种植春马铃薯、作物秸秆覆盖节水等技术，改善了土壤的理化性状，促进有机物的循环利用，有效调节土壤温度和水分，节省农业生产投入成本，实现农业生产的可持续发展。伴随着中央对农机购置补贴政策的实施，一系列农业机械化秸秆还田新技术和新机具相继问世，秸秆还田面积逐年增加。截至 2009 年底，全国共投入各类秸秆还田机具 39.83 万台，实现秸秆机械化还田面积 3.41 亿亩，在解决土壤氮磷钾比例失调方面发挥了重要作用。

2）农作物秸秆的饲料化

农作物秸秆是草食畜禽重要的饲料来源。农作物秸秆的主要成分是纤维物质和少量的粗蛋白、粗脂肪，这三种成分在干物质中的含量分别为 75%～85%、2.5%～8.0% 和 1.0%～2.5%，另外还有 4.5%～10% 的粗灰分，其主要物质是硅酸盐。秸秆中含量较少的矿物质元素与硅酸盐等结合在一起很难被动物消化吸收。而且秸秆中所含的粗纤维，尤其是木质素非常坚硬粗糙，致使秸秆适口性差，限制了秸秆中营养物质的利用程度，直接作为饲料的营养价值很低。因此，通常需要对农作物秸秆进行合理有效的加工处理，以增加秸秆适口性和利用效率，提高其营养价值。

秸秆的饲料加工方法主要有物理法、化学法和生物技术法。物理法是指磨碎或切碎、浸泡、蒸煮、高压蒸汽处理、热喷、射线照射等方法，这些方法的不足之处是不能大幅提高采食量。化学法是指用化学物质处理秸秆来改变秸秆性质的方法，包括氨化、碱化、酸处理、氨碱复合处理等，其中从性价比角度来看，最佳的化学法是氨化处理和氨碱复合处理。生物技术法主要包括青贮技术和微贮技术，其中青贮技术已经在生产中得到了较为广泛的推广。在选择秸秆的饲料化处理方法时，应当综合考虑处理成本、操作难易程度、环境污染以及可行性等因素。秸秆养畜工作开展以来，国家农业综合开发资金累计支持 918 个县开展秸秆养畜示范。据统计，目前全国饲用的 2.2 亿吨秸秆，按对牛羊的营养价值折算，相当于 6000 万吨饲料粮，其中经过青贮、氨化微贮加工处理的比例达 48%，有力支撑了农区牛羊养殖业的发展。

3）农作物秸秆的燃料化

秸秆直燃是一种传统的秸秆利用方式，当前我国的农作物秸秆约有 30%仍直接用作农村生活燃料。农作物秸秆普遍具有结构疏松、密度小、单位体积热值低的特点，秸秆直燃这种秸秆能源化方式虽然成本低且方便使用，但是能源浪费量很大，燃烧效率低。因此，需要通过大力发展秸秆固化、液化和气化技术来充分利用秸秆能源化资源。目前，国内已经出现生物质常温固化成型技术，在将农作物秸秆粉碎后，能够在常温下将其压缩成高密度燃料棒或颗粒，热值达到 11.93～18.84MJ，燃烧效率也提高到 90%，可取代煤炭作为能源，排放物基本无污染，燃烧后的灰分是优质的钾肥，能够直接还田改良土壤性能。秸秆液化主要包括秸秆水解液化制备乙醇和秸秆热解液化制备生物质油。其中，秸秆水解液化制备乙醇是由于秸秆中富含纤维素和半纤维素，是经过原料预处理、酸水解或酶水解、微生物发酵等工艺制取乙醇的过程；秸秆热解液化制备生物质油是指在完全无氧或缺氧环境下，通过控制裂解反应条件，采用快速热解液化、加压催化液化等方法使农作物秸秆挥发，并最终冷凝成生物质油的过程。而秸秆气化是在严格的厌氧环境下不完全燃烧农作物秸秆，产生可直接用于生产和生活的可燃性气体，它是一种干净卫生、经济方便的生物质能转化方式。例如，玉米秸秆的燃烧值为标准煤的一半左右，含硫量仅为煤炭的 1/3，且玉米秸秆中碳含量为 40%以上，1kg 玉米秸秆经气化能够产生 $2m^3$ 的 CO 以及烃、烷等有机可燃气体，这些燃气在燃烧后无尘、无烟、无污染。目前，全国已有多处秸秆气化集中供气示范点，但由于秸秆气化的投资成本太高，且存在燃气热值偏低等问题，仍有待技术上的改进。

秸秆发酵制沼在我国有悠久的历史，已得到普遍的应用。秸秆发酵制沼是将农作物秸秆在厌氧环境中利用多种微生物发酵降解成沼气，同时产生副产品沼液和沼渣的秸秆利用方式。沼气中含有 50%～70%的 CH_4，是一种清洁燃气，常用于烧火、照明和水果保鲜等。农作物秸秆既可以直接投入沼气池，也可以先作为牲畜的饲料，以牲畜排放物的形式投入沼气池。但是，目前由于技术及设备的约束，尤其是存在产气量偏低、设备维护成本高等问题，秸秆制沼技术的推广应用受到了制约。

生物质发电是解决我国电力缺口和秸秆焚烧问题的有效途径，是最具有开发利用潜力的可再生清洁能源，被列入"十二五"规划国家重点支持产业，据有关专家推算，到 2020 年我国将增加 900 个生物质能发电厂。《生物质能发展"十三五"规划》指出，到 2020 年，我国生物质能年利用量超过 5800 万吨标准煤。其中，生物质发电装机容量达到 1500 万千瓦，年发电 900 亿千瓦时，生物天然气年利用量 80 亿平方米，生物液体燃料年利用量 600 万吨，生物质成型燃料年利用量 3000 万吨。

4）农作物秸秆的基料化

水稻、小麦、高粱、玉米、棉花等多数农作物秸秆富含纤维素、木质素等有机物，经微生物发酵技术处理可以作为栽培食用菌和花卉的好基料，养殖高蛋白蝇蛆、蚯蚓等。食用菌有较高的药用价值和营养价值，利用秸秆栽培食用菌，不仅能有效解决食用菌的栽培原料短缺问题，利用潜力巨大，还能提高秸秆转化率以及食用菌的质量和产量。经过长时间的发展，目前利用秸秆栽培香菇、金针菇、平菇、鸡腿菇等的技术已经较为成熟，但技术条件要求较高，如用玉米秸秆和小麦秸秆栽培食用菌的产出率偏低。同时，栽培食用菌的下脚料是一种优质肥料，其有机质含量达到30%以上，相当于秸秆和牲畜粪便直接还田的3倍左右。这种肥料既可以直接还田以改良土壤性能，也可以进一步加工为有机肥、无机肥、苗木基质等。

5）农作物秸秆的材料化

除了用于栽培食用菌和花卉，农作物秸秆还作为工业原料广泛用于工业生产，既是优质的天然造纸原料，也是重要的建材、纺织和轻工原料，用于生产可降解的建筑材料、膜材料、包装材料等。目前，我国造纸制浆行业约有30%的原料取自农作物秸秆，利用秸秆制浆和造纸不仅成本低廉，而且易施胶，成纸平滑度较好。我国一次性餐具的消费市场庞大，用秸秆生产可降解的一次性餐具，不仅成本低，无污染，而且可以部分取代木材，能在一定程度上保护森林资源。利用秸秆生产的人造纤维板和轻质建材板等建筑材料，主要用于房屋的外墙、外墙内衬、内隔墙、各种装饰板材、一次成型家具等，能有效解决我国人造板生产原料供给紧张的问题，而且生产过程中不会产生污染，拆除后板材也可以天然降解。利用秸秆生产的新型保温材料，具有较强的保温性、装饰性和耐久性。利用秸秆生产的缓冲包装材料，其体积小、重量轻、压缩性能好，而且可降解，不会污染环境。除此之外，还可以利用秸秆制造人造丝和人造棉，生产酒、饴糖、糠酸和木糖醇等。

7.1.2 农户畜禽粪便的处置行为分析

1. 我国畜禽养殖业的现状及面源污染

1）我国畜禽养殖业的发展现状

我国是世界上经营畜禽养殖业最早的国家之一，近年来随着经济的发展，人民生活水平的提高，畜禽养殖业得到快速的发展。第一，农区畜牧业已经改变过去作为副业的生产地位，成为国民经济及农业生产中相对独立的部门；第二，为满足城市人民对肉、蛋、奶等农产品的需求，在一些大城市周围的农村，规模化畜禽养殖业如雨后春笋蓬勃发展，已经达到相当高的水平；第三，农村家庭自给自足的畜禽养殖也在向以市场交易为主的养殖方向发展，部分农民养殖了较多畜禽，除自行食用，还出售一部分，用以增加收入，改善经济条件。

我国的养殖业经济在农村发展及改善农民生活方面占据了非常重要的地位。随着我国改革开放和经济的发展，我国畜牧业得到了迅猛的发展，广大农民不仅在发展畜牧养殖业中获得收益而致富，也在向城市不断输入畜禽产品，丰富了市民的"菜篮子"，提高了人民群众的生活水平。据统计，农民家庭经营收入中的畜牧生产份额在1980～2012年一直保持在15%～30%。2012年我国各省（自治区、直辖市）农户家庭经营收入中畜牧生产所占份额如表7-5所示。

表7-5　2012年我国各省（自治区、直辖市）农户家庭经营收入中

畜牧生产所占份额　　　　　　（单位：%）

（自治区、直辖市）	份额	（自治区、直辖市）	份额	（自治区、直辖市）	份额
全国合计	23.46	浙江	22.02	重庆	43.24
北京	18.99	安徽	16.75	四川	39.17
天津	19.47	福建	17.02	贵州	32.22
河北	19.69	江西	21.19	云南	25.64
山西	19.13	山东	18.98	西藏	31.78
内蒙古	44.73	河南	25.86	陕西	19.48
辽宁	30.71	湖北	15.10	甘肃	21.64
吉林	21.78	湖南	23.80	青海	37.45
黑龙江	10.69	广东	29.04	宁夏	35.62
上海	22.83	广西	31.67	新疆	17.58
江苏	16.64	海南	17.81		

资料来源：国家统计局中国经济景气监测中心. 分地区农村居民家庭现金收入. 中国经济景气月报，2013（4）：1196.

在对重庆市四个地区和浙江省温州市的调查中，可以发现农户的畜禽养殖业主要集中在猪和鸡上，多以自行食用为目的，也有少数农户会将喂养的畜禽出售。畜禽粪便一般用作肥料，施入农田。其中在重庆市340个被调查对象中，有165个农户喂养了猪，有226个农户喂养了鸡，另有部分农户喂养了牛、鸭等，羊、马和鹅则很少有农户喂养。畜禽类的粪便基本都是用作肥料，而猪、牛、羊的粪便除用作肥料，还有农户用来作为沼气发酵原料生产沼气。浙江省温州市113个被调查对象中，喂养猪的农户只有10个，喂养鸡的农户有37个，很少有农户喂养牛、羊、马、鸭和鹅等，喂养这些畜禽的农户基本都是为了自食，畜禽粪便基本都用作肥料施入农田。

2）畜禽养殖业的面源污染

（1）畜禽养殖粪便污染。畜禽粪便用作肥料是我国劳动人民在长期生产实践中总结出来的，促进了农业的增产丰收。过去一家一户饲养，畜禽粪便容易收集，大多数采用填土垫圈的方式或堆肥方式利用畜禽粪便，俗称农家肥。长期以来，人们一直利用农家肥料给作物施肥，但近年来随着农业化学的进步，化肥的用量越来越多，而因为运输成本和新一代农民对粪便的厌恶，农家肥的一些作用逐渐被化肥取代，人民逐渐开始忽视农家肥，不珍惜农家肥。因而畜禽粪便已形成了公害，特别是大城市郊区的集约化大型畜禽养殖场，畜禽粪便不仅没有被认为是资源，而且被视为环境污染的污染源。一些畜牧场的粪便没有出路，长期堆放，任其日晒雨淋，空气恶臭，蚊蝇滋生，污染周围水环境。在畜牧业生产中，清洗、消毒等产生的污水数量大大超过畜禽粪便的排放量。这些污水中含有大量的有机质和消毒剂的化学成分，而且可能含有病原微生物和寄生虫卵等。随着全国各大中城市"菜篮子"工程的建设，大批规模化畜禽养殖场相继建成。为做好大型养殖场的卫生防御工作，保证大型养殖场畜禽场所的清洁环境，这些规模化养殖场多数采用水冲式栏圈，畜禽粪尿随水冲洗直接排出场外，有的建有化粪池，有的干脆直接外排。外排后，不仅造成畜禽场所周围环境脏、乱、差，而且污染周围环境，尤其对场区地下水造成严重威胁。据测定，猪场污水中总固体物为 15~47g/L，化学需氧量（chemical oxygen demand，COD）为 32.5~55g/L；牛场污水沉淀物中 COD 为 14~32.8g/L，生化需氧量（biochemical oxygen demand，BOD）为 4.2~5.2g/L，总固体悬浮物 6g/L。在 1mg 牧场污水中有 83 万个大肠杆菌，69 万个铲球菌。未经过处理的污水流入河流、水塘、湖泊，由于细菌的作用，大量消耗水中的氧气，使水体由好氧分解变为厌氧分解，水质变臭，并导致富营养化，污染环境，危害人体健康。

改革开放三十多年来，我国农业生产能力获得了较大幅度的提高。畜禽散养户不断增多，大量畜禽粪便没有处理就直接排放，粪便污染逐年加重。有资料显示，养殖一头猪所产生的废水量是一个人产生废水量的 7 倍，而养殖一头牛则是一个人产生废水量的 22 倍。这些有机物未经处理，渗入地下或进入地表水，使水环境中硝态氨、硬度和细菌总数超标，严重威胁着居民饮用水的安全。

（2）畜禽养殖业的面源污染。随着养殖业集约化比例的提高，养殖业畜禽粪便对环境的污染日益突出。养殖集约化比例提高，排放物中含有的氮、磷以及饲料残留物将导致单位面积土地上的畜禽排放量显著增加。若不加以重视，将给环境带来严重的后果。动物粪便不仅气味难闻，而且，若在草地上撒布含有过量钾的粪便，将会导致奶牛产乳热发病率增高。同时，氮和磷被排入水体，则易导致水体富营养化，使水质变差。以硝酸盐形式存在于水中的氮若被人饮用，则会对人体健康造成危害。若土壤中养分过剩，则会使土地的生态平衡遭到破坏。现代化封闭型的规模化养殖技术促进了我国城市畜禽养殖向高产、优质、高效发展，但也使畜禽养殖业脱离了种植业，成为高度专业化生产，对环境产生不良后果。畜禽排放的大量粪尿与废水，未经妥善回收利用与处理处置，对环境造成严重污染，成为与工业废水和生活污水一样大的污染源，其污染负荷甚至超过工业废水和生活污水的总和。若干畜禽粪便、尿的化学组分与浓度如表 7-6 所示。

表 7-6　若干畜禽粪便、尿的化学组分与浓度

项目	猪		牛		鸡粪
	粪	尿	粪	尿	
BOD$_5$/(mg/L)	63 000	5 000	24 500	4 000	65 000
TSS/(mg/L)	216 700	—	120 000	5 000	—
T-N/(mg/L)	4 660	7 780	9 430	8 340	16 300
P$_2$O$_5$/%	1.68	0.15	0.44	0.004	1.54
K$_2$O/%	0.14	0.33	0.12	1.89	0.85

从表 7-6 可以看出，畜禽养殖业的粪尿排放物及废水含有大量的有机物，氮、磷、钾、悬浮物固体及致病菌等，并有恶臭。如果不经妥善处理排入环境，将会对地表水体、地下水、土壤和空气造成严重污染，并危及畜禽本身及人体健康。

对于畜禽业污染，国外早已认识到，日本早在 20 世纪 60 年代就提出了畜产公害问题。欧洲的荷兰南部、比利时、德国西部的下萨克森州、丹麦、法国的布列塔尼亚等地的畜禽业发达地区也都为畜禽粪尿与废水造成的严重污染危害所困扰。我国城市养殖业发展起步晚，但发展势头较猛，加上人们对畜禽粪便污染缺乏足够的认识，也缺乏对畜禽养殖业污染系统的监测和调查研究的基础资料与数据，其污染无论在管理上、政策上和技术上都显得滞后。

虽然我国近年来农村经济快速发展，畜禽养殖生产规模不断扩大，集约化程度越来越高，但由畜禽养殖业带来的环境问题也越显突出，目前已经成为农村面源污染的主要来源之一。

在重庆市北碚、合川、丰都、石柱和浙江省温州市的调查发现，畜禽养殖业及国内养殖业目前存在的问题主要有以下几个方面：一是部分养殖场和养殖小区没有污水处理设施，产生的畜禽养殖废水大多排放至附近沟渠、洼塘和低洼处，造成沟渠水体发黑、发臭，粪便和污水直接排入坑塘内或河里，将粪便和场地冲洗水直接排入河中，严重污染了当地地下水体，同时养殖场散发的臭味，致使养殖场周围 200 米左右常人难以接近，对周围居民生活带来了严重影响；二是部分收集的畜禽粪便露天堆放，这些露天堆放场地一般没有必要的防渗措施，粪便在堆放过程中会因降雨冲淋使大量污染物随地表径流进入附近河

道或沿途下渗进入地下水层污染地下水水质；三是某些散养的畜禽也会造成污染，例如，某村在河道两侧露天散养不少奶牛，雨季时大雨将畜禽粪便冲入河道，给水体带来污染。

（3）规模化畜禽养殖业面源污染特点。畜禽养殖业带来的污染已成为我国日益严重的环境问题，其主要特点如下。

第一，畜禽废弃物产生量大。国家环保总局 2000 年对全国 23 个规模化畜禽养殖集中的省、市调查显示，我国 1999 年畜禽废弃物产生量约为 19 亿吨，是工业固体废物产生量 7.91 亿吨的 2.4 倍，畜禽废弃物不仅产生量大，而且畜禽废弃物中含有的大量有机污染物对环境构成严重的污染威胁。畜禽粪便中污染组分有 BOD、氨氮等，每年因畜禽粪便排放产生的 COD 就达 7118 万吨，已远远超过工业和生活污染物的 COD 之和。

第二，畜禽废弃物污染环境严重。随着规模化畜禽养殖业的发展，畜禽废弃物产生量也随之不断增加。据调查，全国每年产生的畜禽废弃物为 19 亿～20 亿吨，不仅产生量大，而且全国约 90%的畜禽养殖场没有综合利用和污水治理设施，畜禽废弃物污水任意排放现象极为普遍。大量畜禽废弃物污水未经处理直接进入水体，加剧了河流、湖泊的富营养化，造成了严重的环境污染。据估计，目前畜禽废弃物中氮、磷的流失量已大于化肥的流失量，约为化肥流失量的 122%和 132%。畜禽废弃物产生的环境污染，已成为我国农村面源污染的主要来源之一。

第三，畜禽废弃物污染严重威胁和影响大中城市的区域环境质量。许多规模化畜禽养殖场为便于运输，建在大中城市近郊，城市近郊没有足够的土地消纳大量畜禽废弃物，加上监管不力，造成畜禽废弃物随意丢弃、污水乱排乱放，给大中城市带来了巨大的环境压力，严重影响大中城市的环境质量。据调查，畜禽废弃物污染已占污染总负荷的 36%，并分别超过了居民生活、农业、乡镇工业和餐饮业对环境的影响，是造成黄浦江严重污染的主要原因之一，严重威胁和影响上海的环境质量。

（4）规模化畜禽养殖业面源污染的影响。

第一，污染地表水体和地下水环境。畜禽养殖场未经处理的污水中含有大量的污染物质，其污染负荷很高。高浓度畜禽养殖污水排入江河湖泊中，高含量的氮、磷造成水质不断恶化，导致水体严重富营养化；大量畜禽废弃物污水排入鱼塘及河流中，会使对有机物污染敏感的水生生物逐渐死亡，严重的将导致鱼塘及河流丧失使用功能。而且，畜禽废弃物污染水中有毒、有害成分一旦进入地下水中，可使地下水溶解氧含量减少，水体中有毒成分增多，严重时使水体发黑、变臭，造成持久的有机污染，使原有水体丧失使用功能，极难治理和恢复。

第二，污染大气环境。畜禽养殖过程会产生大量的恶臭气体，其中含有大量的氨、硫化物、甲烷等有毒有害成分，污染养殖场及周围空气，影响养殖场员工的身心健康。同时有的畜禽养殖场离文教区、居民生活区较近，恶臭污染问题导致养殖场与周围群众关系十分紧张，有的甚至引发社会矛盾。

第三，传播疾病。畜禽废弃物中的污染物中含有大量的病原微生物、寄生虫卵以及滋生的蚊蝇，会使环境中病原种类增多，病原菌和寄生虫大量繁殖，造成人、畜传染病的蔓延，尤其是人畜共患病时，会导致疫情发生，给人畜带来灾难性危害。

第四，破坏农田生态环境。高浓度的畜禽养殖污水长期用于灌溉，会使作物陡长、倒伏、晚熟或不熟，造成减产，甚至毒害作物，出现大面积腐烂。此外，高浓度污水可导致土壤孔隙堵塞，造成土壤透气、透水性下降及板结，严重影响土壤质量。

正因为畜禽废弃物会对环境造成严重污染，许多国家将畜禽污染的管理作为环境保护的重要内容，制定法律、法规，严加控制管理。

2. 我国畜禽粪便资源量

1）畜禽粪尿的排放系数

改革开放以后，畜禽养殖迅速发展，养殖规模逐渐扩大，特别是运输条件的不断改善、保鲜运输设备的改进，使畜禽的远距离运输成为可能，畜禽的大规模养殖并不像以前一样局限在大中城市周边，许多远离城市的农村地区也建起了畜禽养殖场。养殖规模、养殖方式和分布区域的变化，导致畜禽养殖污染呈现总量增加、程度加剧和范围扩大的趋势。畜禽粪尿排放量与动物种类、品种、性别、生长期、饲料甚至天气等诸多因素有关，但一般波动不会太大。表 7-7 中列出了上海市环境保护局公布的数据。表 7-8 列出了中国农业科学院北京畜牧兽医研究所张子仪的试验资料，是对猪排放粪尿量按其公母长幼及体重大小测得的粪尿数据，数据相差较大。我国生猪的生长期一般为 180 天，肉禽一般是 55 天，应按照不同动物的生长期计算其一年的粪尿排放量。

表 7-7　畜禽粪尿的日排放量　　　　（单位：g/（头、只））

污染物	生猪	蛋禽	肉禽	牛
粪	2 200	75	150	30 000
尿	2 900	—	—	18 000
BOD$_5$	203	—	—	805
氨氮	37.5	0.9	1.8	12

表 7-8　畜禽粪尿年排放量　　　　（单位：kg/（头、只））

污染物	生猪	蛋禽	肉禽	牛
粪	396	27.38	8.25	10 950
尿	522	—	—	6 570
BOD$_5$	36.54	2.46	0.74	293.83
氨氮	6.75	0.33	0.099	4.38

2）畜禽养殖业的粪便资源量

规模化畜禽养殖场所产生的最主要的污染物是粪尿和大量的臭气。一个年产万头生猪的大规模集约化养猪场每天排放的粪污可达 100～150 吨，BOD$_5$ 高达4000～6000mg/L。我国一些大城市畜禽养殖业的粪尿排污量的人口当量均超过3000～4000 人口。尽管畜禽养殖过程中会产生一定的污染，但畜禽粪便却是非常好的有机肥，是一种资源，对其合理利用是农业增产丰收的重要保障。根据我国每年生产和出栏的畜禽数量及不同动物的粪便排放系数，初步估算我国每年生产的畜禽粪便量如表 7-9 所示。

表 7-9　我国各种畜禽粪便排放量及粪便资源总量

牲畜	年排放量/亿吨	其中含量/kg		
		氮	磷	钾
马	6	80	12	70
奶牛	5	84	11.4	42
猪	1.7	15.2	4.6	12
绵羊	0.75	14.6	4.2	15
畜禽粪便总量/亿吨	33.3			

3. 畜禽粪便污染的处理处置及资源化利用

畜禽养殖业在排放大量有机污染物的同时，排放大量的氮、磷、钾等营养盐，可见畜禽粪便既是污染源，又是宝贵的农业资源。畜禽粪便污染的处理处置及资源化利用的途径很多，现简单介绍如下。

1）畜禽粪便肥料化

粪便是一种良好的有机肥料资源，含有大量的有机物及丰富的氮、磷、钾等营养物质（表 7-10），几千年来，我国农民一直将它作为提高土壤肥力的主要来源。

表 7-10　有机肥中氮、磷、钾含量

名称	氮/%	磷/%	钾/%
猪粪	0.55	0.50	0.45
猪粪尿	0.50	1.35	0.40
鸡粪	1.63	0.54	1.85

近年来，人们开展了对畜禽粪便肥料化技术的研究，目前有很多地方已经建成有机肥生产厂，常采用的方法有厌氧发酵方法、快速烘干法、微波法、充氧动态发酵法，通过将畜禽粪便与辅料混合、发酵、干燥、造粒等工艺处理，制成无味、高效的有机肥料，具有很大的市场潜力，真正实现了粪便资源化和商品化。

根据原国家环境保护总局畜禽养殖污染防治管理办法的规定，畜禽养殖污染防治应实行综合利用优先，资源化、无害化和减量化的原则。畜禽养殖场必须设置畜禽废渣的储存设施和场所，采取对储存场所地面进行水泥硬化等措施，防止畜禽废渣渗漏、散落、溢流、雨水淋失、恶臭气味等对周围环境造成污染和危害。畜禽养殖场应保持环境整洁，采取清污分流和粪尿的干湿分离等措施，实现清洁养殖。禁止向水体倾倒畜禽粪渣。运输畜禽废渣必须采取防渗漏、防流失、防遗散及其他防止污染环境的措施等。

生产有机肥料不仅能提高农产品质量，而且对农产品没有污染，又能改善土壤性状，符合国家产业政策，具有很好的发展前景。据全国农技推广服务中心肥料处介绍，目前我国有机肥料生产企业有 500 多家，大致可分为三种模式：一是精制有机肥料类，以提供有机质和少量养分为主，是绿色农产品和有机农产品等的主要肥料，生产企业占 31%；二是有机无机复混肥料类，既含有一定比例的有机质，又含有较高的养分，生产企业占 58%；三是生物有机肥料类，产品除含有较高的有机质，还含有改善肥料或土壤中养分释放能力的功能菌，生产企业只占 11%，生物技术的发展和突破，必将推动生物有机肥料的发展。各养殖小区产生的鸡粪进入有机肥生产企业生产有机肥，不仅实现了废物无害化、资源化，而且对周围环境不产生污染影响。

2）畜禽粪便能源化

畜禽粪便中含有大量的有机肥，在高温（35～550℃）厌氧条件下利用厌氧细菌的分解作用，将有机物（碳水化合物、蛋白质和脂肪）经过厌氧消化作用转化为沼气和二氧化碳。采用以厌氧发酵为核心的能源环保工程，是畜禽粪便能源化利用的主要途径，是一种有效处理粪便和资源回收利用的技术。目前，这种工艺已经基本成熟。经过发酵的沼渣，病原体已基本被杀死，不会对农作物造成干扰而发生病虫害，因而是优质的有机肥。沼渣液中含粗蛋白、粗脂肪、粗纤维、粗灰分、无氮浸出物、氨基酸，另外还含有核黄素、烟酸、铜、硒、磷等多种营养素，因此可作为饲料，可用于养殖畜禽，节省饲料资源。沼液中存在着许多氨离子和多种微生物，并含有吲哚乙酸和赤霉素等物质，能够杀菌并对有害病菌有抑制作用，因此，沼液的病菌杀死率为 95.25%。

3）畜禽粪便饲料化

畜禽粪便中含有很多未被消化吸收的营养物质，如粗蛋白质、脂肪、无氮浸出物、钙、磷、微生物，尤其是消化道较短的禽类，粪便中的养分含量更高。但同时畜禽粪便中含有许多潜在的有害物质，如矿物质微量元素（重金属，如铜、锌、砷等）、各种药物（抗球虫菌、磺胺类药物等）、抗生素和激素等以及大量的病原微生物、寄生虫及其卵，畜禽粪便中还含有氨、硫化氢、吲哚、粪臭素等有害物质。所以，畜禽粪便只有经过无害化处理后才可用作饲料。带有潜在病原菌的畜禽粪便经过高温、膨化等处理后，可杀死全部的病原微生物和寄生虫。使用经无害化处理的饲料喂畜禽时，只要控制好畜禽粪便的饲喂量，禁用畜禽治疗期的粪便作为饲料，并且家畜屠宰前不用畜禽类粪便作为饲料，就可以消除畜禽粪便作为饲料对畜产品安全性的威胁。

4）畜禽粪便资源化发展的技术方向

解决畜禽粪便污染的根本出路是发展生态农业，走可持续发展之路，以促进生态环境良性循环。虽然国内已有部分养殖场开始利用各项技术对畜禽粪便进行减量化处理、资源化利用，但是投资力度明显不足、技术单一、粪便利用率低、遗留问题难解决。对于畜禽粪便这一严重污染环境的可再生资源，必须把现有的资源化技术在一定程度上进行科学组合，综合治理，遵循资源化、减量化、无害化、生态化、产业化的原则，将畜禽粪便由废弃物变成资源，变成农工业的肥料、饲料和燃料，使畜禽粪便得到多层次的循环利用，才能有效地解决养殖业的环境污染问题。例如，先对畜禽粪便进行固液分离，把分离出的固体堆肥、生产蚯蚓或饲料，液体用厌氧发酵法处理，发酵后的产物中，沼渣堆肥，沼气用来照明或采暖，最后把剩余的液体再用好氧法进一步处理。这样通过固液分离技术的综合处理，既提高了对畜禽粪便处理的效果和综合利用率，又取得了良好的环境效益、经济效益和社会效益。目前，把几种方法有机结合起来使用已成为畜禽粪便资源化技术发展的主要方向。

7.1.3　农膜的处置分析

废旧农膜回收问题是世界各国都面临的一个顽疾。国外的农用地膜厚度一般是 0.02～0.05mm，其抗拉强度比较大，可以持续使用 2～3 年，因此主要采用收卷式回收农用地膜。有半机械化和全机械化的残膜回收两种方式，应用比较多且较成熟的是半机械化作业的残膜回收机，是在农作物收获后对残膜进行回收，该机具只完成了农用地膜的挑起工作，残膜捡拾还需要大量的人力作业，所以相对工作效率较低，但该机具结构简单，制造成本低，并且工作幅宽可以根据农用地膜宽度进行调整，所以目前在国外得到了广泛的应用。全机械化残膜回收的机具种类各不同，该类残膜回收机在拖拉机的驱动下作业，卷膜辊的转速根据辊上残膜的多少由液压控制，以保证卷膜辊转速与捡拾速度的协调性。除机械化回收，一些国家一方面推广使用高强度、耐老化地膜，另一方面积极研发可降解地膜，其残膜经过一定时间形成无害物质溶入土壤中。与其他材料一样，如果对塑料处理不善，则会给环境带来负面影响。塑料本身是可以再生的材料，加强塑料回收利用力度，对于我国这样一个资源紧缺、人口众多的国家显得尤为重要，应该受到广泛关注。

我国现行的废旧农膜回收以人工捡拾为主，废旧农膜机械化回收率不到15%。一是由于各地的种植方式不同，废旧农膜机械化回收机具的差异大，地域适用性差；二是由于废旧农膜回收效益低，据调查，回收 1 亩地残膜一个人需 8 天的时间，加上回收渠道不畅，农民收集农膜后，多就地焚烧处理，或者堆积在田埂或田间道路上，不再理睬；三是由于对废旧农膜残留的危害认识不足。

7.2　农户农业生产的废弃物处置调查情况统计分析

农业垃圾及废弃物主要指在农业生产、畜禽养殖、农副产品加工和农村生活中产生的垃圾与废弃物的总称。农业垃圾及废弃物主要包括四类：一是农作物残留物，如秸秆、落叶、树枝等；二是畜禽养殖废弃物，如牲畜和家禽粪尿等；三是农副产品加工废弃物；四是农村生活垃圾及废弃物，如农村居民生活垃圾、农药瓶、化肥袋、农村建筑垃圾等。我国是世界上农业垃圾及废弃物产出量最大的国家。农业垃圾及废弃物的处理处置关系到我国农业面源污染治理任务及节能减排任务的完成，以及循环农业和农业可持续发展的实现。多年来，农业垃圾及废弃物处置问题一直是各级政府高度关注的问题。当前，我国正大力开展新农村建设，推动城乡环境综合治理工作，加大了对废弃物处置的支持力度，但是，由于我国农村地域广阔，农村人口居住分散，农业垃圾及废弃物问题的解决仍任重道远。

针对农业垃圾及废弃物的处置问题，本书通过对重庆市北碚、合川、丰都、石柱和浙江省温州的实地问卷调查及访谈，深入了解当前的农业废弃物处理状况及农户对此的认知和态度，研究不同地区影响农户农业废弃物处置行为的因素，以期望能为我国农业面源污染的治理、农业可持续发展的实现提供帮助。

通过整理和统计重庆市北碚、合川、丰都、石柱的 340 份有效问卷和浙江省温州的 113 份有效问卷的结果，对农户对农业垃圾及废弃物的认知和处置行为从以下几个方面进行分析。

7.2.1　农户对农业垃圾及废弃物的认知

1）农户对农村生活废弃物的危害的认知

表 7-11 反映的是农户对农村生活废弃物的危害的认知情况。农村生活废弃物对农村环境造成了严重的污染，对农村居民的生活构成了很大的威胁，从调查结果来看，农户对此已经有所了解和认识。重庆市有接近一半的样本农户意识到农村生活废弃物会对其生命健康构成威胁，有 43.24% 的农户认为农村生活废弃物会对饮用水安全产生负面影响，另外还有 28.24% 的农户认为部分生活垃圾会造成重金属沉积在土壤中。浙江温州同样有约一半的样本农户认为农村生活所产生的垃圾和废弃物会对农村居民的生命健康造成影响，还有 26.55% 的农户认为会威胁饮用水安全，这一比例低于重庆的样本农户。

表 7-11　农户对农村生活废弃物的危害的认知情况

	水体富营养化	重金属沉积土壤	威胁饮用水安全	威胁农民生命健康	其他
重庆（频数）	13	96	147	160	20
重庆（比例/%）	3.82	28.24	43.24	47.06	5.88
浙江（频数）	15	20	30	57	5
浙江（比例/%）	13.27	17.70	26.55	50.44	4.42

2）农户对大量不合理施用化肥的危害的认知

表 7-12 反映的是农户对大量不合理施用化肥的危害的认知情况。前面已经提到了合理施用化肥的作用以及大量不合理施用化肥的危害，从调查结果来看，重庆市和浙江温州均有超过一半的样本农户认为化肥的大量施用会导致土壤板结，影响土壤肥力和性能，不利于耕作。重庆市和浙江温州分别有 35.59% 和 23.89% 的农户认为不合理施用化肥会造成重金属元素沉积在土壤中，污染土壤。重庆市有 21.18% 的样本农户认为大量施用化肥会通过降低土壤性能，造成水土流失，浙江温州的这一比例仅为 7.08%。另外，由于化肥中往往富含氮、磷、钾等元素，排入水体中易形成水体富营养化，浙江温州和重庆分别有 17.70% 和 10.59% 的农户意识到这一威胁。

表 7-12　农户对大量不合理施用化肥的危害的认知情况

	水体富营养化	重金属沉积土壤	水土流失	形成酸雨	排放温室气体	土壤板结	其他
重庆（频数）	36	121	72	61	36	171	8
重庆（比例/%）	10.59	35.59	21.18	17.94	10.59	50.29	2.35
浙江（频数）	20	27	8	8	2	67	4
浙江（比例/%）	17.70	23.89	7.08	7.08	1.77	59.29	3.54

3）农户对农业生产活动中自身利益与整体利益的认知

农户在从事农业生产活动时，通常不是一个独立的个体，其行为会影响到其他农户的耕作活动，会影响到农产品购买者的人身健康，还会影响到整个农业生产和生活环境。因此，农户在农业生产活动中，在考虑自身的生产成本和收益的同时，应充分考虑到自身生产行为对周边环境及其他利益相关者的影响，如在耕种土地使用化肥和农药时，应从保护自然环境和维护粮食安全出发，不可过量使用化肥和农药。对于自身利益与整体利益的衡量，如表 7-13 所示，重庆市和浙江温州均有 80%左右的农户表示在农业生产中会对整体利益有所考虑，其中重庆市农户表示会较多考虑整体利益的比例为 15.88%，高于浙江温州的 4.42%。另外，重庆市和浙江温州分别还有 22.06%和 19.47%的农户在耕种农作物时不曾考虑过自身生产行为对自然环境和周边农户、农产品买家的影响，这表明两个地区农户的整体利益意识仍有待加强。

表 7-13　农户对农业生产活动中自身利益与整体利益的认知

	重庆			浙江		
	较多考虑整体利益	有考虑整体利益	从不考虑整体利益	较多考虑整体利益	有考虑整体利益	从不考虑整体利益
频数	54	211	75	5	86	22
比例/%	15.88	62.06	22.06	4.42	76.11	19.47

7.2.2　农户的农业垃圾及废弃物处置行为

1）农药、化肥包装物处理行为

规范农药和化肥包装物的使用与回收，能够减少大量的面源污染来源，起到保护环境的良好作用。通过对问卷结果的分析（表 7-14），可以发现重庆市农户在使用农药和化肥后，将盛装农药和化肥的袋子、瓶罐等包装物随手丢在田里及田间道路或道旁杂物堆的比例达到 75%以上，这种简单的处理方法，很容易引起残留物对土壤及周围环境的污染，如果有小孩接触，还会引起中毒，危害生命健康安全。对比来看，浙江温州的这一情况要好于重庆，60.18%的农户将农药、化肥包装物丢在村里的垃圾堆，但仍有超过 30%的农户会随意丢弃农药、化肥包装物。当前，农药、化肥包装物及残留物仍缺少有效又便利的处理措施，农户严重缺乏处理相关包装物的常识。

表 7-14　农药、化肥包装物处理行为

	随手丢在田里	丢在田间道路或道旁杂物堆	丢在村里的垃圾堆	其他
重庆（频数）	97	160	59	29
重庆（比例/%）	28.53	47.06	17.35	8.53
浙江（频数）	13	25	68	7
浙江（比例/%）	11.50	22.12	60.18	6.19

2）畜禽粪便处理行为

畜禽粪便的处理方式有多种，其中比较常见且有效的一种是建立沼气池，将畜禽粪便放入沼气池中产生沼气，池液和池渣用作化肥还田。从调查结果来看（表 7-15），我国农村当前沼气池的使用比例并不高，重庆和浙江温州分别仅有21.76%和 13.27%的农户使用了这一畜禽粪便处理方式，绝大多数农户仍选择传统的直接排放或就地放置的处理方式。畜禽粪便如果没有经过腐熟就直接倒入田里，没有腐熟的粪便在土壤中发酵，会破坏土壤中所含的氮素养分，降低土壤肥力和性能，抑制农作物的生长。同时，大量畜禽粪便的随意放置，还会散发出难闻的气味，严重污染周边生活环境。调查结果显示，重庆的样本农户选择直接倾倒或就地掩埋畜禽粪便的比例达到了 32.06%，就地放置待农时用作有机肥的比例达到了 40.88%，而浙江温州的样本农户中有高达 76.11%的农户选择就地放置待农时用作有机肥，这表明当前我国农户普遍缺乏与畜禽粪便处理相关的知识及方便有效的处理措施。

表 7-15　畜禽粪便处理行为

	直接倾倒或就地掩埋	就地放置待农时用作化肥	用以建立沼气池	其他
重庆（频数）	109	139	74	31
重庆（比例/%）	32.06	40.88	21.76	9.12
浙江（频数）	6	86	15	6
浙江（比例/%）	5.31	76.11	13.27	5.31

3）畜禽养殖废水处理行为

清洗畜禽身体和饲养场地、器具等所产生的废水中含有大量污染物，如重金属、残留的兽药药品、大量的病原体等，如果不经过处理就直接排放于水体或土壤，将会造成严重的农田污染，恶化水体水质，破坏当地生态环境。一般来说，综合利用畜禽养殖废水是生物质能多层次利用的良好途径，但是，对于我国处于微利经营的养殖行业来说，建设先进的畜禽养殖粪污处理设施所需投资和运行费用都过于昂贵，所以，将畜禽养殖废水简单处理达标后排放成为一种较为现实的选择。从问卷调查结果来看（表7-16），重庆和浙江温州两个地区对畜禽养殖废水的处理情况都不容乐观，分别只有48.53%和33.63%的农户选择将污水简单无害化处理后排放，绝大多数农户仍将污水直接排放在土壤和水体中。相比来看，重庆市的畜禽养殖废水处理现状要好于浙江温州的状况。

表7-16　畜禽养殖废水处理行为

	重庆		浙江	
	直接排放	简单无害化处理后排放	直接排放	简单无害化处理后排放
频数	175	165	75	38
比例/%	51.47	48.53	66.37	33.63

4）农用地膜处理行为

从问卷调查的结果来看（表7-17），重庆市农户回收再利用农用地膜的比例为40.59%，远高于浙江温州的12.39%。浙江温州的农户对农用地膜主要采用把破碎的地膜收集后丢弃在生活垃圾处和就地集中焚烧的处理方式，分别占总样本量的24.78%和16.81%，另外还有10.62%的农户对农用地膜不予处理。值得注意的是，浙江温州有28.32%的农户选择"其他"选项，远高于重庆的5%，这可能是因为浙江温州农户采用农用地膜的比例较低，只能在此问卷项目中选择"其他"。重庆农户对农用地膜的处置方式除了回收再利用，还主要有将破碎的地膜收集后拿回家丢在生活垃圾处以及丢在田间杂物堆，这两个处理方式的比例之和达到49.71%。从农用地膜使用后的处置行为的调查数据可以发现，我国农用地膜的回收再利用率总体仍较低，在对废弃农用地膜的回收问题上重庆地区的情况比浙江温州地区要好，但是仍有较多农户选择随意丢弃或就地焚烧农用地膜，对农业和农村环境造成了一定的污染。

表7-17　农用地膜处理行为

	回收再利用	丢在生活垃圾处	丢在田间杂物堆	就地集中焚烧	不予处理	其他
重庆（频数）	138	101	68	46	12	17
重庆（比例/%）	40.59	29.71	20.00	13.53	3.53	5.00

续表

	回收再利用	丢在生活垃圾处	丢在田间杂物堆	就地集中焚烧	不予处理	其他
浙江（频数）	14	28	8	19	12	32
浙江（比例/%）	12.39	24.78	7.08	16.81	10.62	28.32

5）农作物秸秆处理行为

前面已经提到，农作物秸秆是一种"用则利，弃则害"的生物资源，其用途非常广泛。我国利用农作物秸秆的历史悠久，但是一些传统的秸秆处理方式会污染环境，危害农村居民的健康。从调查结果来看（表 7-18），重庆市和浙江温州的农户在处置农作物秸秆的方式上存在较大差异，但相同的是两个地区的大多数农户都会将农作物秸秆运回家作为燃料，重庆市的这一比例为 59.12%，远高于浙江温州的 32.74%。除了将秸秆用作家用燃料，重庆农户当前的秸秆处理方式主要还有运回家经加工做饲料和直接翻耕在田里以增加土壤肥力，两种方式的比例分别为 25.29%和 21.18%，而浙江温州的农户的其他秸秆处理方式主要有收集后丢在田间或路旁及就地焚烧，两种方式的比例分别为 29.20%和 22.12%。由此来看，重庆市的农作物秸秆综合利用宣传和推广工作取得了一定的进展，重庆市农户对农作物秸秆的有效利用比例远高于浙江温州的农户，当然这可能还与两个地区的历史文化传统及当前经济现状有关。

表 7-18　农作物秸秆处理行为

	加工做饲料	运回家作为燃料	丢在田间或路旁	直接翻耕在田里	就地焚烧	其他
重庆（频数）	86	201	19	72	32	7
重庆（比例/%）	25.29	59.12	5.59	21.18	9.41	2.06
浙江（频数）	6	37	33	9	25	3
浙江（比例/%）	5.31	32.74	29.20	7.96	22.12	2.65

7.3　农户生产的废弃物处置行为的影响因素实证分析

农户是理性的经济行为主体，农户的经济行为会遵循在成本约束条件下的利益或效用最大化的原则。农户的农业生产和管理行为，包括农业垃圾及废弃物处置行为，除受成本、收益等因素的影响，还受到地域环境、文化传统、产业结构、公共政策等因素的影响，因此，不同地区的农户的农业垃圾及废弃物处置行为存在差异。针对农户的农业垃圾及废弃物处置行为，本书将构建经济计量模型，以考察和研究农户废弃物处置行为的影响因素。

7.3.1　模型建立与变量选取

在本次问卷调查中涉及多种农业垃圾及废弃物处置方式，对此，本书对农户的处置行为进行了必要的归类，采用二元选择模型作为农户的农业废弃物处置行为的实证分析模型。

对于被解释变量只取两个离散值的经济研究问题，通常采用 Logistic 回归分析模型建模。本书选择采用 Logistic 模型对农户的农业废弃物处置行为进行分析：

$$\text{Logit}(P) = \ln\left(\frac{P}{1-P}\right) = \beta_0 + \beta_1 X_1 + \beta_2 X_2 + \cdots + \beta_n X_n + \mu$$

其中，β_0 是常数项；β_i 是各变量的回归系数；μ 是随机扰动项。通过公式变换，表达形式可以转换为

$$P_i = U\left(\beta_0 + \sum_{i=1}^{n}\beta_j X_{ij}\right) = 1\bigg/\left[1 + \exp\left(\beta_0 + \sum_{i=1}^{n}\beta_j X_{ij}\right)\right]$$

其中，P_i 是农业废弃物有效处置的概率；U 是家庭效用函数；i 是样本农户的编号；j 是效用函数 U 的第 j 种因素；β_0 是常数项；β_i 是各变量的回归系数。

本书涉及对不同农业垃圾及废弃物的处置行为的考察，因此，有多个被解释变量，主要有农药和化肥包装物处理行为、畜禽粪便处理行为、畜禽养殖废水处理行为、农用地膜处理行为、农作物秸秆处理行为，每个被解释变量取 0 和 1 两个值。为了便于研究，本书从农户家庭特征、农户生产经营特征、农户个人特征、商品交易特征、外部因素五个方面选取解释变量，并采用逐步回归法对解释变量的解释程度进行考察和筛选，以得到不同地区、不同农业垃圾及废弃物的处置行为的影响因素。其中，选取的农户家庭特征变量（FAM）有农户家庭总人口（FAM_1）、农户家庭年总收入（FAM_2）、农户家庭是否有人外出打工（FAM_3）；农户生产经营特征变量（AGR）有农业劳动力数量（AGR_1）、种植面积（AGR_2）、人均农业劳动力种植面积（AGR_3）、主要劳动力性别（AGR_4）、农业生产中是否考虑整体利益（AGR_5）；农户个人基本特征变量（PER）有农户年龄（PER_1）和农户文化程度（PER_2）；商品交易特征变量（TRA）选取农作物的商品率；外部因素（EXT）主要有农户是否接受过技术培训（EXT_1）和农户使用化肥和农药时是否有农技人员指导（EXT_2）。模型中主要研究变量及变量定义见表 7-19。

表 7-19 主要研究变量及变量定义

变量名称	变量定义
被解释变量:	
农药和化肥包装物处理行为（$DEAL_1$）	丢在村里垃圾站取 1,其他取 0
畜禽粪便处理行为（$DEAL_2$）	建立沼气池综合利用取 1,其他取 0
畜禽养殖废水处理行为（$DEAL_3$）	无害化处理后排放取 1,直接排放取 0
农用地膜处理行为（$DEAL_4$）	回收再利用取 1,其他取 0
农作物秸秆处理行为（$DEAL_5$）	资源化合理利用取 1,其他取 0
解释变量:	
1. 农户家庭特征（FAM）	
农户家庭总人口（FAM_1）	农户家庭总人口数
农户家庭年总收入（FAM_2）	农户家庭年总收入
农户家庭是否有人外出打工（FAM_3）	农户家庭有人外出打工取 1,没有取 0
2. 农户生产经营特征（AGR）	
农业劳动力数量（AGR_1）	农业劳动力人数
种植面积（AGR_2）	农作物种植面积
人均农业劳动力种植面积（AGR_3）	人均农业劳动力的农作物种植面积
主要劳动力性别（AGR_4）	性别为男取 1,其他取 0
农业生产中是否考虑整体利益（AGR_5）	有考虑取 1,没考虑取 0
3. 农户个体基本特征（PER）	
农户年龄（PER_1）	青壮年取 1,中老年取 0
农户文化特征（PER_2）	小学取 1,初中取 2,高中取 3
4. 商品交易特征（TRA）	农产品售出量/农产品总产量
5. 外部因素（EXT）	
农户是否接受过技术培训（EXT_1）	接受过取 1,未接受取 0
农户使用化肥和农药时是否有农技人员指导（EXT_2）	有指导取 1,无指导取 0

7.3.2 描述性统计分析

本书为了实证分析方便,将各个农业垃圾及废弃物处置行为归为两类,如农用地膜处理行为分为回收再利用和未回收利用两类。在进行实证分析前,先对模型中的各变量进行描述统计分析。表 7-20 反映的是模型中各被解释变量和解释变量的主要描述性统计结果。

表 7-20　模型中各变量的描述性统计结果

		重庆（N = 340）				浙江（N = 113）			
		最小值	最大值	均值	标准差	最小值	最大值	均值	标准差
被解释变量	$DEAL_1$	0	1	0.174	0.379	0	1	0.637	0.483
	$DEAL_2$	0	1	0.218	0.413	0	1	0.133	0.341
	$DEAL_3$	0	1	0.485	0.501	0	1	0.336	0.475
	$DEAL_4$	0	1	0.406	0.492	0	1	0.150	0.359
	$DEAL_5$	0	1	0.459	0.499	0	1	0.133	0.341
解释变量	FAM_1	1	9	3.865	1.387	2	13	4.708	1.522
	FAM_2	2 920	100 000	28 534	14 795	2 000	120 000	33 049	24 433
	FAM_3	0	1	0.812	0.391	0	1	0.681	0.468
	AGR_1	0	6	2.324	0.846	0	6	2.342	1.210
	AGR_2	0	65	3.762	4.539	0	100	7.853	13.612
	AGR_3	0	32.5	1.774	2.261	0	50	4.107	8.167
	AGR_4	0	1	0.109	0.312	0	1	0.832	0.376
	AGR_5	0	1	0.779	0.415	0	1	0.825	0.382
	PER_1	0	1	0.076	0.266	0	1	0.257	0.439
	PER_2	1	3	1.779	0.717	1	3	1.894	0.783
	TRA	0	1	0.398	0.396	0	1	0.111	0.234
	EXT_1	0	1	0.291	0.455	0	1	0.381	0.488
	EXT_2	0	1	0.335	0.473	0	1	0.398	0.492

　　从被解释变量来看，除了农药和化肥包装物的处理行为（$DEAL_1$），重庆农户对于其他农业废弃物的处置情况都要好于浙江温州。具体来说，重庆农户正确丢弃农药和化肥包装袋（$DEAL_1$）的比例仅为 17.4%，远低于温州的 63.7%；重庆农户通过建立沼气池来综合利用畜禽粪便（$DEAL_2$）的比例为 21.8%，高于温州的 13.3%；重庆农户无害化处理后再排放畜禽养殖废水（$DEAL_3$）的比例为 48.5%，高于温州的 33.6%；重庆农户对农用地膜进行回收再利用（$DEAL_4$）的比例为 40.6%，远高于浙江的 15%；重庆农户对农作物秸秆进行有效的资源化合理利用（$DEAL_5$）的比例为 45.9%，远高于浙江的 13.3%。不同地区的农业垃圾及废弃物处置中农户行为存在显著差异，总体来看，重庆农户相比浙江温州农户来说有更好的行为表现。因此，有必要区分研究不同地区的农户不同农业垃圾及废弃物处置行为的影响因素。

　　从解释变量来看，绝大多数解释变量在重庆地区与浙江温州地区之间存在较大差异。首先从农户家庭特征（FAM）来看，浙江省的样本农户家庭总人口（FAM_1）的均值、最大值和最小值均大于重庆的样本农户；浙江温州的样本农户家庭年总收入（FAM_2）的均值为 33 049 元，大于重庆的 28 534 元；重庆样本农户家庭中有人外出打工（FAM_3）的比例达到 81.2%，大于浙江温州的 68.1%，这表明随着城市化进程的加快,大量农村劳动力转移,涌入城市就业,而且重庆的这一现象要比浙江温州更为明显。从农户生产经营特征(AGR)来看,重庆和浙江温州的农业劳动力数量(AGR_1)无论从最大和最小值还是均值上都呈现基本一致的现象,平均农业劳动力数量为 2.3 人左右;浙江样本农户的种植面积(AGR_2)和人均农业劳动力种植面积(AGR_3)的均值都大于重庆样本农户,这可能与浙江样本农户家庭总人口较多以及农业规模化生产有关;浙江从事农业生产的主要劳动力性别(AGR_4)以男性为主,这一比例达到了 83.2%,远高于重庆的 10.9%;两个地区农户在农业生产中会考虑整体利益(AGR_5)的比例相差不大,均为 80%左右。从农户个人基本特征(PER)来看,无论重庆还是浙江,从事农业生产的多数是中老年人(PER_1),重庆的这一比例达到 90%以上,这也从侧面反映了农村劳动力的转移现象;两个地区样本农户文化特征(PER_2)相差不大。从商品交易特征(TRA)来看,重庆农户所生产的农产品用于出售的比例要高于浙江农户。从其他外部因素(EXT)来看,浙江农户接受过技术培训(EXT_1)以及使用化肥和农药时有农技人员指导(EXT_2)的比例都要高于重庆农户。

7.3.3 模型估计与结果分析

针对重庆和浙江两地的不同农业垃圾及废弃物处置中的农户行为,本书对其影响因素进行了模型估计,利用 SPSS 进行逐步回归分析,采用的是条件参数估计原则下的向后筛选策略。下面将对模型估计得到的结果按照农业废弃物种类分不同地区进行数据整理和对比分析。

1)农药和化肥包装物处理行为

对于农户农药和化肥包装物处理行为的影响因素,从逐步回归结果(表 7-21)来看,重庆和浙江温州之间存在共同影响因素,也存在差异因素。其中,在重庆地区,农户家庭中是否有人外出打工(FAM_3)、农户在农业生产中是否考虑整体利益(AGR_5)、农户是否接受过技术培训(EXT_1)、农户使用化肥和农药时是否有农技人员指导(EXT_2)这四个解释变量通过了显著性检验,而在浙江地区通过显著性检验的变量只有三个,分别是农户在农业生产中是否考虑整体利益(AGR_5)、农户文化特征(PER_2)、农户使用化肥和农药时是否有农技人员指导(EXT_2)。从回归结果各变量的系数符号,可以大致了解这些因素对农药和化肥包装物处理行为的影响方向。

在通过显著性检验,保留在最终回归模型的变量中,重庆地区和浙江温州地区农户在农业生产中是否考虑整体利益(AGR_5)均呈现出与农户的农药和化肥包装物处理行为相一致的影响方向,即在从事农业生产活动时,能在考虑自身效益的同时,考虑自身行为对周边环境和相关利益者的影响的农户,其作出的农药和化肥包装物处理行为明显比不考虑整体利益的农户要正确、规范。农户家庭中是

表7-21　农药和化肥包装物处理行为的模型逐步回归结果

地区	逐步回归	FAM₁	FAM₂	FAM₃	AGR₁	AGR₂	AGR₃	AGR₄	AGR₅	PER₁	PER₂	TRA	EXT₁	EXT₂	常数	R^2
重庆	1	-0.140	0.000	-0.478	0.196	-0.224	0.346	-0.248	0.566	-0.797	0.189	0.445	1.415***	1.740***	-3.730***	75.493
	2	-0.075	0.000	-0.559		-0.180	0.249	-0.239	0.551	-0.834	0.175	0.460	1.430***	1.738***	-3.432***	75.305
	3		0.000	-0.679		-0.201*	0.282	-0.222	0.553	-0.816	0.155	0.485	1.404***	1.746***	-3.520***	75.164
	4		0.000	-0.667		-0.201*	0.280		0.585	-0.801	0.165	0.490	1.407***	1.740***	-3.591***	74.992
	5		0.000	-0.682		-0.207*	0.261		0.629	-0.802		0.549	1.356***	1.716***	-3.257***	74.699
	6		0.000	-0.765*		-0.198	0.248		0.683			0.415	1.289***	1.732***	-3.220***	73.430
	7			-0.863**		-0.182	0.251		0.774*				1.246***	1.751***	-3.089***	72.584
	8			-0.619		-0.182	0.255		0.769*				1.158***	1.827***	-2.863***	71.160
	9			-0.593		-0.059			0.855*				1.159***	1.854***	-2.951***	69.419
	10			-0.644*					0.882**				1.108***	1.905***	-3.140***	68.346
浙江	1	-0.722	0.000	-0.628	-0.094	-0.173	0.223	-1.384	4.327***	19.676	2.519***	-1.536	1.099	-4.544***	-0.797	75.177
	2	-0.724	0.000	-0.630		-0.201	0.276	-1.400	4.349**	19.570	2.527***	-1.552	1.100	-4.543***	-0.961	75.162
	3	-0.848	0.000			-0.177	0.242	-1.440	4.315***	20.092	2.549***	-1.765	1.124	-4.572***	-0.886	74.932
	4	-0.935*	0.000			-0.064*		-1.122	4.257***	19.864	2.725***	-2.084	1.199	-4.858***	-0.991	74.145
	5	-0.777	0.000			-0.057			4.025***	19.283	2.340***	-1.743	0.968	-4.529***	-1.716	72.766
	6	-0.722	0.000			-0.049			3.839***	19.527	2.050***		0.779	-4.125***	-1.672	71.425
	7	-0.671				-0.046			3.945***	19.196	2.076***			-4.222***	-1.594	70.366
	8	-0.384				-0.052*			4.124***	18.933	1.926***			-4.254***	-2.071	69.298
	9					-0.049			4.208***	18.743	1.797***			-4.351***	-3.598***	68.044
	10								3.702***	19.173	1.793***			-3.859***	-3.951***	65.617

注：*、**、***分别表示在0.1、0.05、0.01水平上显著。

否有人外出打工（FAM_3）这一因素显著影响重庆地区农户的农药和化肥包装物处理行为，具体地说，有人外出打工的农户家庭相对而言更有可能随意、不合理地丢弃农药和化肥包装物。这可能是与无人外出打工的农户家庭通常没有额外的收入来源有关，他们更依赖于农业生产的成果，而农药和化肥包装物如果进入土壤，会影响土壤性能和肥力，进而影响农作物的生长以及农产品的产量。所以，无人外出打工的农户家庭在农药和化肥包装物处理上表现得比有人外出打工的农户出色。农户是否接受过技术培训（EXT_1）这一变量在重庆地区同样通过了显著性检验，即与没有接受过培训的农户相比，接受过技术培训的农户在处理农药和化肥包装物时明显更为正确。农户的文化特征（PER_2）显著影响浙江温州地区农户的农药和化肥包装物处理行为，从系数符号来看，农户的文化程度越高，就越有可能将农药和化肥包装物丢弃在正确的地方，这可能是与文化程度高的农户通常更会关注也更能理解农业生产知识和技术有关。农户使用化肥和农药时是否有农技人员指导（EXT_2）在重庆地区和浙江温州地区对农户农药和化肥包装物处理行为表现出不同的影响方向。一般来说，由于农技人员在指导农户使用化肥和农药时，会涉及化肥和农药包装物正确丢弃的常识，接受过技术指导的农户会更有可能作出正确的包装物处置行为。但是在浙江地区，接受过农技人员指导的农户反而更有可能将包装物随意丢弃，这一方面可能与样本量偏小，导致回归结果出现偏差有关，另一方面可能与农技人员在实际指导过程中可能并没有对农药和化肥包装物的正确处理作出必要、可理解的解释和说明有关。

2）畜禽粪便处理行为

从逐步回归结果（表 7-22）来看，重庆地区的模型回归效果比浙江地区要好，这可能与浙江地区样本量相对较小有关。两个地区农户的畜禽粪便处理行为的影响因素存在明显的差异，其中，在重庆地区，通过显著性检验，保留在最终的回归模型中的解释变量有农户家庭是否有人外出打工（FAM_3）、农业劳动力数量（AGR_1）、农户在农业生产中是否考虑整体利益（AGR_5）、农户使用化肥和农药时是否有农技人员指导（EXT_2）这四个因素，在浙江地区，通过显著性检验的变量有农户家庭年总收入（FAM_2）、商品交易特征（TRA）、农户是否接受过技术培训（EXT_1）。

在显著影响重庆地区农户的畜禽粪便处理行为的变量中，农户家庭是否有人外出打工（FAM_3）表现为与农户的畜禽粪便处理行为负相关，即无人外出打工的农户家庭通常更有可能通过建立沼气池来对畜禽粪便综合利用。这可能是因为无人外出打工的家庭将收入重心放在农业和畜牧业生产上，由于畜禽粪便经过沼气化后残留渣液可以用作化肥，这些农户家庭有着更高的对畜禽粪便综合处理的需求。农业劳动力数量（AGR_1）这一因素表现为与农户畜禽粪便处理行为正相关，即农业劳动力人口多的家庭更有可能对畜禽粪便进行资源化利用。农户在农业生产中是否考虑整体利益（AGR_5）在重庆地区与农户畜禽粪便行为正相关，因为能在农业生产

表 7-22　畜禽粪便处理行为的模型逐步回归结果

地区	逐步回归	FAM₁	FAM₂	FAM₃	AGR₁	AGR₂	AGR₃	AGR₄	AGR₅	PER₁	PER₂	TRA	EXT₁	EXT₂	常数	R^2
重庆	1	-0.067	0.000	-0.165	0.386	-0.029	0.012	-0.549	0.670	-0.874	0.134	0.536	0.449	1.760***	-3.374***	55.071
	2	-0.065	0.000	-0.165	0.375	-0.023		-0.549	0.670	-0.875	0.133	0.535	0.450	1.761***	-3.351***	55.069
	3		0.000	-0.266	0.315*	-0.026		-0.542	0.664	-0.861	0.124	0.545	0.439	1.769***	-3.325***	54.974
	4		0.000	-0.296	0.319*	-0.035		-0.550	0.687*	-0.877		0.582	0.403	1.747***	-3.071***	54.729
	5			-0.400	0.304*	-0.035		-0.551	0.677*	-0.876		0.584	0.441	1.708***	-3.124***	54.397
	6			-0.459	0.281			-0.597	0.704*	-0.854		0.483	0.409	1.738***	-3.131***	53.724
	7			-0.462	0.290				0.798*	-0.797		0.475	0.406	1.706***	-3.271***	52.270
	8			-0.529	0.309*				0.836**			0.369	0.352	1.720***	-3.286***	50.791
	9			-0.605*	0.299*				0.907**				0.335	1.713***	-3.100***	49.824
	10			-0.591*	0.312*				0.969**					1.819***	-3.124***	48.674
浙江	1	-6.392	0.001	-4.527	-10.425	6.290	-16.488	-8.841	-0.265	-26.306	4.697	-26.114	5.086	2.607	29.099	60.334
	2	-6.065	0.001*	-4.393	-9.955	6.035*	-15.831*	-8.311		-25.955	4.448	-25.272*	4.951*	2.544	27.476	60.315
	3	-4.714	0.001*	-4.972	-10.470	6.021	-16.129	-8.220		-26.933	4.122	-22.694*	4.456*		28.206	59.305

注：*、**、***分别表示在 0.1、0.05、0.01 水平上显著。

中充分考虑到自身行为对自然环境和粮食安全的影响的农户，通常有更强的环保意识和更高的道德水平，这些农户一般不会随意放置或倾倒畜禽粪便，而更有可能选择对其进行综合利用。在重庆地区，使用化肥和农药时有农技人员指导（EXT_2）的农户，明显比未接受过指导的农户更可能选择建立沼气池，对畜禽粪便进行资源化利用，这表明农技人员的优秀指导对于农户行为的整体规范具有带动作用。在浙江地区，农户家庭总收入（FAM_2）与农户畜禽粪便处理行为正相关，这可能是随着农村居民收入水平提高，农户越来越注重周边环境质量和生活质量，因而会放弃传统的就地放置或直接倾倒粪便的方式，而选择更为环保的综合利用方式。商品交易特征（TRA）在浙江地区对农户畜禽粪便处理行为影响显著，农产品售出比例较高的农户通常更依赖于农业生产和畜牧养殖，更有对畜禽粪便进行利用的意愿。此外，农户是否接受过技术培训（EXT_1）也在浙江地区表现显著，接受过技术培训的农户普遍比未接受过培训的农户更有可能选择建立沼气池来对畜禽粪便进行综合利用。

3）畜禽养殖废水处理行为

对于影响畜禽养殖废水处理行为的因素，从逐步回归结果（表 7-23）来看，重庆和浙江温州之间存在地域差异。在重庆地区，仅有种植面积（AGR_2）、农户在农业生产中是否考虑整体利益（AGR_5）、农户使用化肥和农药时是否有农技人员指导（EXT_2）这三个解释变量通过了显著性检验，而在浙江地区通过显著性检验的变量同样只有三个，分别是种植面积（AGR_2）、人均农业劳动力种植面积（AGR_3）、农户使用化肥和农药时是否有农技人员指导（EXT_2）。

从最终保留在回归模型中的解释变量来看，种植面积（AGR_2）和农户使用化肥和农药时是否有农技人员指导（EXT_2）在重庆地区和浙江地区均表现出与农户的畜禽养殖废水处理行为正相关，也就是说，农作物种植面积大、接受过农技人员指导的农户相对来说更有可能选择对畜禽养殖废水进行无害化处理后再排放。这些种植大户的家庭生计需要依靠种植和养殖的收益，更有需求去学习和掌握相关的知识与本领，包括对畜禽养殖废水直接排放的危害的了解，这会促使这些农户在处理畜禽养殖废水时采取更为安全、有效的方式。农户在农业生产中是否考虑整体利益（AGR_5）这一变量在重庆地区同样表现出与农户畜禽养殖废水处理行为正相关，再一次表明对农户的整体利益意识的教育和宣传至关重要。在浙江地区，虽然种植面积（AGR_2）表现为与畜禽养殖废水处理行为正相关，但是人均农业劳动力种植面积（AGR_3）却与该处理行为负相关。一般来说，人均农业劳动力种植面积大的农户家庭会将更多的精力投入农作物种植中，畜禽养殖规模较小，对其而言畜禽养殖废水无害化处理的成本偏高，因而可能存在明知直接排放有害仍选择直接排放的状况。

4）农用地膜处理行为

对于农用地膜处理行为的解释变量，从逐步回归结果（表 7-24）来看，重庆地区的最终回归模型中保留的解释变量明显多于浙江温州地区，两个地区之间的

表 7-23 畜禽养殖废水处理行为的模型逐步回归结果

地区	逐步回归	FAM₁	FAM₂	FAM₃	AGR₁	AGR₂	AGR₃	AGR₄	AGR₅	PER₁	PER₂	TRA	EXT₁	EXT₂	常数	R^2
重庆	1	-0.158	0.000*	-0.183	-0.115	0.249**	-0.252	0.360	1.509***	0.093	0.330	-0.561	0.335	1.246***	-2.130**	57.321
	2	-0.162	0.000*	-0.171	-0.116	0.250**	-0.253	0.358	1.505***		0.330	-0.553	0.344	1.242***	-2.121***	57.281
	3	-0.200	0.000*	-0.118		0.223**	-0.193	0.367	1.511***		0.336*	-0.547	0.340	1.239***	-2.307***	57.128
	4	-0.221*	0.000*			0.230***	-0.208	0.365	1.513***		0.348*	-0.543	0.342	1.246***	-2.337***	57.047
	5	-0.224*	0.000*			0.228***	-0.205		1.469***		0.329*	-0.544	0.347	1.254***	-2.217***	56.195
	6	-0.203*	0.000			0.221***	-0.188		1.515***		0.281	-0.554		1.357***	-2.110***	54.796
	7	-0.136	0.000			0.139***			1.463***		0.299	-0.527		1.353***	-2.314***	53.357
	8		0.000			0.118***			1.468***		0.283	-0.428		1.389***	-2.634***	51.637
	9					0.119***			1.454***		0.281	-0.468		1.405***	-2.418***	50.906
	10					0.098**			1.374***		0.211			1.376***	-2.327***	48.799
	11					0.078**			1.399***					1.310***	-1.883***	47.426
浙江	1	0.133	0.000	-0.396	0.244	0.113	-0.352	0.623	1.152	-21.725	-0.598	0.373	0.568	1.138*	-1.420	45.379
	2	0.128	0.000	-0.360	0.236	0.117	-0.361	0.593	1.166	-21.758	-0.552		0.615	1.082*	-1.416	45.267
	3	0.087		-0.399	0.186	0.139	-0.407	0.579	1.117	-21.788	-0.511		0.638	1.033*	-1.290	45.135
	4			-0.253	0.232	0.133	-0.395	0.556	1.107	-21.650	-0.489		0.643	1.037*	-1.120	45.057
	5				0.231	0.132	-0.386	0.539	1.116	-21.545	-0.509		0.636	1.004	-1.260	44.911
	6					0.200*	-0.539**	0.581	1.130	-21.459	-0.510		0.684	0.922	-0.734	44.554
	7					0.173	-0.481**		1.122	-21.299	-0.389		0.634	0.853	-0.466	43.945
	8					0.184*	-0.491**		0.785	-21.135			0.623	0.804	-1.021	42.927
	9					0.160	-0.433*		0.712	-21.176				0.857	-0.770	41.695
	10					0.160*	-0.432*			-20.910				1.086**	-0.353	40.566

注：*、**、***分别表示在0.1、0.05、0.01水平上显著。

表 7-24　农用地膜处理行为的模型逐步回归结果

地区	逐步回归	FAM_1	FAM_2	FAM_3	AGR_1	AGR_2	AGR_3	AGR_4	AGR_5	PER_1	PER_2	TRA	EXT_1	EXT_2	常数	R^2
重庆	1	0.082	0.000	0.835*	-0.362	0.217*	-0.465**	-0.275	1.574***	1.336***	-1.237***	-0.896**	-0.134	-0.214	0.968	90.030
	2	0.074	0.000	0.845*	-0.366	0.220*	-0.473**	-0.273	1.552***	1.302***	-1.217***	-0.887**		-0.255	0.928	89.835
	3		0.000	0.952**	-0.293	0.220*	-0.468**	-0.269	1.565***	1.289**	-1.208**	-0.896**		-0.264	0.892	89.658
	4		0.000	0.949**	-0.286	0.219*	-0.468**		1.592***	1.310***	-1.196***	-0.895**		-0.276	0.815	89.270
	5			0.824**	-0.322	0.230**	-0.491**		1.599***	1.316***	-1.212***	-0.888**		-0.311	0.810	88.632
	6			0.860**	-0.326	0.243**	-0.511**		1.667***	1.334***	-1.190***	-0.887**			0.566	87.337
	7			0.798**		0.129*	-0.278**		1.673***	1.381***	-1.192***	-0.843**			-0.151	85.592
浙江	1	0.179	$4.87\times10^{-5*}$	-0.844	0.253	0.259	-0.593	-1.825*	1.584	-23.908	0.439	-5.390**	-0.398	-1.376	-3.229	39.618
	2		$5.21\times10^{-5*}$	-0.631	0.317	0.258	-0.589	-1.818*	1.495	-23.255	0.475	-5.319**	-0.335	-1.345	-2.880	39.503
	3		$5.45\times10^{-5**}$	-0.643	0.257	0.282	-0.642	-1.800*	1.503	-23.239	0.479	-5.528**		-1.343	-2.919	39.374
	4		$5.75\times10^{-5**}$	-0.732		0.347**	-0.796**	-1.799*	1.470	-22.943	0.474	-5.399**		-1.399	-2.240	39.174
	5		$5.00\times10^{-5**}$			0.342**	-0.782**	-1.802*	1.624	-22.590	0.477	-5.382**		-1.429	-2.668	38.735
	6		$4.60\times10^{-5**}$			0.345**	-0.789**	-1.500*	1.738	-22.368		-4.653**		-1.251	-2.056	38.110
	7		$3.86\times10^{-5**}$			0.323**	-0.743**	-1.356	1.036	-21.203		-3.856*			-2.075*	36.159
	8		$4.05\times10^{-5**}$			0.330**	-0.768**	-1.321		-21.030		-3.546*			-1.390	34.779
	9		$3.65\times10^{-5**}$			0.387***	-0.877***			-21.407		-4.137*			-2.185***	32.196

注：*、**、*** 分别表示在 0.1、0.05、0.01 水平上显著。

地域差异较为显著。在重庆地区，通过显著性检验的解释变量有七个，分别是农户家庭中是否有人外出打工（FAM_3）、种植面积（AGR_2）、人均农业劳动力种植面积（AGR_3）、农户在农业生产中是否考虑整体利益（AGR_5）、农户年龄（PER_1）、农户文化特征（PER_2）以及商品交易特征（TRA），而在浙江地区通过显著性检验的变量只有四个，分别是农户家庭年总收入（FAM_2）、种植面积（AGR_2）、人均农业劳动力种植面积（AGR_3）和商品交易特征（TRA）。

首先从重庆和浙江农户农用地膜处理行为的共同影响因素来看，两个地区的共同影响因素有三个，分别是种植面积（AGR_2）、人均农业劳动力种植面积（AGR_3）和商品交易特征（TRA），且三个变量对被解释变量的影响方向一致。种植面积大的农户，往往接受过相关种植知识的教育和培训，更重视农业生产的成本与收益，更能意识到如果将用过的农用地膜丢弃将造成很大的浪费，因此这些种植大户选择对农用地膜进行回收再利用的比例较高。人均农业劳动力种植面积小的农户表现出有更强烈的回收再利用农用地膜的意向，这可能是因为这部分农户家庭人均可耕作的土地面积较小，农户会更珍惜所拥有的土地，更有精力对农膜进行收集回收，而农用地膜如果残留在土壤中将造成土壤板结，通透性变差，抑制农作物的生长，所以这些农户会选择回收再利用农用地膜。农产品售出比例低的农户同样表现出更愿意对农用地膜采取回收再利用，这一方面是因为这些农户通常拥有更少的耕种面积，有更多时间和人力对农用地膜进行收集，另一方面是因为农用地膜残留在土壤中会对作物质量造成影响，在农产品主要用于自家食用时农户往往会选择更为健康的耕种方式。除了共同影响两个地区的因素，在重庆地区，有人外出打工的农户家庭（FAM_3）、在农业生产中考虑整体利益的农户（AGR_5）、年纪相对较轻的农户（PER_1）有着显著的农用地膜回收再利用行为，在浙江地区，农户家庭年总收入（FAM_2）再次表现出与农业废弃物处理行为正相关，也就是说，收入水平高的农户更重视生活质量的提高，更关注环境保护和人身健康。重庆地区农户文化特征（PER_2）与农用地膜再利用行为呈现负相关，这一方面可能是与不同文化程度的农户的习惯不同有关，多数文化程度低的农户保持节俭的生活习惯，不轻易浪费农用地膜，另一方面也体现了该地区关于农用地膜回收利用的宣传教育还有所欠缺。

5）农作物秸秆处理行为

从回归结果（表7-25）来看，对于农作物秸秆的处理，重庆和浙江这两个地区的解释变量表现出明显的差异。在重庆地区，影响农户的农作物秸秆处理行为的变量只有三个，分别是主要劳动力性别（AGR_4）、农户在农业生产中是否考虑整体利益（AGR_5）和农户文化特征（PER_2），而在浙江地区，影响农户的农作物秸秆处理行为的变量有四个，分别是农户家庭年总收入（FAM_2）、种植面积（AGR_2）、人均农业劳动力种植面积（AGR_3）和农户文化特征（PER_2）。

表 7-25　农作物秸秆处理行为模型逐步回归结果

地区	逐步回归	FAM_1	FAM_2	FAM_3	AGR_1	AGR_2	AGR_3	AGR_4	AGR_5	PER_1	PER_2	TRA	EXT_1	EXT_2	常数	R^2
重庆	1	-0.221	0.000	0.596	-0.107	0.125	-0.281	-0.803*	1.921***	-0.217	-0.262	-0.162	0.462	-0.070	-0.526	54.095
	2	-0.233		0.583	-0.106	0.128	-0.287	-0.801*	1.922***	-0.222	-0.262	-0.162	0.475*	-0.083	-0.535	54.048
	3	-0.231		0.585	-0.107	0.131	-0.290	-0.805*	1.936***	-0.210	-0.258	-0.167	0.448*		-0.585	53.957
	4	-0.268**		0.640		0.106	-0.237	-0.798*	1.945***	-0.211	-0.253	-0.162	0.443		-0.754	53.827
	5	-0.259*		0.606		0.105	-0.234	-0.795*	1.952***		-0.252	-0.179	0.428		-0.771	53.629
	6	-0.249*		0.626		0.096	-0.231	-0.791*	1.926***		-0.271		0.432		-0.821	53.333
	7	-0.162		0.455			-0.067	-0.806*	1.901***		-0.305		0.411		-0.861	51.897
	8	-0.150		0.413				-0.814*	1.876***		-0.248		0.411		-1.070*	51.098
	9	-0.081						-0.800*	1.866***		-0.292*		0.390		-0.907	49.924
	10							-0.776*	1.870***		-0.270		0.390		-1.264***	49.034
	11							-0.757*	1.903***		-0.342**				-1.051**	46.888
浙江	1	-0.465	5.963×10^{-5}***	0.355	0.125	0.312	-0.737	1.832	-2.441	-19.129	1.961***	2.797	-1.073	0.985	-6.739***	36.408
	2	-0.442	6.082×10^{-5}***	0.285		0.349*	-0.832*	1.870	-2.429	-19.153	1.977***	2.762	-1.014	0.894	-6.549***	36.376
	3	-0.398	6.093×10^{-5}***			0.347*	-0.824*	1.872	-2.432	-19.247	1.998***	2.873*	-1.046	0.908	-6.616***	36.345
	4		4.835×10^{-5}***			0.290*	-0.681	2.012	-2.584*	-19.571	1.846***	3.076	-1.209	1.080	-7.913***	35.516
	5		5.035×10^{-5}***			0.240	-0.541	1.694	-2.040	-20.265	1.795***	2.480*	-0.999		-7.349***	34.277
	6		4.593×10^{-5}***			0.276**	-0.657*	1.556	-1.846	-20.097	1.639***	2.088			-7.014***	33.125
	7		4.383×10^{-5}***			0.244**	-0.567*		-1.553	-19.684	1.882***	1.935			-6.461***	31.467
	8		3.827×10^{-5}***			0.216**	-0.499*			-19.884	1.387***	1.983			-6.359***	29.849
	9		3.720×10^{-5}***			0.207*	-0.490*			-20.196	1.606***				-6.329***	27.550

注：*、**、***分别表示在 0.1、0.05、0.01 水平上显著。

农户文化特征（PER_2）是唯一对两个地区农户的农作物秸秆处理行为影响显著的解释变量，但是该变量在两个地区表现出不同的影响方向。与该变量对重庆地区农用地膜处理行为的影响方向相同，农户文化特征同样表现出在重庆地区与农作物秸秆处理行为负相关，即文化程度高的农户反而在农作物秸秆资源化利用上表现得并不积极，这一方面可能是因为这些农户并不只是从事农业生产一项工作，还有其他副业，因而并不热衷于对秸秆进行资源化利用，另一方面也表现出重庆地区农户关于秸秆资源化的知识和技术支持仍不够。在重庆地区，主要劳动力性别（AGR_4）为女性，农户在农业生产中更多地考虑整体利益（AGR_5）时，农作物秸秆资源化利用的比例明显更高。在浙江地区，农户家庭年总收入（FAM_2）表现出与农户的农作物秸秆处理行为正相关，收入水平高的农户家庭往往更关注周边环境质量，因而会放弃对秸秆采用直接燃烧或家用燃烧的方式，而选择更为绿色环保的利用方式。另外，在浙江地区，种植面积（AGR_2）大的农户往往表现出更强的秸秆综合利用的意愿，因为对于种植大户而言，其所产出的农作物秸秆量很大，对这些秸秆进行综合利用能给农户带来较大的收益，但是，对于人均农业劳动力种植面积（AGR_3）大的农户家庭，因为收集秸秆需要消耗较多的劳动力，而现有的劳动力多投入农作物耕种中，没有多余的人力去进行秸秆收集和利用，所以对秸秆资源化利用的热情并不高。

第8章 结论与政策建议

8.1 结　论

本书在对经济发展与农业面源污染作用机理的理论分析基础上，阐述了农户行为对农业面源污染减排的微观机理，详细分析了农户意识的农业面源污染效应、农户技术选择行为的农业面源污染效应、农户生产资料采纳行为和农户生产的废弃物处置行为，得出了具有重要意义的结论。

8.1.1 农业生产资料的投入与经济增长具有显著的倒 U 型关系

农业生产活动中的农业生产资料的投入与经济增长具有显著的倒 U 型关系，以畜禽养殖污染、农作物秸秆的排放为代表的农业面源污染要素也与经济增长之间存在较为明显的正相关性。目前，我国整体农资污染状况仍在恶化中，农资投入密度仍处在倒 U 型曲线的左侧。全国农用化肥、农药和农用塑料薄膜等农资投入密度与经济增长的实证结果也表明，我国目前的经济增长离倒 U 型曲线的转折点还有较大的距离。重庆的农用化肥投入密度和农用塑料薄膜投入密度虽然已经到达倒 U 型曲线的理论转折点，但是近几年化肥和农膜投入量仍维持逐渐增加的态势，与之相关的农业生产环境尚未取得明显改善，重庆的农业面源污染状况仍未到达实际转折点。

8.1.2 农户行为对面源污染有显著影响

农户行为对面源污染的影响主要表现在：第一，农户生产目标的面源污染效应，农户农业面源污染的防范意识比较淡薄，农户会出于提高农作物产量以及增加农户家庭收入等原因而较大量地使用化肥和农药，正是由于农户最大化地增加自己家庭收入这一农业生产目标的驱使，农户的农业生产行为会对农业面源污染造成比较严重的不利影响；第二，农户土地经营行为及其面源污染效应，零散碎小的耕种方式不利于农作物的机械化发展和耕作技术的变革，小规模的耕作使得农户对资本的投入只能依靠化肥和农药，他们寄希望于化肥、农药等生产资料，认为这些生产资料可以使产量得以提升；第三，农户劳动力投入行为及其面源污染效应，资本对劳动力的替代效应在近几年的农户农业生产中是大量存在的，这样大量的农药、化肥等农业生产资料的使用无疑会给农业生态环境带来较大的压力；第四，农户农业投资行为及其面源污染效应，经济发展水平越高，农户家庭的收入也越高，而相应的农户家庭化肥、农药等农业投资水平也较高。

8.1.3　农户意识对农业面源污染有显著影响

农户意识的农业面源污染效应主要表现在：第一，随着年龄的增长，农户更希望能有良好的水质和土地资源；第二，随着文化程度的提高，农户的支付意愿越强，参与改善水质和土壤的积极性也越高；第三，以农业生产为主要收入来源的农户更关心农村的水质和土地质量状况，并愿意为改善水质和土壤条件而支付费用；第四，耕地面积越多的农户，越愿意为改善水质和土地而捐款或付出义工。

8.1.4　农户亲环境农业技术选择行为受五个方面的影响

农户技术选择行为的影响因素主要表现在：第一，对于亲环境农业技术的选择，男性农户的接受能力比女性农户强；第二，中老年耕作人选择亲环境农业技术的概率大于青壮年耕作人选择该技术的概率；第三，农户的家庭人均年收入对农户亲环境农业技术选择行为有很重要的影响，高收入农户通常比低收入农户更有可能选择该技术；第四，农户是否参加或听说过技术培训对农户的亲环境农业技术选择行为有重要的积极影响；第五，农户对技术培训的评价对其亲环境农业技术选择行为有显著正向影响。

8.1.5　农户的不同生产行为的影响不同

农户生产资料采纳行为的影响因素主要包括：第一，化肥的面源污染，农业生产中化肥的使用行为主要受经济因素、农户的文化程度、农业技术培训因素、农村劳动力转移因素和其他因素影响；第二，农药的面源污染，在调查中发现，农药在生产中的使用量很大，而且农民对如何使用农药、农药喷洒量的多少并没有清楚的认识，农户农药的使用行为主要与农户家庭中是否有人外出打工、农户在农业生产中是否考虑整体利益、农户是否接受过技术培训、农户在使用化肥和农药时是否有农技人员指导等有关；第三，农膜的面源污染，在调查中发现，农膜使用量存在着较大的地区差异，经济发达地区的农膜使用量相对较低，而且与农民使用农用地膜的类型、对可降解地膜的了解情况、对可降解地膜的价格等有关。

农户生产的废弃物处置行为的影响因素主要表现在：第一，对于农户农药和化肥包装物处理行为，重庆地区主要受农户家庭中是否有人外出打工、农户在农业生产中是否考虑整体利益、农户是否接受过技术培训、农户在使用化肥和农药时是否有农技人员指导的影响，浙江地区主要受农户在农业生产中是否考虑整体利益、农户文化特征、农户使用化肥和农药时是否有农技人员指导的影响；第二，畜禽粪便处理行为，重庆地区主要受农户家庭中是否有人外出打工、农业劳动力数量、农户在农业生产中是否考虑整体利益以及农户使用化肥和农药时是否有农技人员指导的影响，浙江地区主要受农户家庭年总收入、商品交易特征和农户是否接受过技术培训的影响；第三，畜禽养殖废水处理行为，重庆地区主要受种植面积、农户在农业生产中是否考虑整体利益、农户使用化肥和农药时是否有农技人员指导的影响，浙江地区主要受种植面积、人均农业劳动力种植面积、农户使用化肥和农药时是否有农技人员指导的影响；第四，农用地膜处理行为，重庆地区主要受农户家庭中是否有人外出打工、种植面积、人均农业劳动力种植面积、农户在农业生产中是否考虑整体利益、农户年龄、农户文化特征以及商品交易特征的影响，浙江地区主要受农户家庭年总收入、种植面积、人均农业劳动力种植面积和商品交易特征的影响。

8.1.6　不同地区的农户行为的影响因素不同

由于经济发展和农业生产状况的差异，不同地区的农户农业垃圾及废弃物处理行为也存在明显差异。除了对于农药和化肥包装物处理行为，浙江温州农户的状况要好于重庆农户，重庆农户对于畜禽粪便、畜禽养殖废水、农用地膜以及农作物秸秆等其他农业废弃物的处理行为都要好于浙江温州。例如，农药的使用，对重庆地区农户是否参加过农业技术培训、关于农药是否更能促进作物生长的认知更敏感，而对于浙江温州地区商品交易特征更敏感。

不同地区的农业生产资料采纳行为中农户行为的影响因素存在共同点，但也存在很多差异。例如，农膜使用量存在着较大的地区差异，经济发达地区的农膜使用量相对较低；农用地膜主要以薄地膜为主；重庆地区使用农膜的比例很低，浙江地区较高；重庆地区对可降解地膜的价格更敏感。影响重庆地区和浙江温州地区农户的农药使用量的因素存在较大差别。

8.2　政　策　建　议

8.2.1　加强环境保护宣传教育

（1）完善和改革现行农村教育体制，推行全面的农村教育模式，提高农民文化素质。推行全面农村教育，是运用一整套的管理体系、手段和方法，采取多形式、多层次、多渠道，对农业生产及农村非农产业生产的全过程所要求的多种知识、技术和技巧向农民进行系统传授、培训和施加影响的一种社会化活动。

（2）加强宣传教育，提高农户素质。建议通过正规与非正规教育两种途径进行农业面源污染的宣传：一是在小学及中学阶段设置涉及控制农业面源污染方面的相关课程；二是利用有线电视、报纸、广播、节目、讲座、传单等形式向公众讲授什么是农业面源污染，农业面源污染与水体污染之间的关系以及对环境和人体健康的危害，污染者付费原则等。

（3）加强宣传教育，提高农户对农业废弃物资源化利用的认识，强化农户的社会公共意识和环境保护意识。研究中发现当前农户对农业废弃物综合利用的主动性差，而具有一定社会整体意识和环保意识的农户往往能更主动地去选择合理有效的废弃物处理方式。因此，本书认为可以通过各种途径宣传教育农业废弃物处理知识和技术，如组织相关的培训讲座，宣传典型事例和先进经验，利用电视、广播、报纸、张贴栏等媒介进行宣传等，让农户充分了解到综合利用农业废弃物所能产生的经济、社会与环境效应。

8.2.2 增强农户环境保护意识

本书通过 CVM 调查表明，农户对农业面源污染的危害已经有了基本的认识，并且对改善水质和土壤表现出较大的积极性，有的农户在拒付中所表现的行为并非其真实意思的体现，只是对 CVM 这种调查方式有些不理解，认为其意义不大，但是其中很大一部分人在对改善水质和土壤状况的意愿表达时，又多选择了捐献义工。调查中还了解到，农户对政府和相关组织表现出很大的疑惑，认为很难依靠政府在这方面做工作，但其实内心又很希望政府能在治理农业面源污染这类问题中做出成绩，由此可以看出，像治理农业面源污染这类问题中，政府的作用巨大；同时，农户也很务实，不太相信自己捐赠出的费用会真正用在环境保护中，因而多选择以义工形式表达其意愿。因此，建议政府在今后的工作中，要重视农村环境保护工作，并且要以实际行动表现出来，以取得农户的支持。同时政府还要在农户环境意识的宣传上下功夫，使其懂得不仅要关心自己家院子或是自己家田地，而且要意识到整个农村的生活区域是全体农户共同的生活场所，要关心和爱护整个农村的大环境。

国际经验表明，农民技术协会或专业经济合作组织可以有效组织小农户和分散的农民进行市场销售、获得技术培训等，同时可以引导农民增强公众环保意识。另外，可以从公共信誉方面对环境友好的农作方式进行鼓励。

8.2.3　增强农户亲环境农业技术选择行为的诱导措施

（1）加强亲环境技术宣传教育，提高农户主体素质。从我国目前的农户主体特征来看，从事农业生产活动的农户大多数是中老年人，知识文化水平普遍不高。农业面源污染的治理很大程度上依赖于农户对农业面源污染和自身生产生活行为的认知，然而当前大多数农民都更为关心减少化肥、农药的用量或是使用亲环境农业技术是否会对作物的产量和质量造成影响，而忽视了其生产活动对生态环境和人体健康可能产生的危害。因此，必须加强农业面源污染和亲环境农业技术的宣传教育工作，扩大信息传播范围，主要可以通过有线广播、电视、报纸、讲座、传单等形式向农户介绍农业面源污染和亲环境农业技术，让农户充分认识到控制农业面源污染的必要性和使用亲环境农业技术的有效性，提高农户的环保觉悟和参与意识。然而，从长远角度来看，只有加大农村教育投入，提高农业从业人员的整体素质，才能从根本上提升亲环境农业技术的使用效果，改善我国农业面源污染的状况。政府应当加大对农村基础教育设施和师资力量的投入力度，从小培养学生的环境保护意识，提高学生的综合素质。同时应充分利用多种形式和资源，加大对农户亲环境农业技术相关知识的教育和培训力度，全面提高农户的技术应用能力。

（2）实施亲环境技术补偿政策，维护农户经济利益。鉴于亲环境农业技术可能存在的低收益性和外部性，亲环境农业技术可能会造成农产品品种改变、产量降低等问题，同时使用亲环境技术需要投入一定的成本，这些都限制了农户的亲环境技术选择行为。对此，政府应当在农户使用亲环境农业技术的各个方面给予货币和实物补贴，如种子和种苗、工程设施和工程材料、农户培训费用等。补贴方式应当根据农户技术选择行为的特点，因地制宜，因时制宜。同时，政府还应当在亲环境农业技术的研究开发和生产销售环节进行合理的补贴，推进技术研发部门的亲环境技术创新和完善工作，实行农产品的优质优价政策，对利用亲环境农业技术生产出来的优质农副产品进行评估和认证，适当提高产品的收购价格，给予一定的补贴和奖励。这些举措都能直接或间接地对农户的亲环境农业技术采用行为进行经济收益补偿，可以有效降低农户采用亲环境技术的成本，大大提高农户从事亲环境农业生产活动的积极性。

（3）推动农民经济组织发展，为农户提供组织保障。近些年，农民经济组织快速发展，在其快速发展的过程中，政府应当作出及时的政策指引，推动农民经济组织的规范化，提升农民经济组织的服务意识和服务水平。在生产资料购买、农产品生产和销售等多个环节，农民专业合作社、专业技术协会等农民经济组织应当将农户组织起来，指导农户集体作出亲环境的技术选择，对农户的技术操作使用进行系统培训，为农户提供亲环境技术生产所需的生产资料，组织农户进行亲环境农产品认证和市场销售，降低农户使用亲环境农业技术的交易成本。另外，政府还可以通过农民经济组织来发放亲环境农业技术的相关补贴和奖励，这样可以提高补贴金的使用效率，降低补贴发放过程中所产生的费用。

（4）完善亲环境技术服务体系，为农户提供技术支持。当前的农业技术服务体系仍然很不完善，在这一背景下，由于农户自身的风险规避性和技术学习能力，农户选择采用亲环境农业技术的积极性并不高。因此，政府有必要完善亲环境农业技术的服务体系，从技术研发、教育和推广等方面出发，全方位地为农户提供充足的技术支持。在这一服务体系下，农户应当能够享受几乎免费的技术培训和指导服务，并能够在亲环境技术应用中遇到实际技术问题时得到及时有效的帮助。同时，政府还应当建立绿色生产示范基地，扶持和发展亲环境农业技术示范户、示范村，甚至是示范乡、示范县，以此作为亲环境技术的成长点，向广大农户展示亲环境技术的具体操作方法和运用成效，引导农户自觉选择采用可持续农业技术，促进亲环境农业技术的推广。此外，还可以建立以政府为主导的绿色农产品信息发布平台，向农户及时提供各个地区农业生产、加工、流通、销售的政策信息和相关的价格信息，以方便农户全面了解绿色农产品市场的最新动态，促进绿色农产品的有序流通。

8.2.4 加强农户生产采纳行为的面源污染控制措施

（1）化肥面源污染的控制措施。一方面，从化肥面源污染的技术控制入手，包括：①提倡多施有机肥，有机无机肥料配合使用；②调整施肥结构，测土平衡施肥；③施用长效肥料，提高农业效益；④选育低硝酸盐含量的蔬菜品种，加强城郊蔬菜产地硝酸盐污染监测；⑤研究秸秆还田技术，提倡秸秆还田；⑥推广包衣缓释肥料；⑦改善农田耕作方式与施肥技术，建立有机肥培肥地力的长效机制。另一方面，合理利用化肥，包括：①建立有机产品认证制度；②开展土壤肥力水平监测，提出化肥施用的最高限量，对超过限量标准的征收化肥用税；③完善土壤肥力检测体系建设，加强肥料质量管理；④加强水土保持工作的执法力度，加快生态破坏区的生态恢复；⑤加强农民施肥的科学指导。

（2）农药面源污染的控制措施。技术措施主要包括：①加强病虫害预测预报和抗性监测；②调整农药结构，研究开发低毒高效新型农药和生物农药；③推广生物防治新技术和新产品。同时要加强农药污染防治的管理，包括：①加强农药的监督管理和执法；②加强农民用药的技术指导；③加强宣传，提高人们的环境保护意识及自我保护意识；④加强农药的环境管理；⑤系统开展农药使用后的环境管理与环境监测工作；⑥建立健全农药环境管理体系，加强农药环境管理。最后，发展生物农药，包括：①实施示范工程，推广使用生物农药；②开展生物防治，促进农业可持续发展。

（3）农膜污染控制措施，主要包括：①通过合理的农艺措施，相对减少农膜使用量；②加强农膜的回收管理；③采取"合作社＋企业＋会员＋农户"的建设模式；④宣传引导；⑤加强农膜产品的质量监控；⑥建立收购和加工制度；⑦可降解农膜的开发和推广；⑧应用合适的替代品。

8.2.5　增强农户废弃物处置行为优化措施

农作物秸秆资源化利用、畜禽粪便处理处置和农业垃圾及废弃物处置的政策建议如下。

（1）农作物秸秆资源化利用。农作物秸秆的资源化利用问题是目前新农村建设的重要问题。当前，秸秆综合利用和禁烧形势依然非常严峻，如果不及时改变现状，不仅将加剧农村和农业的面源污染，影响粮食安全，制约我国农村生态文明建设进程，还将影响我国农业和农村经济的可持续发展。因此，有必要完善和改进当前的农作物秸秆综合利用的管理政策与保障措施，切实提高秸秆的综合利用率。主要措施包括：①落实领导责任，科学统筹规划区域秸秆利用格局；②制定扶持政策，加大财政补贴和信贷税收支持力度；③加快技术研发，建立产学研一体化的技术创新机制；④加强宣传教育，健全秸秆利用行为的激励和约束机制；⑤强化执法监管，完善相关作业和综合利用的标准规范。

（2）畜禽粪便处理处置。结合我国畜禽养殖业的污染及危害情况，并比照国外相关实践，针对我国畜禽养殖业的污染与环境管理问题，中华人民共和国国家环境保护部生态管理部门负责人提出从实际出发，借鉴国外经验，以保护和改善农村生态环境为目的，以废弃物资源化和综合利用为根本，以环境容量为基准，以目标责任制为龙头，以减量化、资源化、无害化及实用、廉价为原则，合理规划、防治结合，强化管理，走具有中国特色的畜禽养殖污染防治道路的环境管理思路。

其中借鉴发达国家畜禽养殖业环境管理的经验包括以下内容：一是实施种养区域平衡一体化，强调畜禽废弃物的综合利用和资源化；二是对规模化的畜禽养殖场必须要有一定的综合利用和污染处理处置设施，对畜禽污水进行处理，做到达标排放，或按排放要求进入市政污水处理厂进行处理，畜禽养殖场向污水处理厂缴纳污水处理费用。

在加强我国畜禽养殖业环境管理方面，主要包括：①积极采用各种措施支持和鼓励综合利用；②采取疏堵结合的方式防治污染；③坚持资源化、减量化、廉价化的原则。实施畜禽养殖管理，主要包括：①建立和完善环境管理体系；②实施分级管理，加强部门合作；③严格规范新建畜禽养殖场的建设；④对畜禽养殖污染防治实施全过程进行环境管理；⑤强化宣传教育。

（3）农业垃圾及废弃物处置。在治理农村环境、改善农业废弃物处理现状时，应当充分做到因地制宜，对症下药。从研究结果中，可以看到，农户的卫生和环保意识整体上依然非常薄弱，对农业废弃物综合利用的主动性很欠缺，需要各个地区相关部门进行因势利导，积极推进，消除障碍。针对本书的研究结果，这里提出如下的政策建议：①加强宣传教育，提高农户对农业废弃物资源化利用的认识，强化农户的社会公共意识和环境保护意识；②积极推动农业废弃物综合利用的产业化经营；③大力推进农业废弃物综合利用技术示范与推广工作，建立健全农业技术人才支撑体系。

8.2.6　加大资金投入，建立区域差别的多元补偿激励机制

研究中发现，农业生产规模大的农户表现出较为强烈的综合利用农业废弃物的意愿，但是对于多数中小农户而言，由于收集回收各种废弃物需要消耗人力和时间，通常选择直接弃置或就地处理。因此，政府有必要扶持一批农业废弃物无害化处理和资源化利用企业，对广大农户的农业废弃物进行集中回收、综合处理。

针对当前农户对综合利用农业废弃物的积极性不高的问题，可以认为，政府可以从财政、税收、信贷等多个方面对农户提供资金激励和支持。一方面要转变财政支农补贴方式，对参与农业废弃物资源化利用中的农户给予直接补贴，对农户购买相关设备实行一定的税收优惠政策，另一方面金融机构也要增大对农户的贷款额度，为农户综合利用农业废弃物提供资金保障。需要注意的是，在调查研究中发现不同地区的农业废弃物处理行为的影响因素存在显著差异，因此，有必要根据各个地区农户的特点和农业生产的特征，推行适宜于当地的补偿激励机制。

参 考 文 献

卜范达，韩喜平. 2003. "农户经营"内涵的探析. 当代经济研究，(9)：37-41.

蔡志坚，张巍巍. 2006. 基于支付卡式问卷的长江水质恢复条件价值评估. 南京林业大学学报（自然科学版），30（6）：27-31.

陈利顶，傅伯杰. 2000. 农田生态系统管理与非点源污染控制. 环境科学，(2)：98-100.

陈玉成，杨志敏，陈庆华，等. 2008. 基于"压力-响应"态势的重庆市农业面源污染的源解析. 中国农业科学，(8)：2362-2369.

成卫民. 2007. 基于 Multi-Agent 的农户生产决策行为对环境的影响分析. 农业环境科学学报，26（B03）：324-328.

程贵铭. 2006. 农村社会学. 北京：知识产权出版社.

程磊磊，尹昌斌，鲁明中，等. 2010. 国外农业面源污染控制政策的研究进展及启示. 中国农业资源与区划，31（3）：76-80.

邓小云. 2012. 农业面源污染防治法律制度研究. 青岛：中国海洋大学.

丁恩俊. 2010. 三峡库区农业面源污染控制的土地利用优化途径研究. 重庆：西南大学.

方福前. 1994. 高鸿业经济学思想述评. 中国社会科学，(1)：87-100.

冯孝杰，魏朝富，谢德体，等. 2005. 农户经营行为的农业面源污染效应及模型分析. 中国农学通报，21（12）：354-358.

弗兰克·艾利思. 2006. 农民经济学. 胡景北，译. 上海：上海人民出版社.

高懋芳，邱建军，刘三超，等. 2014. 基于文献计量的农业面源污染研究发展态势分析. 中国农业科学，47（6）：1140-1150.

葛继红，周曙东. 2011. 农业面源污染的经济影响因素分析——基于1978~2009年的江苏省数据. 中国农村经济，(5)：72-81.

葛继红，周曙东. 2012. 要素市场扭曲是否激发了农业面源污染——以化肥为例. 农业经济问题，(3)：92-98.

庚德昌. 1996. 农民贫富探源. 北京：中国财政经济出版社.

耿士均，陆文晓，王波，等. 2010. 农业面源污染的现状与修复. 安徽农业科学，38（25）：13993-13996.

韩洪云，杨增旭. 2010. 农户农业面源污染治理政策接受意愿的实证分析——以陕西眉县为例. 中国农村经济，(1)：45-52.

韩明谟. 2004. 农村社会学. 北京：北京大学出版社.

何浩然，张林秀，李强. 2006. 农民施肥行为及农业面源污染研究. 农业技术经济，(6)：2-10.

侯玲玲，孙倩，穆月英. 2012. 农业补贴政策对农业面源污染的影响分析——从化肥需求的视角. 中国农业大学学报，17（4）：173-178.

华春林. 2013. 农户对农业面源污染治理培训项目的行为响应研究. 咸阳：西北农林科技大学.

黄宗旨. 1986. 华北的小农经济与社会变迁. 北京：中华书局.

江苏省发展和改革委员会，江苏省农业委员会. 2009. 江苏省秸秆综合利用规划（草案）.

金书秦，沈贵银，魏珣，等. 2013. 论农业面源污染的产生和应对. 农业经济问题，(11)：97-102.

金兆怀. 2002. 我国农业社会化服务体系建设的国外借鉴和基本思路. 当代经济研究，(8)：
　　38-41.

康云海. 1990. 农业现代化过程中的工农业关系. 云南社会科学，(4)：11-17.

康云海. 1998. 农业产业化中的农户行为分析. 农业技术经济，(1)：7-12.

考恩·瑞金特古斯. 1995. 未来农业——农场（农户）外部资源低投入和持续农业导论. 王丽萍，
　　译. 北京：中国农业科技出版社：8.

李秉龙，薛兴利. 2003. 农业经济学. 北京：中国农业大学出版社.

李传桐，张广现. 2013. 农业面源污染背后的农户行为——基于山东省昌乐县调查数据的面板分
　　析. 地域研究与开发，(1)：143-146.

李海鹏，张俊飚. 2009. 中国农业面源污染与经济发展关系的实证研究. 长江流域资源与环境，
　　18 (6)：585-590.

李秀芬，朱金兆，顾晓君，等. 2010. 农业面源污染现状与防治进展. 中国人口·资源与环境，
　　20 (4)：81-84.

李一花，李曼丽. 2009. 农业面源污染控制的财政政策研究. 财贸经济，(9)：89-94.

李周. 2002. 环境与生态经济学研究的进展. 浙江社会科学，(1)：28-45.

梁流涛，冯淑怡，曲福田. 2010. 农业面源污染形成机制：理论与实证. 中国人口·资源与环境，
　　(4)：74-80.

梁流涛，曲福田，冯淑怡. 2013. 经济发展与农业面源污染：分解模型与实证研究. 长江流域资
　　源与环境，(10)：1369-1374.

刘涓，谢谦，倪九派，等. 2014. 基于农业面源污染分区的三峡库区生态农业园建设研究. 生态
　　学报，(9)：2431-2441.

刘天学，牛天岭，常加忠，等. 2004. 焚烧秸秆不利于玉米幼苗和根际微生物的生长. 植物生理
　　学通讯，40 (5)：564-566.

吕力. 2004. 论环境公平的经济学内涵及其与环境效率的关系. 生产力研究，(11)：17-19.

吕世辰. 2006. 我国农村人口问题的现状与出路. 理论探索，(1)：80-82.

马国霞，於方，曹东，等. 2012. 中国农业面源污染物排放量计算及中长期预测. 环境科学学报，
　　32 (2)：489-497.

马骥. 2009. 我国农户秸秆就地焚烧的原因：成本收益比较与约束条件分析——以河南省开封县
　　杜良乡为例. 农业技术经济，(2)：77-84.

马克思·韦伯. 1987. 新教伦理与资本主义精神. 于晓，陈维纲，等译. 北京：三联书店.

裴永辉. 2010. 农业面源污染控制的生态补偿机制研究. 北京：中国农业科学院.

钱忠好，崔红梅. 2010. 农民秸秆利用行为：理论与实证分析——基于江苏省南通市的调查数据.
　　农业技术经济，(9)：4-9.

饶静，纪晓婷. 2011. 微观视角下的我国农业面源污染治理困境分析. 农业技术经济，(12)：11-16.

饶静，许翔宇，纪晓婷. 2011. 我国农业面源污染现状、发生机制和对策研究. 农业经济问题，
　　(8)：81-87.

任军，边秀芝，郭金瑞，等. 2010. 我国农业面源污染的现状与对策Ⅰ. 农业面源污染的现状与

成因. 吉林农业科学, 35 (2): 48-52.

史清华. 1999. 农户经济增长与发展研究. 北京: 中国农业出版社.

孙棋棋, 张春平, 于兴修, 等. 2013. 中国农业面源污染最佳管理措施研究进展. 生态学杂志, 32 (3): 772-778.

唐浩, 熊丽君, 黄沈发, 等. 2011. 农业面源污染防治研究现状与展望. 环境科学与技术, (S2): 107-112.

唐学玉, 张海鹏, 李世平. 2012. 农业面源污染防控的经济价值——基于安全农产品生产户视角的支付意愿分析. 中国农村经济, (3): 53-67.

陶春, 高明, 徐畅, 等. 2010. 农业面源污染影响因子及控制技术的研究现状与展望. 土壤, 42 (3): 336-343.

汪洁, 马友华, 栾敬东, 等. 2011. 美国农业面源污染控制生态补偿机制与政策措施. 农业环境与发展, 28 (4): 127-131.

王书肖, 张楚莹. 2008. 中国秸秆露天焚烧大气污染物排放时空分布. 中国科技论文在线, 3 (5): 329-333.

魏赛. 2012. 农业面源污染及其综合防控研究. 北京: 中国农业科学院.

魏欣. 2014. 中国农业面源污染管控研究. 咸阳: 西北农林科技大学.

文同爱, 李寅铨. 2003. 环境公平、环境效率及其与可持续发展的关系. 中国人口·资源与环境, 13 (4): 16-20.

翁贞林. 2008. 农户理论与应用研究进展与述评. 农业经济问题, (8): 93-100.

西奥多·舒尔茨. 1987. 改造传统农业. 梁小民, 译. 北京: 商务印书馆.

肖新成, 何丙辉, 倪九派, 等. 2013. 农业面源污染视角下的三峡库区重庆段水资源的安全性评价——基于 DPSIR 框架的分析. 环境科学学报, 33 (8): 2324-2331.

肖新成, 何丙辉, 倪九派, 等. 2014. 三峡生态屏障区农业面源污染的排放效率及其影响因素. 中国人口·资源与环境, 24 (11): 60-68.

肖新成, 谢德体, 倪九派. 2014. 面源污染减排增汇措施下的农业生态经济系统耦合状态分析——以三峡库区忠县为例. 中国生态农业学报, 22 (1): 111-119.

解爱华, 付荣恕. 2006. 秸秆焚烧对农田土壤动物群落结构的影响. 山东农业科学, (3): 56-57.

徐建芬. 2012. 浙江省农业面源污染的影响因素研究. 杭州: 浙江工商大学.

徐田伟. 2009. 发展有机农业与农业面源污染控制. 环境保护与循环经济, 29 (4): 45-47.

闫丽珍, 石敏俊, 王磊. 2010. 太湖流域农业面源污染及控制研究进展. 中国人口·资源与环境, (1): 99-107.

杨冰. 2014. 我国农业面源污染防治法律制度研究. 太原: 山西财经大学.

杨凯, 赵军. 2005. 城市河流生态系统服务的 CVM 估值及其偏差分析. 生态学报, (6): 1391-1396.

杨林章, 冯彦房, 施卫明, 等. 2013. 我国农业面源污染治理技术研究进展. 中国生态农业学报, 21 (1): 96-101.

尤小文. 1999. 农户: 一个概念的探讨. 中国农村观察, (5): 19, 21, 53, 20, 22.

余进祥, 刘娅菲. 2009. 农业面源污染理论研究及展望. 江西农业学报, 21 (1): 137-142.

庹德昌. 1992. 农户经济行为及劳动时间利用调查资料集. 北京: 中国统计出版社.

詹姆斯·C. 斯科特. 2001. 农民的道义经济学: 东南亚的反叛与生存. 程立显, 刘建, 等译. 南京：译林出版社.

张锋，胡浩，张晖. 2010. 江苏省农业面源污染与经济增长关系的实证. 中国人口·资源与环境，20（8）：80-85.

张纪兵，席运官，肖兴基. 2011. 发展有机农业控制农业面源污染. 农业科技管理，30（5）：10-13.

张坤民. 1997. 可持续发展与中国. 中国人口·资源与环境，（2）：8-11.

张蔚文. 2011. 农业非点源污染控制与管理. 北京：科学出版社.

张志强，徐中民，程国栋. 2003. 条件价值评估法的发展与应用. 地球科学进展，18（3）：454-463.

张智奎，肖新成. 2012. 经济发展与农业面源污染关系的协整检验——基于三峡库区重庆段1992—2009年数据的分析. 中国人口·资源与环境，22（1）：57-61.

章明奎. 2015. 我国农业面源污染可持续防控政策与技术的探讨. 浙江农业科学，56（1）：10-14.

赵永宏，邓祥征，战金艳，等. 2010. 我国农业面源污染的现状与控制技术研究. 安徽农业科学，38（5）：2548-2552.

赵永清，唐步龙. 2007. 农户农作物秸秆处置利用的方式选择及影响因素研究——基于苏、皖两省实证. 生态经济（学术版），（2）：244-246，264.

中华人民共和国农业部. 2012. 中国农业年鉴2011. 北京：中国农业出版社.

周其仁. 2004. 农地产权与征地制度—中国城市化面临的重大选择. 经济学（季刊），4（1）：193-210.

周亚莉，钱小娟. 2010. 农业面源污染的生态防治措施研究. 中国人口·资源与环境，（S2）：201-203.

朱启荣. 2008. 城郊农户处理农作物秸秆方式的意愿研究——基于济南市调查数据的实证分析. 农业经济问题，（5）：103-109.

朱兆良. 农业面源污染治理迫在眉睫. 人民政协报，2004-12-09.

A. 恰亚诺夫. 1996. 农民经济组织. 萧正洪，于东林，译. 北京：中央编译出版社.

Afroz R，Hanaki K，Hasegawa-Kurisu K. 2009. Willingness to pay for waste management improvement in Dhaka City，Bangladesh. Journal of Environmental Management，90（3）：492-503.

Ajzen I，Driver B L. 1992. Contingent value measurement: On the nature and meaning of willingness to pay. Journal of Consumer Psychology，1（4）：297-316.

Bateman I J，Langford I H，Turner R K，et al. 1995. Elicitation and truncation effects in contingent valuation studies. Ecological Economics，12（2）：161-179.

Baumgartner S，Dyckhoff H，Faber M. 2001. The concept of joint production and ecological economics. Ecological Economics，36（3）：365-372.

Bernath K，Roschewitz A. 2008. Recreational benefits of urban forests: Explaining visitors' willingness to pay in the context of the theory of planned behavior. Journal of Environmental Management，89（1）：155-166.

Boeke J H. 1953. Economics and Economic Policy of Dual Societies As Exemplified by Indonesia. New York: Institute of Pacific Relations.

Boers P C M. 1996. Nutrient emissions from agriculture in the Netherlands: Causes and remedies. Water Sci Technol，33：183-190.

Chambers R，Saxena N C，Shah T. 1989. To the hands of the poor: Water and trees. To the Hands of the Poor Water & Trees，10（2-3）：325-338.

Cho M，Jang T，Jang J R，et al. 2016. Development of agricultural non-point source pollution reduction measures in Korea. Irrigation and Drainage，65（S1）：94-101.

Cho S H，Newman D H，Bowker J M. 2005. Measuring rural homeowners' willingness to pay for land conservation easements. Forest Policy and Economics，7（5）：757-770.

Davis R K. 1963. The value of outdoor recreation: An economic study of the maine woods. Cambridge: Harvard University.

Gao X S，Zeng M，Deng L J. 2010. Present situation and benefit analysis of the straw recycling in southwest China. Asian Agricultural Research，2（2）：40-44.

Grossman G M，Krueger A B. 1997. Economic growth and the environment. Quarterly Journal of Economics，110（2）：353- 377.

Guo N，Dowing J A，Filstrup C T，et al. 2016. Removal of agricultural non-point source pollutants by artificial aquatic food web system: A study case of the control of cynobacterial bloom in Jiyu river. Open Journal of Ecology，6（12）：699.

Guo W，Fu Y，Ruan B，et al. 2014. Agricultural non-point source pollution in the Yongding River Basin. Ecological Indicators，36：254-261.

Huang J J，Lin X，Wang J，et al. 2015. The precipitation driven correlation based mapping method （PCM）for identifying the critical source areas of non-point source pollution. Journal of Hydrology，524：100-110.

Jacobsen B H，Hansen A L. 2016. Economic gains from targeted measures related to non-point pollution in agriculture based on detailed nitrate reduction maps. Science of the Total Environment，556：264-275.

Kortelainen M. 2008. Dynamic environmental performance analysis: A Malmquist index approach. Ecological Economics，64（4）：701-715.

Mitchell R C，Carson R T. 1989. Using Surveys to Value Public Goods: The Contingent Valuation Method. Washington DC: Resources for the Future.

Novotny V，Chesters G. 1981. Handbook of non-point pollution: Source and management. Van Nostrand Heinhold Company，4：387.

Ouyang W，Jiao W，Li X，et al. 2016. Long-term agricultural non-point source pollution loading dynamics and correlation with outlet sediment geochemistry. Journal of Hydrology，540：379-385.

Ouyang W，Song K，Wang X，et al. 2014. Non-point source pollution dynamics under long-term agricultural development and relationship with landscape dynamics. Ecological Indicators，45：579-589.

Popkin S. 1979. The Rational Peasant. California: University of California Press.

Reinhard S，Lovell C A K，Thijssen G. 2000. Environmental efficiency with multiple environmentally detrimental variables: Estimated with SFA and DEA. European Journal of Operational Research，121：287-303.

Shen Z，Qiu J，Hong Q，et al. 2014. Simulation of spatial and temporal distributions of non-point source pollution load in the Three Gorges Reservoir Region. Science of the Total Environment，493：138-146.

Shen Z，Zhong Y，Huang Q，et al. 2015. Identifying non-point source priority management areas in watersheds with multiple functional zones. Water Research，68：563-571.

Steve R C，Prabhu L P，Elena M B，et al. 2005. Ecosystem Human Well-being：Scenarios，Volume 2. Washington，London：Island Press.

Tim U S，Jolly R. 1994. Evaluating agriculture in non point-source pollution using integrated geographic information systems and hydrologic/water quality model. Journal of Environmental Quality，23（1）：25-35.

附件：农户行为与农业面源污染问题调查问卷

　　您好!我们正在做一个关于农户行为与农业面源污染问题的研究，现在要了解一些基本情况，想麻烦您帮我们填写下问卷。请您如实填写，调查结果绝对保密。非常感谢!

　　祝：农业丰收，生活幸福!

☆对农业面源污染问题的说明☆

　　农业面源污染一般是指在农业生产生活过程中，氮素和磷素等营养物质、农药以及其他有机或无机污染物质，通过农田地表径流、农田排水和地下水渗漏，形成的水环境的污染。广义上的农业面源污染包括人们在农业生产和生活过程中产生的、未经合理处置的污染物对水体、土壤和空气及农产品造成的一切污染。

一、被调查者家庭基本概况

　　被调查者姓名：_____；地址：_____县(区)_____乡(镇)_____村_____组。

　　家庭人口：_____，其中在家务农_____人；在外工作_____人；在外打工_____人。

　　家庭年收入大概_____元；家庭收入主要来源：_____。

二、居住地概况

　　居住地地形地貌：平原□　丘陵□　盆地□　山区□

　　是否有河流：是□　否□

　　交通方便度：国道□　距家____千米　　　　省道□　距家____千米

　　县级公路□　距家____千米　　　　　　　乡村公路□　距家____千米

　　距离集镇或商业集聚地____千米

三、农作物种植及畜禽养殖情况

（一）种植作物品种

序号	农作物名称	是否属于经济作物	种植地块数	种植面积/亩	总产量/斤	出售数量/斤
1						
2						
3						
4						
5						
6						

（二）主要农作物种植地块特征

项目	作物1_____	作物2_____
地块面积/亩		
从家步行时间/min		
地貌特征（1-平地；2-坡地；3-洼地）		
灌溉特征（1-水田；2-水浇地；3-靠天地）		
土壤肥力特征（1-好；2-中等；3-差）		
农作物秸秆是否直接还田情况（1-是；2-否）		
秸秆还田形式（1-就地粉碎翻压；2-作为其他作物肥料；3-其他）		
是否间作其他作物（1-是；2-否）		

（三）主要农作物耕作方式与产量

项目	作物1_____	作物2_____
主要耕作人年龄（1-青壮年；2-中老年；3-都有）		
主要耕作人性别（1-男性；2-女性；3-男女都有）		
播种前是否耕地（1-是；2-否）		
耕地方式（1-机械；2-畜力；3-人力）		

续表

项目	作物 1_____		作物 2_____	
种植品种类型（1-常规种；2-杂交种）				
是否地膜覆盖（1-是；2-否）				
如用地膜覆盖，地膜是否回收（1-是；2-否）				
栽种方式（1-机械；2-畜力；3-人力）				
自然灾害情况（1-没有自然灾害；2-干旱；3-涝灾；4-冻害；5-冰雹；6-其他）				
喷洒农药次数和数量/斤				
施用除草剂次数和数量/斤				
收获方式（1-机械；2-人工）				
总产量/斤				

（四）主要农作物化学肥料和农药等的使用情况

品种	作物 1			作物 2		
	单价/(元/袋、瓶、斤)	数量/(袋、瓶、斤)	金额/元	单价/(元/袋、瓶、斤)	数量/(袋、瓶、斤)	金额/元
1-尿素						
2-碳铵						
3-二铵						
4-氯化钾						
5-硫酸钾						
6-复合肥						
7-配方肥（特指测土配方肥）						
8-过磷酸钙（钙镁磷肥）						
9-叶面肥						
10-杀虫剂						
11-除草剂						
12-其他农药						
13-农膜使用量/(斤/亩)						

（五）畜禽养殖情况

项目	牲畜				禽类		
	猪	牛	羊	马	鸡	鸭	鹅
养殖数量							
养殖目的（1-自食；2-出售；3-其他）							
若为出售，收入多少/元							
粪便排量（为合计数）/千克							
粪便用途（1-作物肥料；2-生产沼气；3-其他。兼有的可选多项）							

四、环境满意度

1. 您对您现在的居住环境满意吗（　　）
   A. 非常满意　　　　　　B. 满意　　　　　　C. 非常不满意
2. 您对当地的饮用水质量状况满意吗（　　）
   A. 非常满意　　　　　　B. 满意　　　　　　C. 非常不满意
3. 您对您居住地的空气质量状况满意吗（　　）
   A. 非常满意　　　　　　B. 满意　　　　　　C. 非常不满意
4. 您对您的农田质量状况满意吗（　　）
   A. 非常满意　　　　　　B. 满意　　　　　　C. 非常不满意
5. 您对您居住地周围的湿地质量状况（如湖泊水质、沼泽地保存是否完好等）满意吗（　　）
   A. 非常满意　　　　　　B. 满意　　　　　　C. 非常不满意
6. 您对您居住地区的野生动植物现存状况满意吗（　　）
   A. 非常满意　　　　　　B. 满意　　　　　　C. 非常不满意
7. 您对我们国家当前实施的退耕还林政策满意吗（　　）
   A. 非常满意　　　　　　B. 满意　　　　　　C. 非常不满意

五、农业面源污染及治理问题

8. 您之前是否知道农业面源污染问题（　　）
   A. 知道得很清楚　　　　　　　　B. 知道，但不太清楚
   C. 完全不知道

9. 你认为当地农业面源污染问题严重吗（　　）

　　A. 严重，急需治理　　B. 不严重　　　　C. 不清楚

10. 您认为农业面源污染需要治理吗（　　）

　　A. 急需治理　　　　　B. 不需治理　　　　C. 不清楚

11. 您认为治理农业面源污染是谁的事（　　）

　　A. 政府环保部门　　B. 农民　　　　C. 政府和农民共同治理

12. 您是否愿意为农业面源污染治理支付相关费用或出义工（　　）

　　A. 愿意　　　　　　B. 不愿意

13. 如果您愿意为治理农业污染付费，支付的金额范围是（　　）

　　A. 0～20 元　　　　B. 21～50 元　　　C. 50 元以上

14. 您在考虑是否支付及支付多少农业污染治理费时，关注的因素是（　　）

　　A. 自身收入水平　　B. 担心钱被挪用　C. 与我无关，不支付

15. 如果您愿意为农业面源污染的治理出义工，您愿意每年出多少天义工（　　）

　　A. 2 天以下　　　　B. 2～5 天　　　　C. 5 天以上

16. 您在考虑是否出义工及出多少义工治理污染时，关注的因素是（　　）

　　A. 治污对象　　　　B. 组织的合理性（如时间、地点）

　　C. 他人是否参加

六、环境保护意愿

17. 您认为当前农业生产中化肥施用过量吗（　　）

　　A. 是，已过量　　　B. 没有过量　　　C. 不清楚

18. 您是否认为当前农业生产中农药使用过量（　　）

　　A. 是，已过量　　　B. 没有过量　　　C. 不清楚

19. 您是否知道自己家里每亩土地的化肥和农药的最佳施肥量（　　）

　　A. 知道　　　　　　　　　　B. 凭经验，知道大概数

　　C. 不知道

20. 您认为农业生产中过多使用化肥、农药会影响土壤、空气、水体的质量吗（　　）

　　A. 会造成严重的影响　　　　　　B. 会造成影响，但不会很严重

　　C. 完全不会

21. 您认为过多使用化肥、农药是否会损害农产品质量（　　）

　　A. 会严重损害农产品质量　　　　B. 会损害质量，但不是很严重

　　C. 完全不会

22. 您是否听说或使用过测土配方施肥技术（　　　）

　　　A. 听说过并且已使用　　　　　　　　B. 听说过，但没有使用

　　　C. 完全不知道

23. 您认为畜禽粪便会危害土壤、空气、水的质量吗（　　　）

　　　A. 会造成严重的影响　　　　　　　　B. 会造成影响，但不会很严重

　　　C. 完全不会

24. 您认为畜禽粪便可以直接排入农田吗（　　　）

　　　A. 可以直接排入农田　　　　　　　　B. 不能直接排入农田

　　　C. 完全不知道

25. 您平时生活污水的处理方式（　　　）

　　　A. 直接排入沟渠、农田　　　　　　　B. 排入渗坑渗井

　　　C. 排入沼气池

26. 您对生活垃圾等废弃物的处理方式是（　　　）

　　　A. 焚烧　　　　　　　　　　　　　　B. 丢于田边、山林或河边

　　　C. 卖给废品公司

27. 您是否愿意出钱出力修建污水、垃圾处理厂（　　　）

　　　A. 愿意　　　　　B. 少量的愿意　　　C. 不愿意

28. 如果有集中的生活垃圾处理场所，您是否愿意将生活垃圾送到处理场（　　　）

　　　A. 免费的愿意　　　　　　　　　　　B. 付费不多也愿意

　　　C. 不愿意

七、农业技术推广

29. 您参加过农业技术培训吗（　　　）

　　　A. 参加过　　　　　　　　　　　　　B. 听说过，但未参加过

　　　C. 从未听说过有培训

30. 您认为有必要开展农业技术培训吗（　　　）

　　　A. 很有必要　　　　　　　　　　　　B. 没有必要，务农谁都会

　　　C. 可有可无

31. 您认为最有效的农业技术培训方式是（　　　）

　　　A. 集中授课培训　　　　　　　　　　B. 技术人员现场示范

　　　C. 村民互帮互学

32. 如果政府提供免费的农业技术培训，您会参加吗（　　　）

　　　A. 一定会参加　　　　　　　　　　　B. 时间允许的情况下可以参加

　　　C. 不想参加

33. 您愿意自己付费参加农业技术培训吗（　　）

    A. 愿意付费参加培训　　　　　　　　B. 付费金额不多的情况下可以

    C. 不愿付费参加培训

34. 您是否想过用对环境没危害或危害小的技术（亲环境技术）发展农业（　　）

    A. 很想用此技术　　　B. 可以试一试　　　C. 从未想过

35. 影响您选择亲环境农业技术的原因是（　　）

    A. 经济能力　　　　　　　　　　　　B. 对采用后粮食产量的担心

    C. 其他原因

36. 如果政府对采用亲环境技术的农业生产行为给予财政补贴，您会采用吗（　　）

    A. 一定会　　　　　　　　　　　　　B. 看补贴大小而定

    C. 仍然不会

37. 如果对亲环境技术进行财政补贴，您期望补贴额度占技术采用成本的比例是（　　）

    A. 10%以下　　　　　B. 10%～20%　　　C. 20%以上

八、农业生产行为

38. 您对有机肥和化肥的作用是否了解（　　）

    A. 很了解　　　　　　　　　　　　　B. 知道一些，但不多

    C. 不了解

39. 您觉得化肥和有机肥哪个更能提高土壤的肥力（　　）

    A. 化肥　　　　　　　B. 有机肥　　　　　C. 不清楚

40. 您家里主要农作物有机肥在施肥总量中占有多大比例（　　）

    A. 大部分　　　　　　B. 小部分　　　　　C. 完全没有

41. 近年来有机肥和化肥在您家施肥总量中占比哪个在上升（　　）

    A. 有机肥　　　　　　B. 化肥　　　　　　C. 没有变化

42. 您家农田施肥是否使用过高毒农药（　　）

    A. 大量使用　　　　　B. 少量使用　　　　C. 完全没使用

43. 您家农田施肥是否使用过绿色农药（　　）

    A. 大量使用　　　　　B. 少量使用　　　　C. 完全没使用

44. 您所在村农资（包括化肥、农药等）销售点有几个（　　）

    A. 1个　　　　　　　　B. 2个　　　　　　C. 3个及以上

45. 您认为近几年化肥、农药等农资价格能承受吗（　　）

    A. 能，不算贵　　　　B. 基本能接受　　　C. 太贵了

46. 在考虑购买化肥、农药的种类和数量时，是否会考虑自家食用这一因素（　　）
    A. 不考虑，自食和出售一样
    B. 希望自食的更加绿色些，二者有所不同
    C. 没有比较过

47. 您是否认为"施肥越多，产量越高"（　　）
    A. 同意　　　　　B. 不同意　　　　　C. 不清楚

48. 您是否认为化肥和农药更能促使农作物较快较好生长（　　）
    A. 同意　　　　　B. 不同意　　　　　C. 不清楚

49. 您对化肥和农药说明书上的文字理解如何（　　）
    A. 比较清楚　　　　　　　　　　B. 能看懂一些，但不全面
    C. 完全不懂，凭经验用

50. 您家是否有租用的土地（　　）
    A. 有　　　　　　　　　　　　　B. 没有

51. 您家如果有租用的土地，在租用土地上施的化肥相比自有土地是更多还是更少（　　）
    A. 更多　　　　　B. 更少　　　　　C. 一样多

52. 您家一般使用哪种农膜（　　）
    A. 薄地膜　　　　　B. 加厚地膜　　　　　C. 新型分解农膜

53. 您是否了解或使用可降解地膜（　　）
    A. 现在已使用　　　　　　　　　B. 了解但还未使用
    C. 不了解

54. 如果您已经使用可降解地膜，可降解地膜比普通地膜价格高几成后，您不会再使用（　　）
    A. 一成　　　　　B. 二成　　　　　C. 三成及以上

九、农业垃圾及废弃物处置情况（不定项选择）

55. 施肥后的化肥袋子和打完农药后的药瓶等是如何处理的（　　）
    A. 直接随手丢在田里或是田地头
    B. 丢在田间道路上或是道旁的杂物堆
    C. 丢在村里的垃圾堆
    D. 其他

56. 您家里的畜禽粪便等污物是如何处理的（　　）
    A. 直接倾倒或就地掩埋　　　　　B. 就地放置待农时用作有机肥

    C. 建立沼气池加以综合利用，池液池渣用作肥料

    D. 其他

57. 清洗畜禽身体和饲养场地、器具等产生的污水是怎样处理的（   ）

    A. 直接排放

    B. 经过简单无害化处理后再排放

58. 农用地膜使用完后是如何处理的（   ）

    A. 回收再利用

    B. 把破碎的地膜收集拿回家丢在生活垃圾处

    C. 把破碎的地膜收集丢在田地间的杂物堆处

    D. 把破碎的地膜收集后就地集中焚烧

    E. 不予处理，任其随风飘

    F. 其他

59. 农作物秸秆是如何处理的（   ）

    A. 运回家经加工作为畜禽饲料

    B. 运回家用作燃料

    C. 经收集丢弃田间或小路旁

    D. 直接翻耕在土地里增加土壤肥力

    E. 经收集就地焚烧

    F. 其他

60. 农村生活废弃物对农村环境造成的污染逐步严重，对农村环境污染构成了较大的威胁，您都知道有哪些威胁（   ）

    A. 水体富营养化   B. 重金属沉积土壤中

    C. 威胁饮用水安全   D. 威胁农村居民的生命健康

    E. 其他

61. 您都知道大量化肥的不合理施用会对农村环境构成哪些威胁（   ）

    A. 水体富营养化   B. 重金属沉积土壤中

    C. 造成水土流失   D. 形成酸雨

    E. 排放温室气体，破坏臭氧层   F. 土地板结，不利于耕作

    G. 其他

62. 您在使用化肥和农药时除了考虑自己的成本与收益，是否会考虑对周边环境和其他利益相关者的影响，如周围的农户（   ）

    A. 考虑较多   B. 考虑一些   C. 从来不考虑

63. 您使用化肥、农药等是凭经验还是有农技人员的指导（   ）

    A. 完全凭经验   B. 农技人员的指导与自身经验相结合

    C. 主要由农技人员指导

十、农户减轻农业面源污染的支付意愿情况

64. 如果您愿意为改善水质付费，付费的金额范围是（　　　）

　　A. 0~20 元　　　　　　　　　　　B. 21~50 元

　　C. 51~100 元　　　　　　　　　　D. 100 元以上

65. 如果您愿意为改善水质出义工，您愿意每年出多少天的义工（　　　）

　　A. 2 天以下　　　　　　　　　　　B. 2~5 天

　　C. 6~10 天　　　　　　　　　　　D. 10 天以上

66. 如果您愿意为改善土壤付费，支出的金额范围是（　　　）

　　A. 0~20 元　　　　　　　　　　　B. 21~50 元

　　C. 51~100 元　　　　　　　　　　D. 100 元以上

67. 如果您愿意为改善土壤出义工，您愿意每年出多少天的义工（　　　）

　　A. 2 天以下　　　　　　　　　　　B. 2~5 天

　　C. 6~10 天　　　　　　　　　　　D. 10 天以上

68. 您对水质改善的拒付原因是（　　　）

　　A. 水保护不重要，我不能从中受益

　　B. 水保护是政府的事情，与我无关

　　C. 没有多余的钱和时间来支付保护费用

　　D. 不相信政府或机构会合理地管理和使用所筹到的经费用于水保护

69. 您对土壤改善的拒付原因是（　　　）

　　A. 保护土地可能会减产，影响收入

　　B. 土壤保护是政府的事情，土地是国家所有，我对土地只有使用权

　　C. 没有多余的钱和时间来支付保护费用

　　D. 不相信政府或机构会合理地管理和使用所筹到的经费用于土壤保护